20世纪世界现代设计丛书

百年工业设计

李维立 编著

U0216824

CENTURY INDUSTRISL DESIGN

中国纺织出版社

图书在版编目（CIP）数据

百年工业设计／李维立编著 .－－北京 ：中国纺织出版社，2017. 2

（20世纪世界现代设计丛书）

ISBN 978-7-5180- 2793- 4

Ⅰ．①百… Ⅱ．①李… Ⅲ．①工业设计－历史－世界－20世纪 Ⅳ．①TB47-091

中国版本图书馆 CIP 数据核字（2016）第169185号

策划编辑：余莉花　　特约编辑：刘晓娟　　责任校对：寇晨晨
版式设计：李维立　　责任印制：王艳丽

中国纺织出版社出版发行

地址：北京市朝阳区百子湾东里 A407 号楼　　邮政编码：100124

销售电话：010 － 67004422　　传真：010 － 87155801

http：//www.c-textilep. com

E-mail：faxing@c-textilep.com

中国纺织出版社天猫旗舰店

官方微博 http://weibo.com/2119887771

北京市雅迪彩色印刷有限公司印刷　　各地新华书店经销

2017 年 2 月第 1 版第 1 次印刷

开本 :710× 1000　1 / 12　印张 :19

字数 :257 千字　　定价 :68.00 元

序

在中国，艺术学门类所属的设计学是一门年轻的学科，但无疑也是发展最为迅速的学科之一。正因为如此，它在某些方面的发展与建设上就显得不够成熟，不够完善，在学术研究上相对滞后。天津美术学院有着百年的办学历史，设计学的发展也是由来已久。学校一直都非常重视相关学术的建设和发展，在诸多同仁的努力与促成下，历时数年，撰写完成了这套"20世纪世界现代设计系列丛书"。

本套丛书包括《百年视觉设计》《百年工业设计》《百年服饰设计》三本，是中国首次系统化、全面化的百年设计品鉴丛书，它记录过去、反思过程、预想未来。视觉设计、工业设计和服饰设计具有多样、复杂、流动性等特点，而目前国内的设计历史类专著多偏重产品，对于视觉形象等谈及较少。本套丛书系列化的书写方式更为科学合理，既能兼顾各方向发展的特性，又能把握全局，更全面地介绍和论述设计艺术发展。

在编写方式上，本套丛书力求创新与实用。20世纪无疑是现代艺术和设计发展的最重要阶段，三本图书各选取100个点进行分析介绍，这在国内甚至国际上都具有领先意义。专题论文式的介绍与编写方式也更具有阅读性。图书文风朴实，更有利于传播与交流，对于普通受众而言也是极具价值的美育选择。图书的相关负责人及课题成员多次国外考察和学习的经历确保了图书的前瞻性，在内容、深度和广度上都有着重要的学术价值。他们试图以独特的视角进行拓展和研究，力图为读者的进一步学习和研究提供便捷和指引，为读者今后就某些具体问题进行深入研究提供有价值的思路。

继往开来，任重而道远，设计艺术将在我国社会各领域的发展进程中扮演更加重要的角色，因此相关的学科建设也必将变得更加重要。希望本套丛书的完成和出版能够抛砖引玉，为设计学科的不断成熟和完善尽绵薄之力。

郭振山于天津美术学院

2016 年 5 月

目 录

三、战后重建与发展（约 1945 ～ 1960 年）

现代设计的萌芽
(约 1890 ～ 1918 年)

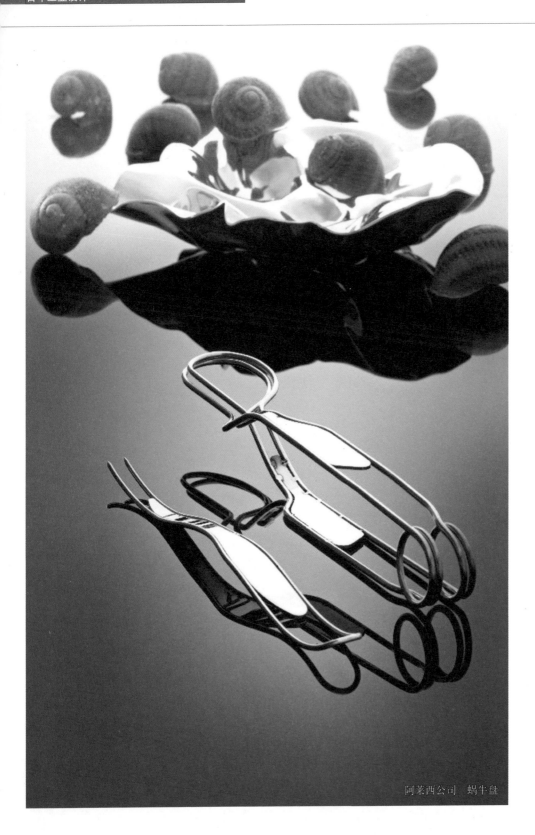

阿莱西公司　蜗牛盘

　　1750 年发生于英国的工业革命，深刻影响了社会的发展进程，随着工业化社会的来临，机械化大生产的兴起，手工业的持续衰落，资本主义的发展，对人们的生活方式产生了重要影响。现代设计萌芽开始出现，并涌现出了一批为现代设计的发展做出重要贡献的运动、团体以及代表人物。

　　现代设计代表的是现代工业发展对设计产生影响的一个总和，包括现代产品设计、现代服饰设计、现代平面设计以及现代建筑设计等诸多内容。现代设计的萌发是对工业革命后产品制造粗制滥造以及维多利亚式的繁琐装饰的反对，这是工业革命后工业化社会的一种必然，是在工业化以及资本主义快速发展大背景下的人们对于生活的自由与独立的一种追求。

　　工业革命后，资本主义快速发展，新的消费阶层开始出现，同时以贵族为代表的上层阶级在新的消费背景下消费趣味的差异，形成了在工业化大生产下的不同方向，并对后来相关的设计运动产生了重要影响。1851 年，作为英国等国展示自身工业成就的水晶宫博览会的举行，致使人们对工业化生产产生了强烈的反感。于是，在约翰·拉斯金和威廉·莫里斯的引领下，一场回归中世纪艺术的工艺美术运动拉开帷幕。这场展览引起了很多建筑师、艺术家以及其他知识分子的极大反感，这也是这场运动爆发的主要原因。他们认为这种产品的粗制滥造和繁琐的装饰是一种倒退，是违反人民意志的。其中的理论和精神领袖是约翰·拉斯金，他主张向自然学习，其思想具有强烈的民主和社会主义色彩，他对于工业化的生产形式达到了深恶痛绝的地步，并从此开始自己的反对活动，产生了很大的影响。拉斯金的理论与活动直接影响了莫里斯，莫里斯被称为拉斯金思想的主要践行者，并把这场运动推向了高峰。莫里斯开设的莫里斯设计事务所，成为工艺美术运动的前沿阵地。

　　工艺美术运动是 19 世纪后期最重要的一场设计运动，不仅影响了当时欧洲的很多国家，还对美国产生了很大的影响，美国当时极负盛名的芝加哥建筑学派就深受工艺美术运动的影响，并被称为美国的工艺美术运动。美国的工艺美术运动不仅继承了欧洲工艺美术运动的很多东西，还吸收了东方风格，尤其是家具设计，表现出了很多中国明代家具的特点。其中，弗兰克·赖特以及路易斯·沙利文的很多产品设计作品，就体现了工艺美术运动的特点，并与格拉斯哥四人集团的设计风格有一定的相似之处。同时，这场运动的深远之处还表现为对后来设计发展的影响，工艺美术运动作为最早的设计运动的发生，不仅可以看到人们对于过分装饰和粗制滥造的反感，还可以看到当时的很多知识分子对于工业化时代到来所表现出的震惊、焦虑甚至是不知所措。拉斯金思想的混乱以及后来的很多人对于工业化的妥协，都说明这场运动起初在理想与现实之间的彷徨与挣扎。

　　在工艺美术运动的影响下，19 世纪末 20 世纪初在欧美兴起了一场影响巨大的新艺术运动。新艺术运动的影响范围非常广泛，当时的法国、比利时、德国、美国、英国等国都进行了不同程度的艺术变革运动。新艺术运动甚至还波及了中国，对那个时期我国的建筑设计也产生了一些影响，曾有一段时间我国的哈尔滨被称为东方巴黎。新艺术运动起源于法国，并形成了以巴黎和南斯为中心的两个设计阵营，当时出现了一些卓具实力的设计事务所，对新艺术运动的发展产生了重要的推动作用。同时，新艺术运动在比利时的发展也是很有影响力的，由于国家较小、社会安定，资本主义很快就形成了原始积累，于是很早就进入了新艺术运动，并取得了很大成就。

　　新艺术运动对欧美各国产生的影响非常深远，较工艺美术运动具有很大的进步性，但在对工业化的认识以及思想层面上却不及工艺美术运动。它作为一场承上启下的运动，在现代设计的探索上，更具规模和影响力。其中，奥地利分离派、德国青年风格、西班牙建筑师高迪的设计和格拉斯哥四人集团等，在现代设计上的探索都更进一步。

　　工艺美术运动和新艺术运动是人们在寻求新的设计形式的过程中最早的两次探索，对于世界现代设计的发展具有深远影响。

图 1 - 1　椅子　米歇尔·索涅特　1836 ~ 1840 年

图 1 - 2　索涅特椅　米歇尔·索涅特

图 1 - 3　椅子　米歇尔·索涅特

斯泰芬·贝莱在《艺术与工业》一书中说："设计出现在艺术与工业的交汇处，出现在人们开始对批量生产产品应该像什么样子做出决定之时。"

18 世纪中叶到 20 世纪初爆发的两次工业革命给世界带来了巨大的冲击和影响，推动了科技的发展，而科技对设计产生的影响是直接和必然的。科技发展所产生的部分成果作为艺术设计的载体，极大地改变了设计的面貌，使艺术设计得到了日新月异的发展。科技与设计之间的关系，也在两次工业革命爆发之后变得日益密切，甚至在一定时期内，科技成为了设计的主要创新动力。

伴随着工业革命的发展进程，科技领域涌现出大量的新发明、新创造，每一次都会带给设计界前所未有的震撼。当时由于物质和精神的双重鼓励，几乎所有人都积极地投入到科技进步中，从而引起了设计技术范围的不断扩展。新材料、新能源的出现，带来了设计领域突破性的进展。具有廉价、易加工、功能性好等优势的钢铁、塑料等为代表的新型工业化原材料的出现，为更多创新设计的出现奠定了坚实的物质基础。比如高层建筑的出现可能得益于钢铁、混凝土材料的出现，而且建造速度远超石材等传统材料，从而解决了当时由于城市人口激增带来的住房紧张等一系列社会问题。1851 年在伦敦举办的世界上第一个国际博览会所用的建筑——水晶宫，就是仿照 1848 年英国伦敦国立植物园所建的完全由铁架和玻璃构成的大型温室。

此外，煤、石油、蒸汽机、发电机等新能源、新动力的不断出现，为一系列交通工具、通讯工具及家用器具，如火车、轮船、飞机、电报、电灯、电话、电梯等新设计的出现提供了可能。闻名世界的"发明大王"爱迪生及其领导的研究团体发明的如电灯、电报、留声机、电影放映机等对人们的生活产生了巨大的影响。这些新技术、新设备使得人类的设计与生活发生了翻天覆地的变化，由此可以看出，现代设计的进步总是与科学技术的发展形影不离。

《庄子·天地》中指出"能有所艺者技也"。《说文》称："技，巧也，从手支声。"技艺一词在希腊文中不仅指工匠的技能，也指艺术活动的技巧。只是在近代，自然科学的发展促进了科学与技术的结合，才使技术与艺术的分野日益突出。因此技术的革新对艺术设计有着直接的影响作用。在崇尚创造发明的工业社会里，不断涌现出的技艺革新，大多数是由在第一线的设计师或工匠们在最真实、最直接的劳作中所创造的。如奥地利家具设计师米歇尔·索涅特（Michael

Thonet, 1796—1871）早在 19 世纪 30 年代，就开始了他的曲木家具试验，最终他利用蒸汽技术将木材热压弯曲成理想的形态，并且放弃使用榫卯结构，直接用螺丝进行装配，大大节省了组装时间，很好地适应了机器生产的需求。因此，在家具设计领域，索涅特的曲木家具试验成为了 19 世纪最具有影响力的一次技术革新。他设计的著名的曲木家具——索涅特椅，在 1851 年伦敦大博览会上作为咖啡馆椅一举成名，1856 年获得工业化生产弯曲木家具的专利，1859 年索涅特椅开始批量生产。正是由于发明了弯木与塑木新工艺，在 19 世纪中叶才产生了非常成功的索涅特椅（图 1 - 1 ～图 1 - 4）。

图 1 - 4　椅子　米歇尔·索涅特

　　无论是小到日常生活中的家具座椅设计，还是大到冲入云霄的飞机的发明，都是在科技发展的影响下所完成的（图 1 - 5）。飞机是 20 世纪最伟大的发明之一，而它的发明者则是在世界的飞机发展史上做出了重大的贡献的美国莱特兄弟。在当时，大多数人完全不相信飞机可以依靠自身动力进行飞行，而莱特兄弟却不这么认为，从 1900 ～ 1902 年他们进行了 1000 多次滑翔试飞，期间他们还自制了 200 多个不同的机翼进行了上千次风洞实验，设计出了较大升力的机翼截面形状（图 1 - 6）。

图 1 - 5　36 口径左轮手枪　科尔武器制造　1851 年

　　此外，他们还设计出一种性能优良的发动机和高效率的螺旋桨，并于 1903 年成功地把各个部件组装成了世界上第一架依靠自身动力进行载人飞行的"飞行者"1 号，并且获得试飞成功。正是由于莱特兄弟在飞机研制过程中对发动机、螺旋桨、机翼等研制技术地不断创新，才得以创造出具有划时代意义的"飞行者"1 号。1909 年莱特兄弟获得美国国会荣誉奖。同年，他们创办了莱特飞机公司。这是人类在飞机发展的历史上取得的巨大成功。

　　以科学技术为基础的技术革命导致了 20 世纪各种设计思潮的产生，如工艺美术运动、新艺术运动、南斯学派等，同时迎来了设计的现代主义发展浪潮。

图 1 - 6　莱特兄弟首次飞行

2．工艺美术运动

图 1 - 7 餐桌 普金 1845 年

工业革命不仅造就了英国在当时世界上的大国地位，也刺激了其不断膨胀的野心。19 世纪初期，欧洲各国的工业革命都先后完成，经济实力大大增强，为了展示自己的实力，作为工业革命发源地的英国，在 19 世纪中叶提出举办世界博览会的建议，随即得到欧洲各国的积极响应。世博会展厅由英国建筑设计师约瑟夫·伯克斯顿 (Sir Joseph Paxton, 1801—1865) 设计，他将温室的建造设计原理大胆地运用在此次博览会展厅的设计中，采用了五千根钢柱，三十万块玻璃等组成一个圆拱形大厦，被称为水晶宫。

1851 年的水晶宫博览会中展出了一些技艺精湛的传统手工艺品，而在展览中占到很大比例的当属工业产品，如蒸汽机、精纺机、起重机、纺纱机等，这些产品虽然让人们感受到了工业革命给世界带来的巨大变化，但始终无法让人忽视其过于粗糙简陋的外形。于是工匠们企图用装饰手段加以弥补，然而刻有哥特式纹样的蒸汽机、装饰有木纹漆画的金属椅、加上洛可可风格饰件的纺织机等却让粗劣的外形欲盖弥彰。即使这样，仍有很多人认为工业革命带来的这一切成就如此完美，并大加赞赏。我们不能否认工业革命给人类社会所带来的伟大成就，但是就艺术设计角度来看，水晶宫博览会中的工业展品因为艺术与技术的严重分离甚至是对立，导致其简单粗糙或者装饰繁琐，令人极为厌恶。

一些设计思想先进的艺术家看出了弊端，认识到工业品缺乏统一设计，却又盲目地反对工业化生产，并将这一弊端的原因归结为机械生产，这些人成为了工艺美术运动的奠基人。其中普金 (Pugin, 1812—1852) 宣扬应该将哥特式风格作为一种国家风格和统一的审美情趣应用到设计和装饰艺术中去。他极度崇尚哥特式艺术风格，并将哥特式视为现代设计的出路。在普金的影响下，工艺美术运动中的大量设计都有着浓郁的中世纪之风（图 1 - 7）。

约翰·拉斯金 (John Ruskin, 1819—1900) 作为工艺美术运动的理论和精神领袖，他提倡设计民主化，设计要为大众服务，反对精英主义设计，这一思想贯穿了工艺美术运动的始终。他提出"向自然学习"的口号，并成为主张回归自然的最重要理论家之一。此外，他还提出了设计的实用性目的，他认为设计作品都应是为某一特定场合而设计，并从属于特定目的。然而，即便拉斯金始终强调设计的民主特性，但对大工业化的不安，让他一直没有摆脱普金的唯哥特式方能解救现代设计的思想的影响。不过拉斯金的思想和倡导依

图 1 - 8 椅子 麦克穆多 1883 年

然为当时的设计师们提供了重要的思想依据。

　　真正带动工艺美术运动在 19 世纪下半叶席卷整个欧洲的领导者，是受到拉斯金影响最大，并且真正体现了拉斯金精神的英国设计师威廉·莫里斯（William Morris，1834—1896）。1851 年的水晶宫博览会上，当时年仅 17 岁的莫里斯就表现出对机械化、工业化极其反感。莫里斯所处的时代正好介于传统与现代之间的一个过渡时期，而他也为这一过渡起到了推动作用。

　　在拉斯金和莫里斯的影响下，19 世纪后期英国又涌现出许多工艺美术运动的支持者和一些相关的组织协会，掀起了一次新的发展高潮。出身建筑师的麦克穆多（Arthur Heygate Mackmurdo，1851—1942）就是其中的重要代表人物之一。他与拉斯金、莫里斯关系密切，受到他们极大的影响。麦克穆多认为应该消除存在于手工匠和艺术家之间的界限，提升手工艺者的地位，于是在 1882 年，麦克穆多组织成立了"艺术家世纪协会"，开始了与美术的对抗。艺术家世纪协会为传播他们的思想和主张，创办了一本名为《旋转木马》的学术期刊。麦克穆多在"工艺美术"运动中是承上启下式的人物，继承了莫里斯的工艺美术运动，又直接启迪了新艺术运动的发展（图 1-8）。

　　英国建筑师、设计师和艺术理论家查理斯·罗伯特·阿什比（Charles Robert Ashbee，1863—1942）是 19 世纪末工艺美术运动的代表人物。1882 年，阿什比就读剑桥大学期间受到了拉斯金思想的影响，并且对莫里斯以及工艺美术运动理论与实践产生了浓厚的兴趣。1888 年，阿什比在伦敦组建了"手工艺行会"，来全面推广与实践拉斯金和莫里斯等人的理论思想。阿什比设计的银质器皿拥有纤巧、优雅的造型，自然的肌理效果，并进行了巧妙的细节处理，因而表现出优雅、实用的特点及人文关怀的精神。然而正当阿什比和他的行会发展得如日中天时，他却将行会迁至远离城市的小镇，以实现工艺美术运动与现代城市工业化相对立的主张。因为脱离了与市场的联系，手工艺无法生存下去，最终在 1908 年以失败告终。但手工艺行会成为当时工艺美术运动涌现出的众多手工艺组织中最典型、最成熟、最激进的一个组织（图 1-9～图 1-11）。

　　虽然工艺美术运动自 20 世纪初就大势已去，但它所提倡的思想和设计主张对后世影响深远。在其影响下，欧洲另一场著名的设计运动——新艺术运动应运而生。工艺美术运动也成为现代主义设计的开端。

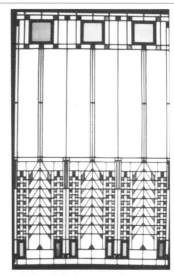

图 1-9　玻璃彩画　赖特　1904 年

图 1-10　银质水具　查理斯·罗伯特·阿什比　1904 年

图 1-11　橡木椅　沃赛　1898 年

3.威廉·莫里斯

图 1－12　红屋　莫里斯　韦伯

图 1－13　吉尔吉手扶椅　莫里斯　1893 年

图 1－14　罗赛蒂椅子　莫里斯

　　威廉·莫里斯（William Morris，1834—1896）是现代设计的伟大先驱人物，被称为"现代设计之父"。他深受拉斯金思想的影响，并成为拉斯金思想的主要实践者。19 世纪下半期，在莫里斯的带领下，一场轰轰烈烈的工艺美术运动席卷了整个欧洲。

　　1834 年，莫里斯出生在埃塞克斯郡的一个富商家庭，1851 年参观水晶宫博览会时他才 17 岁，据报道，他在看到水晶宫展览建筑时竟然放声大哭，这足以看出他对机械化、工业化极为厌恶。在牛津大学上学期间，他偶然接触到拉斯金的设计思想，并为之着迷，从而展开了对中世纪哥特风格以及自然主义风格的探索与追求。期间，他还结交了终身好友和合作伙伴但丁·加百利·罗塞蒂（Dante Gabriel Rossetti）、爱德华·伯纳·琼斯（Edward Burne Jones）、福德·马多克斯·布朗（Ford Madox Brown）和菲利普·韦伯（Philip Webb）。牛津大学毕业后，莫里斯加入了乔治·斯特里特设计事务所，专门从事哥特风格建筑的设计，这让他更加深刻地认识和了解了哥特风格，并对他的设计生涯产生了巨大的影响。1857 年，莫里斯便离开了乔治·斯特里特设计事务所，加入了拉斐尔前派兄弟会。然而莫里斯在绘画方面终究没有过多的建树，最终走上了设计探索之路。

　　建立新家庭，就需要新住所，莫里斯跑遍了伦敦市郊，但都没能找到自己满意的住宅和家居用品。市面上的家居用品不是装饰过于繁杂的维多利亚风格，就是设计制造均过于粗劣的工业品。于是，莫里斯便萌生了自己设计和制作的念头。随后，他邀请建筑师韦伯（Webb）同他一起设计婚房。他们设计的住宅采用非对称的造型，与当时普遍存在的中产阶级对称型的住宅造型大相径庭，并且摒弃千篇一律表面粉刷的外墙，采用红色的砖瓦，既满足建造功能，又起到独特的装饰作用。因整个建筑都是由红色的砖瓦筑成，所以这座建筑被广泛称为"红屋"（图 1－12）。此外，通过该建筑的多处设计细节，如塔楼、尖拱入口等都能看到哥特式建筑的影子。同时，婚房内大部分的日用品都是出自莫里斯的设计，大到墙纸、地毯，小到灯具、桌椅，都具有鲜明统一的哥特式风格。可以说，红屋就像是一个集莫里斯建筑设计、平面设计、产品设计作品的博览会，充分体现了莫里斯的博学多才（图 1－13 ～图 1－15）。

　　1861 年，莫里斯和朋友成立了"莫里斯·马蒂·福科公司"（Morrris Marshall Faulker），他们的设计很受欢迎，几年的时间，事务所发展壮大。莫里斯买下了朋友的股份，于 1864 年成立了自己的设计事务所——莫里斯设计事务所。这是世界上第一家由艺术家领导的事务所，并且是一个兼具建筑、室内、产品、平面设计的全方位的设计事务所。莫里斯设计事务所设计的家具、玻璃制品、墙纸、金属工艺品等与当时盛行的维多利亚风格形成了鲜明的对比，其风格统一、特征鲜明，也就是后来被称为工艺美术运动风格的特征。莫里斯注重手工艺制作，反对机械化生产以及维多利亚风格矫揉造作的装饰手法，但他又提倡哥特式风格以及其他中世纪风格。他反对华而不实的设计，主张设计要诚实、要忠实于材料和适应使用目的，他设计的作品简单又考究、功能性良好。他提倡向自然学习，以自然界动植物为装饰元素，采用自然的材料，展示大自然的真实美，他尤为喜爱东方的艺术特点和装饰手法（图 1 - 16 ～图 1 - 18）。

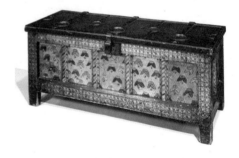

图 1 - 15　柜子　莫里斯　1861 ～ 1862 年

此外，莫里斯还提出设计的民主思想：产品设计和建筑设计是为千千万万的人服务的，而不是为少数人服务的活动。设计工作必须是集体的活动，而不是个体劳动。这也是莫里斯在设计过程中一直坚持的两个原则。然而实际上他的设计作品因为是纯手工艺制造，数量少，价格高昂，普通民众根本无力购买，这也注定了莫里斯理论思想的先天局限性。因此，从莫里斯身上也能折射出这场运动所普遍存在的理论与实践脱节的现象。

威廉·莫里斯反对传统，对严重扼杀创造力的新古典主义大加抨击，但又极其喜欢中世纪的哥特式艺术风格，他肯定艺术家应有的社会责任，却又否定不可逆转的工业革命后机械化大生产的历史洪流。所以，他就像是一个矛盾的混合体。在某种意义上来说，莫里斯对于艺术的推动作用，使他成为为现代设计当之无愧的伟大先驱。

图 1 - 16　柜橱　莫里斯　1889 年

图 1 - 17　圣乔治柜　莫里斯　1861 ～ 1862 年

图 1 - 18　柜橱　莫里斯　1861 年

4. 法国1900年巴黎世界博览会

图1-19　巴黎世界博览会　1900年

图1-20　巴黎世界博览会　1900年

图1-21　巴黎世界博览会　1900年

19世纪80年代在法国巴黎开始了一场轰轰烈烈的新艺术运动。1890～1910年的20年间，新艺术运动迎来了发展的高潮时期。如同1851年的英国为了展示其由工业革命所带来的傲人的经济实力而举办的水晶宫博览会一样，为了展示这场发源于巴黎的艺术运动在欧洲的辉煌成就，以及西方社会在整个19世纪的技术成就，这个曾举办过四次博览会的城市，于1900年举办了人类历史上的第十一届博览会，也称巴黎万国博览会（图1-19）。

巴黎万国博览会于1900年4月开幕，并持续到11月，参观者多达4000万人，比历届博览会人数多很多，有8300家企业参展，其中60%是法国企业。在这次被称为"世纪之总"的博览会上，展示了西方社会在整个19世纪的技术成就，同时介绍了移动人行道和地下地道，但最受欢迎的展品来自英法殖民地，异域风情的小玩意盖过了工业文明的惊奇。

在1892年，法国就宣布开始筹备此次博览会，巴黎议会成立了一个由20人组成的委员会来决定本届世博会的选址，足以看出法国对于此次世博会的重视程度。经过了四年的考察与讨论，最终将地址选在巴黎的战神广场。世博会的大门是一座设计灵感来自埃菲尔铁塔且具有土耳其建筑风格的建筑，并以建筑师Porre Biner的名字命名。大门顶部有一尊名为"巴黎女性"的雕塑，象征了本次博览会的女性主义风格，也是新艺术运动曲线造型的缩影。本次世博会展出的产品大多来自法国本土，也有少部分欧洲其他国家。其中奥地利的参展规模和影响较大，维也纳建筑设计师奥托·瓦格纳还为此次世博会设计了具有典型德国青年运动风格的带铸铁围栏的看台和家具。

此次博览会展示了法国融合了18世纪艺术成就与19世纪突破性的铁艺制品，这也成为新艺术运动中最突出的艺术与工艺门类。法国在此次博览会上向其他欧洲国家成功地显示了它在设计方面的领先地位。博览会上展示了一个新艺术馆，该艺术馆是由尤金·盖拉德（Eugene Gaillard）、乔治·德方列（Georges de Fenre）和爱德华·科洛纳（Edward Colonna）三位设计师设计的。这个新艺术馆其实是商人萨穆尔·宾（Samuel Bing）在巴黎的"新艺术之家"（Maison de L'Art Nouveau）的复制版本，而新艺术运动之名正是来自于此。"新艺术屋"由六个房间组成，这里的展品具有典型的18世纪法国装饰风格，并成为了博览会上的主旋律（图1-20～图1-24）。

装饰艺术中央联盟在博览会上展示了豪华奢侈的工作室，他们

将纯艺术的纯粹美感融入到手工艺制品设计中。法国设计师V.Epaux
为此次博览会专门设计了一个雕刻精美的桃花心木玻璃橱窗，这件作
品采用写实的手法在橱窗表面装饰有对称的苹果花纹样浮雕，明显受
到18世纪洛可可装饰风格的影响。此外，博览会上还展出了当代著
名设计师赫克托·吉马德(Hector Guimard)、路易斯·梅杰列(Louis
Majorelle)和埃米尔·加利(Emile Galle)的家具、瓷器、金属制
品和室内设计作品。博览会上的老牌手工制品生产商占了很大比例以
保持传统和现代之间的连贯性，如塞夫勒(Sevres)瓷器厂和哥白林
(Gobelins)挂毯厂。

图1-22 巴黎世界博览会 1900年

博览会上，俄国馆建造了"莫斯科火车站"，安装了一列长80
米的"卧铺列车"。车体本身并不移动，为了制造火车前行的效果，
设计师在车窗外制作了长120米的布景以每秒4米的速度在列车外移
动，旅客在30分钟内可以领略到从莫斯科到北京的愉快旅程。各种
道口、电线杆、围栏等迅速向前移动，使人感觉似乎真在列车上。为
了使旅行的效果更加逼真，在旅程开始时旅客还会感受到轻微的震动
和颠簸，随后才逐渐平稳。

这次博览会开幕后，参观者摩肩接踵，各种参观指南也纷纷出版。
孔蒂的《实用参观指南》把这次博览会描绘成城市中的城市，从文字
中，今天的人们可以隐约感受到当时的参观状况。法国人格里姆·塞
宋于1897年发明了一种"圆景电影"(Cineorama)，距电影问世
刚两年，并获得了专利。塞宋认为电影使用小银幕，很难发挥出它应
有的实用价值，于是提出了采用圆筒形银幕来实现电影画面影像的全
视野放映。为了让人们在世博会上能大饱眼福，塞宋采用10台连锁
在一起的摄影机进行圆景电影拍摄，他在巴黎埃菲尔铁塔的广场上设
计了一个像跑马场那样的大放映厅，高约10米，顶部用布幔蒙住，
内壁为100米长白色帷幕作成环形银幕。大厅中央是一个巨大的气球
吊篮，10台连锁在一起的放映机在吊篮下面排成圆形。这是一个值
得纪念的时刻。

图1-23 巴黎世界博览会 1900年

1900年的巴黎世界博览会巩固了巴黎作为新艺术运动中心的地
位，也让全世界看到了法国当时在设计方面的领导地位。最重要的是，
同19世纪后半叶的数次大型国际性展览会及世博会一样，1900年的
巴黎世界博览会为现代设计的发展产生了巨大的推动作用。

图1-24 巴黎世界博览会 1900年

5. 唯美主义

图 1 - 25　不可儿戏　王尔德

唯美主义是于 19 世纪后期出现在英国艺术和文学领域中的一场组织松散的反社会运动，发生于维多利亚时代晚期，大致从 1868 年延续至 1901 年，通常学术界认为唯美主义运动的结束以奥斯卡·王尔德被捕为标志。这场运动是反维多利亚风格风潮的一部分，具有后浪漫主义的特征。

英国作家查尔斯·约翰·赫芬姆·狄更斯（Charles John Huffam Dickens，1812—1870）在 1854 年写的《雾都孤儿》中，描写了一个典型的工业城市：伤感、阴郁而丑陋。艺术家们对面目全非的工业社会产生了不满之心，而且与 19 世纪早期寄希望以设计改变社会的艺术家与设计师不同，他们似乎更有理性，认为美的创作非常重要，唯美主义运动由此而生。与工艺美术运动一样，唯美主义运动的目的是提升艺术作品的设计品味，但不同的是，唯美主义认为机械社会千篇一律，所谓的民主设计是有害的，因此拒绝艺术应该以宣扬社会道德为目的。列夫·托尔斯泰（1828—1910）在 1897 年坦撰的《何谓艺术》中大力宣扬艺术与道德、真理的内在关联。唯美主义的代表人物奥斯卡·王尔德（Oscar Wilde，1854—1900，图 1 - 25）曾对其大肆批评，称其："比不道德还糟，这本书没写好。"

在"为艺术而艺术"等口号的推动下，美成为一种不计代价也要实现的东西，有许多人甚至认为生命本身也应该像艺术品一样生活。唯美主义认为只有人为的作品才可能是美的，惠斯勒曾经说过"自然通常是错的"，王尔德则宣称："我们越研究艺术，就越不喜欢自然。"但是艺术创作尤其是在题材上的选择是不可能离开自然的，因此，改变自然就成为唯美主义的一个中心。

19 世纪西方兴起的日本风也成为唯美主义运动的重要支流。从日本被远征舰队打开通商门户以来，日本的艺术以一种异国风尚的情趣成了西方艺术家与设计师的新宠。到 19 世纪 70 年代，仿制日本风格已逐渐成为时尚，具有明显日本元素的瓷器、金属器皿、玻璃制品、平面设计作品开始盛行。唯美主义的设计师们积极主动地将日本元素如简单的色块、横竖交错的线条、精致的手工及配饰融入到他们的设计之中，并且对后来的新艺术运动产生了深远的影响。

英国著名工业设计师德雷塞（Christopher Dresser，1834—1904）是唯美主义代表人物之一，他认为植物形态必须规范化才是对设计师有用的（图 1 - 26）。"规范化的植物形象就是以最纯净的形式描绘出来的自然，因此，它们不是自然的仿制品，而是完美的植物

图 1 - 26　陶盘　德雷塞　1872 年

精神实质的具体形象。"

在美国，大量的唯美主义作品通过 1876 年在费城举办的百年纪念博览会被介绍给广大群众。美国的玻璃艺术设计师路易斯·蒂法尼 (Louis Tiffany，1848—1933) 的作品就参加了这场盛会。受到博览会的影响，蒂法尼开始对设计产生了浓厚的兴趣，并且在 1879 年建立了自己的设计公司。在为白宫及纽约著名的艺术收藏家哈弗迈耶斯做过一些室内装饰设计后，蒂法尼逐渐名声大振。此后他接到的委托难以数计，但他的最大爱好还是玻璃制品的设计，在玻璃彩画、彩色玻璃灯罩及玻璃花瓶等领域都有很大的突破（图 1-27、图 1-28）。

图 1-27　玻璃花瓶　路易斯·蒂法尼

唯美主义的旗帜是为艺术而生，这一核心理论贯穿于唯美主义所有文艺理论和艺术思想之中，艺术从劝世训诫的道德说教中脱离出来，从金钱势利的功利追求中脱离出来，从认识世界获取科学知识的追求中脱离出来，而仅仅以其自身为目的，为其自身而存在。唯美主义既是对英国维多利亚时期虚伪的社会现实的反动，又是对文学中的现实主义、浪漫主义、自然主义某些弊端的抵制，这些都决定了它是一个逆时代潮流、张扬个体自由、崇尚个性发展的思潮。

作为唯美主义的代表人物，王尔德状物、叙事、说理是源自包括主观感受、感性经验、心理潜质在内的他的崇尚唯美思想的自我和对外界的体验所致。唯美主义虽然与哲学、美学上的艺术非功利、艺术自主理论有着撇不清的关系，但对艺术的假定性的强调无疑应该归功于王尔德。他认为艺术是"谎言"，这一观点是他对唯美主义理论的贡献。

在王尔德看来，一切艺术终究是一种人为的产物，想象才是它值得肯定和张扬的结构机制，唯美主义的目标就是要用这种出于想象的比现实生活更美的艺术来引导人的生活，以艺术精神来对待生活。因为谎言它才无视于真实，因为谎言它才依赖于想象，模仿自然和生活应该被唾弃。他的小说、童话、戏剧乃至批评理论基本上都是这种"谎言"理论的诠释。唯美主义与追求艺术形式的各种文学流派都有一定的渊源，但包括王尔德在内的多数唯美主义都与现代意义上的形式主义有着明显差异。王尔德认为文学是"个人主义"的，因此他不屑于主流规范、他预设改造过的生活逻辑、他自行探索传统的戏剧模式等以及他的最值得称道的语言上的造诣，这些都是他的种种唯美理念和艺术理想的生动体现。

图 1-28　水百合台灯　路易斯蒂法尼　1904～1915 年

6. 新艺术运动

图 1 - 29　奥托·华格纳的设计作品

图 1 - 30　巴黎阿贝塞地下铁入口　吉玛德　1900 年

　　19 世纪后期世界各地开始了一场影响巨大的"装饰艺术运动"，即新艺术运动，这是一次内容广泛的设计运动，从建筑、家具、服饰、平面设计到雕塑、绘画艺术等都受到波及。

　　新艺术运动产生与发展的背景是多方面的。在政治经济方面，自普法战争之后，欧洲得到了一个较长时期的和平，政治经济形势较为稳定。各国都致力于经济发展，不少新晋独立或统一的国家力图跻身于世界民族之林，并在激烈竞争的国际市场中赢得了一席之地。这就需要开创出一种新的、非传统的艺术表现形式。18 世纪盛行于法国宫廷贵族间的洛可可风格，造型精致、优雅，线条纤细、轻盈，对新艺术运动有很大影响。与此同时，日本的浮世绘也以其独特的美学特征吸引了新艺术运动的设计大师们。其中和服等优雅而精致的手工艺品所体现的细节美给人们一种新的美学冲击，引导着人们在新的世纪中创造一种新的装饰风格。

　　在 1880 年，新艺术运动只是被简单地称为现代风格，就像洛可可风格在它那个时代的称呼一样。另一方面，很多小范围团体的互相聚集，稍微改良了当时矫饰的流行风格，形成 20 世纪现代主义的前奏。其中包括因时髦的先锋派期刊《青年》而得名的德国青年风格；奥地利的维也纳分离派运动，那些高瞻远瞩的艺术家和设计师脱离主流的沙龙画展，而把风格一致的作品集合在一起展览。在意大利，用伦敦商店的橱窗为来源于工艺美术运动，又归于好的现代设计，命名为自由风格。其包括新艺术运动的商业外观，同时又保留了意大利重要的特色标志（图 1 - 29）。

　　这种风格中最重要的特性就是充满有活力、波浪形和流动的线条，使传统的装饰充满了活力，表现形式犹如植物从中生长出来。作为一种艺术运动，它与前拉菲尔派和象征主义的画家具有某些密切的关系，就像某些名人如奥伯利·比亚兹莱（Aubrey Beardsley，1872—1898）可以把阿尔丰斯·穆夏（Alphonse Mucha，1860—1939）、爱德华·伯恩·琼斯爵士（Sir Edward Burne Jones，1833—1898）、古斯塔夫·克里姆特（Gustav Klimt，1862—1918）和让·图洛普（Jan Toorop，1858—1928）归入同一种风格中。不像象征主义画家，无论如何，新艺术运动具有一个自己的特殊形象，而且不像保守的拉菲尔前派，新艺术运动没有躲避使用新材料、使用机器制造外观和抽象的设计服务。玻璃制造使这种风格找到一个可以展示惊人表现力的领域，例如：蒂法尼在纽约的作品、埃米尔·加利和法国南斯市

的道姆兄弟 (the Daum Brothers)。

新艺术运动发展的最高峰是 1900 年在巴黎举行的世界博览会，现代风格在各方面都获得了成功。此后十年，现代风格因为在最普通的大批量产品中迅速得到普及，导致新艺术运动在大约 1907 年以后开始被忽视。就像表现主义、立体派、超现实主义和装饰艺术运动那样，如今，新艺术运动被视为 20 世纪文化运动中最有创新力的先行者。

新艺术运动在建筑风格和室内设计方面，避开维多利亚风格折衷的历史主义。通过新艺术运动设计师的挑选和"现代化"某些洛可可风格中萃取的元素（如火焰和贝壳的纹理），代替从历史衍生和维多利亚风格的根本结构或写实自然主义的装饰。新艺术运动主张运用高度程序化的自然元素，例如：海藻、草、昆虫，使用其作为创作灵感和扩充"自然"元素的资源，广泛使用有机形式、曲线，特别是花卉等植物。

日本木刻画以其曲线、图案外观、强烈对比的空间和平坦的画面，同样启发了新艺术运动。自此以后，在来自世界各地的艺术家作品中，都能发现其中某些线条和曲线图案成为绘画中的惯用手段。一个重要事实是新艺术运动没有像某些其他运动那样否定机器的作用，而是发挥其所长。根据材料的使用（主要是使用玻璃和锻铁），在建筑风格方面，也能找到像精雕细琢般的品质。

新艺术运动中好的一面，是其考虑了完整的风格。这意味着其在建筑风格、室内设计、家具和织物设计、器皿和艺术品、灯具等方面，都有了一个等级尺度。赫克托·吉玛德相信设计品质源于自然形式，用抽象的线条勾勒出自然的内在特征。"自然的巨著是我们灵感的源泉，而我们要在这部巨著中寻找出根本原则，限定它的内容，并按照人们的需求精心地运用它"。他在设计中广泛应用预制建筑构件，尤其关注铸铁构件，从植物造型中获取灵感，将结构延伸成一种完美装饰，为铸铁这种新材料赋予了全新的艺术表达。当他的代表作"巴黎地铁入口"设计完成之后，"吉玛德风格"被人们称为"地铁风格"，成为法国新艺术风格的代名词。虽然时至今日，吉玛德毫无疑问地被尊为新艺术主义在法国的代表人物，但他身前并无多少追随者，去世十余年后，他的艺术贡献终于重新为人们所正视（图 1 - 30 ~ 图 1 - 32）。

历时 10 多年的新艺术运动是 20 世纪初除现代主义设计运动外最广泛，影响最深远的一场艺术设计运动。几乎所有的欧美国家都卷入了这场空前的运动中。如今仍然可见它对装饰风格影响的余温，它对于世界艺术设计史的影响是不可估量的（图 1 - 33）。

图 1 - 31　吉玛德作品

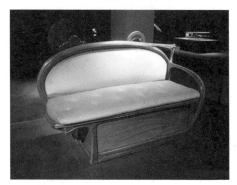

图 1 - 32　沙发　吉玛德

图 1 - 33　椅子　布加迪

7. 南斯学派

图 1 - 34　花瓶　埃米尔·盖勒　1889 年

图 1 - 35　蝴蝶床　埃米尔·盖勒　1904 年

图 1 - 36　水百合花瓶　埃米尔·盖勒

普法战争（1870～1871）之后，法国将阿尔萨斯—洛林地区割让给德国，德国占领区恰恰到了南斯（Nancy）以北而截止。德国在占领区大肆进行文化侵略，一大批不愿接受德国奴役式教育的法国人来到南斯，其中不乏有大量法国的文化艺术分子，他们的到来带来了南斯的艺术盛世。在 20 世纪初，设计师埃米尔·盖勒（Emile Galle）和道姆兄弟（the Daum Brothers）在新艺术运动发源地之一的法国南部小城市——南斯创立了南斯学派（L'Ecole de Nancy），使这座城市第一次具有了世界性的影响力。

巴黎作为新艺术运动的第一大中心，其设计范围主要包括家具、建筑、室内、公共设施装饰、平面设计等，涵盖面非常广泛。而南斯则是以家具和玻璃设计为主。虽然每个设计师个性不尽相同，再加上地域差异，因此设计作品各有特色，但是摒弃历史主义、引入新形势、适应大规模工业生产以及向自然学习的目标却是一致的。西方工业革命汹涌而来，包括艺术领域在内的各个领域都不得不正视工业发展对社会生活的影响。新艺术运动的设计师们认为自然与科技并不是对立的两方面，而是可以结合的。于是，他们努力探寻一条将艺术与工业相结合的道路。

南斯学派的家具和玻璃制品因顺应大规模工业生产，风格独特，做工精湛，很受人们的欢迎，因此影响很大，而这与南斯学派创始人之一的盖勒的功劳是分不开的。

盖勒出生在一个富裕的家具生产商家庭，因此，他精于家具的设计和生产便不足为奇，而他在很早就有着将家居设计和生产结合起来的想法，以此创造出更高水平的家具。早在 19 世纪 80 年代，盖勒就开始了"新艺术"风格的探索。为参加 1900 年的巴黎世界博览会，盖勒耗费了很长一段时间设计家具，虽然这批家具并不成熟，但是也足以显现出他的新艺术风格倾向。盖勒的设计风格受到了日本装饰的影响，而他的很多家具都是受到东方家具，尤其是日本和中国家具的影响，他利用木料和其他材料的镶嵌，特别是采用螺钿镶嵌的形式形成了一种独特的装饰风格（图 1 - 34）。1900 年他在《根据自然装饰现代家居》一文中指出，自然应该是设计师的灵感之源，并提出家具设计的主题应与产品的功能性相一致。他设计的家具装饰题材以植物和昆虫性状为主，鲜花怒放和花枝缠绕构成了作品独特的表面装饰效果，具有象征的寓意。因为盖勒的设计思想具有强烈的自然主义倾向，因此，他设计的装饰图案大量采用动植物的造型。例如，盖勒设计的一款名为"蝶床"的双人床，   而真正的名字是"拂晓和黄昏"。在床的两端装饰有蝴蝶的图案，蝴蝶的身体和翅膀是用玻璃和珍珠点缀的，体现了皮肤笼罩下的骨骼晶莹剔透的质感，翅翼的斑纹则是利用了木头黑白交替图纹来展现。这件作品作为床本身所应有的功能已经被图案的形式美所掩盖了（图1-35）。

此外，盖勒在玻璃器皿设计方面也很在行，他运用砂轮磨花、酸腐蚀、金属镶嵌、吹泡等特殊技法，加工出来的玻璃器皿夸张变形、造型独特美观，由于花饰强烈，往往使设计作品仿佛具有鲜活的生命力。例如，他在1901年设计的"水百合花瓶"，花瓣和叶子被装饰在不规则的背景图案上，色彩鲜明，仿佛依然充满活力（图1-36）。

图1-37 彩绘玻璃器具 尚恩·道姆

盖勒在1901年创立了南斯工业艺术地方联盟，这个组织后来成为南斯的设计中心。他还在法国新艺术运动中最早提出在设计中必须考虑功能重要性原则，这一原则的提出在设计史上有着重大意义。

在南斯学派的玻璃器皿设计界还有一个不得不提到的道姆家族。第一次世界大战后，新艺术逐渐被更为创新的装饰艺术风格所替代，道姆则以装饰艺术风格在当时的伦敦装饰艺术风格的国际展览中大放异彩，为南斯学派树立了新的形象。1874年，道姆创立了道姆兄弟公司。道姆公司为新艺术运动在南斯的发展和深化奠定了资源和技术基础，使得很多著名的玻璃艺术家及美术家在南斯有了发展自我的空间，促使南斯迅速发展成为法国最重要的手工艺重镇，使南斯学派登上历史发展的舞台，并对后世产生深远的影响，无疑，尚恩·道姆和道姆兄弟公司是南斯学派发展的中流砥柱（图1-37）。

图1-38 椅子 简·普鲁威

虽然南斯仅仅是新艺术运动的一个小的发展中心，远不比巴黎的巨大影响力，但是它却成为玻璃艺术家们的集中营，在这里产生了大量精美的玻璃制品，有的甚至现在仍在生产。盖勒和道姆为以南斯为中心的具有地方特点的新艺术运动做出了积极而卓绝的贡献（图1-38、图1-39）。

图1-39 椅子 简·普鲁威 1945年

8. 比利时新美学

图 1 - 40 柜子 威尔德 1897 年

图 1 - 41 板椅 威尔德 1909 年

图 1 - 42 餐厅的椅子 威尔德 1895 年

19 世纪末 20 世纪初的比利时，因国家较小，经济实力较弱，所以设计发展极其缓慢。但是比利时却赶上了工业革命这趟顺风车，相对安定的政治环境使得比利时的经济得到了繁荣发展。工业发展带来的设计需求促成了比利时现代设计的发展，再加上有英国的工艺美术运动可以为其设计发展提供借鉴。于是，在 1900 年前后，比利时也进入了新艺术运动的发展时期，并成为欧洲新艺术运动的重要活动中心之一。当时，比利时在一批具有资产阶级民主思想的知识分子的影响下，出现了一批具有民主思想的艺术家、设计师，他们在艺术创作上和设计上提倡民主主义、理想主义，并提出了"人民的艺术"和"为人民大众设计"的口号，这使得比利时的新艺术运动具有极其进步的民主色彩。从某种意义上说，这些艺术家和设计师们是现代设计思想的重要奠基人。

1884 年，奥克塔夫·毛斯 (Octave Maus) 组织了一批有志于艺术与设计改革的年轻人，在布鲁塞尔创立了"二十人小组" (the Group des Vingt) ，并成为了比利时艺术发展的窗口。随后，他们举办了一系列艺术展览，来让比利时人理解当时艺术发展的状况，甚至连当时欧洲最受追捧的一些艺术家，如文森特·梵高、高更、修拉、图卢兹·劳特累克等人的作品也都曾参加过这些展览。此后，这个小组逐渐开始从纯艺术向使用美术、设计方向转化。1894 年，该小组更名为自由美学社 (the Libre Essthetique) 。

作为自由美学社的领袖人物，亨利·凡·德·威尔德(Henry van de Velde，1863—1957)可以说是比利时新艺术运动最有影响力的核心人物，他也被后世誉为比利时 19 世纪末 20 世纪初最为杰出的设计师与设计理论家。威尔德最初学习绘画，后在威廉·莫里斯的影响下转向建筑设计。1890 年，威尔德在布鲁塞尔为自己设计了婚房，并且亲自动手设计了婚房的室内和家居用品。这点和当年的威廉·莫里斯的做法如出一辙，也正是因为这次的经历，使威尔德真正走上了设计的道路 (图 1 - 40 ~ 图 1 - 42) 。

在比利时时期，威尔德设计的产品以及平面作品大量运用曲线，体现了一种植物枝条相互交错、富有活力的曲线美。在 20 世纪初，威尔德曾经去巴黎，为"新艺术之家"设计产品，更加深刻地体会了法国这场运动的精神，因此，他在设计风格上更加接近法国的新艺术风格。然而威尔德的设计思想较大多数新艺术运动的艺术家们更先进，他支持新技术，支持大规模机械化生产，有强烈的民主思想，主张艺术应与技术相统一，设计应为大众服务。正是因为他先进的设计理念，高水平的艺术造诣加上顺应时代潮流的发展，使他成为现代主义设计的奠基人之一。

　　比利时新艺术运动的另一位代表人物则是杰出的建筑设计师维克多·霍塔（Victor Horta，1861—1947）。霍塔在巴黎设计的塔索旅馆（Hotel Tassel，1892～1893）是其设计生涯的巅峰之作，是新艺术风格建筑的里程碑。这件作品体现了霍塔善于采用藤蔓植物的线条赋予金属生命活力，让建筑或者室内设计回归自然，赋予它一种旋动的生命韵律。还在求学时期的霍塔就曾与其老师一同设计了位于拉肯（Lacken）的皇家温室，毕业后，长期担任布鲁塞尔大学和皇家美术学院教授。1898年，霍塔在布鲁塞尔为自己建造了一座住宅，至今保存完好，现为霍塔博物馆。霍塔的线条很好地体现出比利时新艺术的曲线主题，被称为"比利时线条"或"鞭形线条"，更是得到世界范围内的广泛好评（图1-43～图1-46）。

图1-43　塔塞尔公馆玻璃窗　霍塔

　　博维是比利时新艺术运动的另一位代表人物。博维是当时著名的家具和室内设计师，因曾在自由美学社举办的第一次年展上展出其整套的室内设计作品，而引起了不小的轰动。博维也有明显的自然主义倾向，他善于将动植物的造型装饰在器具上，并且其装饰线条仍以新艺术运动最流行的曲线为主要装饰特征，但他能够在装饰与功能之间取得很好的平衡关系。

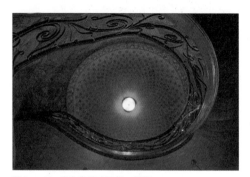

图1-44　索尔维饭店细节　霍塔

　　比利时新艺术运动是从传统主义向现代主义转变的中间环节，它产生了一股强大的冲击力，大大刺激了整个设计艺术界，如一股热浪弥漫了人类社会，从传统中解放了艺术家和公众的想象力，使他们接受并向往新的形势和新的空间，在现代主义设计的发展过程中功不可没。

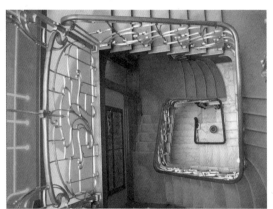

图1-45　霍塔住宅与工作室螺旋式楼梯　霍塔

图1-46　霍塔住宅与工作室细节　霍塔　1864年

9. 安东尼·高迪

图1-47 椅子 高迪

图1-48 文森公寓 高迪 1883~1888年

图1-49 米拉公寓 高迪 1906~1912年

　　提起西班牙，立马让人想到米罗、达利、毕加索等天才人物，这个盛产艺术天才的国度，在1852年又迎来了一位建筑天才，他就是安东尼·高迪·伊·克尔内特（Antoni Gaudi i Cornet, 1852—1926）。他是西班牙最伟大的建筑设计师，素有巴塞罗那"建筑之父"之称，更是人类建筑设计史上的奇迹。高迪是西班牙新艺术运动最重要，甚至是唯一的代表人物。西班牙的新艺术运动具有浓厚的宗教韵味，尤其是西班牙南部的巴塞罗那地区。然而，巴塞罗那几乎所有最具盛名的建筑物都出自高迪一人之手，他就是巴塞罗那建筑艺术的缔造者。

　　1852年6月25日，高迪出生在距离巴塞罗那不远的加泰罗尼亚小城雷乌斯（Reus），家里世世代代都是做锅炉的铁匠，高迪耳濡目染，从小就具备良好的空间结构能力。因为先天身体不好，行动不便，高迪在儿时就喜欢独立思考，善于观察大自然，这使他在自己的设计生涯中一直追求自然（图1-47）。

　　17岁的高迪在家人的鼓励下到巴塞罗那学习建筑，在学校的最后一段时期，他便已经摆脱建筑规范，开始追寻自己的建筑方向了。高迪很喜欢读书，他的很多的设计灵感都是源于他所阅读过的书籍。在他年轻时，恰逢欧洲建筑与设计革命的年代，设计师们都在寻找新的形式以代表新时代的风格。从高迪的作品中不难看出他受当时英国工艺美术运动的精神领袖约翰·拉斯金的影响很大，拉斯金曾说："装饰是建筑的源泉。"而高迪通过他的建筑设计很好地实践了拉斯金的设计思想。例如，高迪在19世纪80年代末期设计的居里宫就具有鲜明的新艺术风格。虽然他对哥特艺术、摩尔风格、东方艺术等都很感兴趣，但是他反对一味地模仿传统艺术，他很懂得取其精华，去其糟粕，采取折衷处理，在实际设计中践行法国建筑设计师瓦列特·勒·杜克（Violett le Doc, 1814—1879）"不要毫无选择地汲取过去的风格"的理念。

　　19世纪后半叶，城市扩建，人口剧增，棉纺织工业和钢铁工业的发展，使巴塞罗那成为当时西班牙最重要的经济中心。经济的发展为艺术设计的进步提供了可能。高迪当时受到巴塞罗那自由主义思想的影响，具有明显的民主思想，他的第一个项目就是当时对他而言非常失败的玛塔罗工人集体住宅（the Mataro Workers' Coperative），这让青年时代的高迪很失落。然而，就是这件作品改变了他的一生。高迪的这件作品参加了1878年的巴黎世界博览会，在这次博览会上，高迪结识了企业家居里（Eusebl Guell），并成为了一生的挚友。居里家族是卡塔兰地区的新权贵，1910年，居里被封为男爵，他十分欣赏高迪的设计，因此，高迪得到了居里家族的长期支持和赞助，居里家族的大部分建筑都是高迪负责设计的。这对于一个疯狂执迷于建筑艺术创作的设计师来说，简直就是如鱼得水。

高迪的设计大概可以分为三个阶段。

第一个阶段是摩尔风格（the Moorish Period）。在这个时期，高迪的设计受到阿拉伯摩尔人风格的影响，但并不是一味的模仿，而是进行了折衷处理，运用多种材料进行装饰，极具特色。这一时期最典型的作品就是建于1883~1888年的文森公寓（the Lase Vicens）（图1-48），这是高迪创作的第一座摩尔风格建筑。

图1-50 桂尔公园 高迪 1900～1914年

第二个阶段是哥特主义风格与新艺术风格的混合。高迪在这个时期的作品多具有哥特风格的特征，大量运用尖拱门窗户、高耸的屋顶、飞肋结构等哥特式风格特有的建筑元素。1886年，他为居里设计的一座宫殿建筑中，两种风格的混搭效果随处可见，尤其是大量采用金属浇铸工艺制作的金属构件，具有明显的新艺术风格。这一阶段的典型代表作品是阿斯托加的教主宫（the Bishop's Palacein Astorga）等。

第三个阶段就是高迪所独有的设计风格。从小对大自然的观察，让高迪发现自然界不存在纯粹的直线，他曾说："直线属于人类，曲线属于上帝。"他更习惯将大自然中的动植物的造型运用在他的建筑作品中。因此，在他的作品中几乎没有直线，大多都是充满生命力的曲线和有机形态的物件。这一时期的代表作品有：米拉公寓（the Casa Mila，1906～1912，图1-49）、巴特罗公寓（the Case Batllo，1904～1906）、桂尔公园（the Guell Park，图1-50）、圣家族教堂（the Sagrada Familia，1882~?，图1-51）等。其中，巴特罗公寓标志着高迪个人风格的形成。而米拉公寓则是新艺术运动的有机形态、曲线风格发展到最极端的代表作品。圣家族大教堂是高迪所有设计作品中最重要、投入最多的作品，他将自己生命的最后43年全都投入到圣家族教堂的设计中，然而最终也没能完成这座建筑。

1926年，高迪在巴塞罗那有轨电车通行典礼过程中被撞成重伤，最终也没能再站起来，为了纪念他，人们在他死后，将他埋葬在圣家族大教堂中。虽然高迪去世迄今90年了，但他用自己神奇而又极富疯狂的创造力，让巴塞罗那的人们至今都生活在梦幻般的童话中，他的建筑作品及建筑风格的影响仍在，尤其为往后的现代设计乃至于后现代建筑设计提供了许多养分。

图1-51 圣家族大教堂 高迪 1882年~?

10. 格拉斯哥学派

图1－52　格拉斯哥艺术学院图书馆室内　马金托什　1907～1909年

图1－53　希尔住宅　马金托什　1903年

19世纪末20世纪初，新艺术运动在欧洲大陆迅速流传开来，同时也蔓延到了英国，只不过英国新艺术运动不及他的工艺美术运动那般影响巨大。虽然没有轰轰烈烈的影响力，但是仍然得到了国际社会的广泛认可，并对欧洲后期的艺术团体和艺术运动的发生和发展产生了一定的影响。

20世纪60～70年代，英国先后出现了两个强劲的学派，一个是伯明翰大学学派，一个是格拉斯哥学派，它们均给当时的设计研究带来了清新的空气。这群社会文化学者在艺术设计领域的成功和影响是人们始料不及的。其中格拉斯哥学派是英国新艺术运动中的典型代表，是新艺术运动发展的一个重要分支。

英国的新艺术运动的影响不及它的工艺美术运动，但是苏格兰的格拉斯哥学派却让英国的新艺术运动得到了国际上的认可。19世纪末，格拉斯哥市出现了像"格拉斯哥男孩"（Glasgow Boy）等很多新生代的艺术家，并创作了大量前卫的设计作品。其中，以著名设计师查尔斯·马金托什（Charles Rennie Mackintosh，1868－1928）为首的包括马克奈、麦当娜姐妹四人在内的设计探索团队——"格拉斯哥四人"成为格拉斯哥学派的最重要的代表。他们主张设计应顺应形势，不再反对机器和工业，也抛弃了英国工艺美术运动以曲线为主的装饰手法，改用直线和简洁明快的色彩。

马金托什于1868年出生在格拉斯哥市，少年时的他就立志要成为一名建筑设计师。在父母反对的情况下，他毅然决然去了格拉斯哥艺术学院学习。学习成绩优秀的马金托什在毕业时荣获亚历山大·汤姆逊旅行奖学金，于是在1891年，马金托什去了意大利，他参观了包括罗马、佛罗伦萨、西西里岛在内的意大利所有重要的城市，并受到了当地古典建筑的巨大影响。

与比利时的亨利·凡·德·威尔德、维也纳分离派的约瑟夫·霍夫曼一样，马金托什也是新艺术运动中比较全面的设计师代表人物之一。他的设计领域非常广泛，无论在建筑、家具、室内、灯具、玻璃器皿、地毯、壁挂还是在平面设计方面都很杰出。马金托什的个人设计风格受日本浮世绘的影响很大，当时新艺术运动风格是以曲线为美，而日本绘画中以简单直线所体现出的美感让马金托什大为震惊，于是他开始怀疑新艺术运动的宗旨和原则，转变了之前仅以曲线为美的观念，并在设计实践中开始探索直线的运用。这种设计探索开始于平面设计，在1896年前后设计的海报，如《苏格兰音乐巡礼》（the

Scottish Musical Review，1896）和《格拉斯哥美术学院》（*the Glasgow Institute of the Fine Arts*，1896），马金托什就采用了纵横直线，并且还运用了新艺术运动中比较忌讳的代表机械的黑色和白色作为主要的色彩基础。这两件作品的问世，在当时的设计界引起了巨大的轰动。

　　1900 年，马金托什与他的合作伙伴之一——玛格丽特·麦克唐纳（Margaret Macdonald）结为夫妻，在马金托什的许多家具和室内作品中都能看到玛格丽特这个既是妻子又是得力助手的艺术特征，如以修长少女和卷曲植物为主的装饰图案。

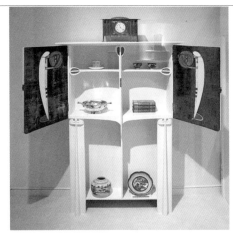

图 1－54　橱柜　马金托什

　　马金托什设计的 20 世纪的经典之作——格拉斯哥艺术学院成为了他设计风格成熟的代表作，这座建筑是分两期在 1897～1899 年间和 1907～1909 年间建设完成的，学院大楼及其主要房间内所有的家具及室内陈设，均采用简单的几何形式，风格高度统一，是传统与现代、民族与国际、形式与功能的完美融合（图 1－52）。这座建筑成为了"格拉斯哥四人"风格的集中体现，马金托什也因此被称为新艺术运动英国最杰出的设计师。此外，马金托什还为克莱斯顿小姐(Miss Cranstun) 设计了著名的希尔住宅(the Hill House, Helensb Urgn,1902～1903)，以高贵典雅的家具、灯饰而闻名于世（图 1－53）。

　　马金托什不支持手工艺，他认为家具设计应具有强烈的色彩，并且首先应考虑其功能性，而不应只是为装饰而装饰。他所带领的"格拉斯哥四人"通过不断探索用柔软的曲线和坚硬高雅的竖线交替运动的新表现，也就是设计界所谓的"直线风格"（图 1－54）。将这一风格体现得淋漓尽致的就要数马金托什在 1904 年设计的"高背椅"——"Hill House 椅"。这把椅子的高椅背完全采用黑色，造型夸张，虽不舒适，但却完全摆脱了传统艺术的束缚，形成了独特的抽象风格，至今仍受到人们的追捧（图 1－55）。

　　马金托什是工艺美术向现代主义过渡环节中的关键人物，在设计史上具有承上启下的作用和意义。马金托什的作品通过 1900 年的维也纳分离派第八届展览而得到全世界的认识。

　　格拉斯哥学派的设计风格超出了流行的风格，与法国新艺术运动风格大相径庭，打破了长期以来英国设计界的沉闷气氛。他们主张直线、简单几何造型、黑白色的大量运用，给当时的欧洲带去了一股全新的设计风尚，为机械化、工业化形式奠定了基础，并且对维也纳分离派、德国青年风格产生了重要的影响。

图 1－55　希尔住宅椅子　马金托什　1902～1903 年

11. 德国青年风格

图1-56 《青春》封面 奥托·艾克曼

新艺术运动在德国被称为"青年风格"（Jugendstil），是因1896年慕尼黑创刊的《青年》（*Die Jugend*）杂志而得名。德国的青年艺术家们也希望能通过恢复传统的手工艺来挽救当时的设计现状。与法国的新艺术运动不同，它已经开始摆脱单纯的装饰性，而向功能性第一的设计原则发展，因此被视为介于新艺术运动和现代主义设计之间的一个过渡性的设计运动。

德国青年风格可以大致分为两个发展阶段，第一阶段是因为他们最初受到英国工艺美术运动中拉斯金等人的影响，所以早期的作品具有明显的自然主义色彩，以模仿自然界动植物纹样的线条进行装饰。同时，德国出现了一批致力于产品创造的工厂，如德累斯顿工艺美术工厂、设在达姆斯塔德特的合作组织等。第二阶段是比利时艺术家带有维也纳风格的影响。1896年，比利时著名设计师亨利·凡·德·威尔德应邀到德国演讲，他的到来为德国的新艺术运动注入了新的血液。此外，他们还受到维也纳设计师瓦格纳、格拉斯哥四人的设计风格的影响。自1897年以后，德国的青年风格逐渐摆脱以曲线装饰为中心的法国等新艺术运动主流，开始探索简单的几何造型和直线的运用。因此，这一阶段的设计作品具有简洁，线条硬朗的特点。

这一风格的主要代表人物有奥托·艾克曼（Otto Eckmann，1865—1902，图1-56）、约瑟夫·赛特勒（Joseph Zettler）、汉斯·克里斯蒂安森（Hans Christiansen）以及彼得·贝伦斯（Peter Behrens，1868—1940）。而其中之最则要数彼得·贝伦斯。

贝伦斯虽然是德国的新艺术运动——青年风格的代表人物，但他却是德国现代设计的奠基人，被称为德国现代设计之父，对世界现代设计的发展做出了巨大的贡献。贝伦斯最初是一位画家，曾在汉堡艺术学校学习。他的绘画作品在1893年的第一届慕尼黑分离派艺术展（Munich Sccesssion Exhibition）上大获好评。此后，他每年都参加慕尼黑分离派的艺术展，这让他的声望与日俱增。贝伦斯在1898年设计的版画插图《吻》是他的代表作之一，这件作品的颜色和缠绕、盘旋的曲线的运用很明显是受到了新艺术运动风格的影响。除了绘画，贝伦斯还学习并从事过设计艺术和建筑设计。当时慕尼黑有一个致力于提高手工艺地位的组织——"手工艺术组织"（Arts in Crafts），贝伦斯在1897年为该组织设计了联合工厂车间。

此后，他又开始涉足产品设计领域，设计了一些具有新艺术风格的家具、金属制品和玻璃器皿。1898年，贝伦斯为奥博斯韦斯劳

图1-57 钟表 彼得·贝伦斯 1910年

（Oberswieselau）的玻璃器皿公司（Benedikt von Poschinger）设计酒杯，1902 年贝伦斯还为美因茨市（Mainz）的瓷器公司（Ruckert）设计餐具等。20 世纪初，贝伦斯开始有意摆脱新艺术风格，并朝功能主义方向发展。因此，在贝伦斯后期的作品中，我们不难看到其功能主义和采用简单几何形状的倾向。

贝伦斯在建筑领域的一个重要的成就是他在 1901 年在达姆施塔特市为自己设计的住宅，虽然该建筑在很多细节上都显露出简洁的现代主义风格，但是整体的设计还是凸显出新艺术特色。1904 年，贝伦斯与一批德国设计师发起并成立了德国工业同盟（Dcutscher Werkbund，1907），该同盟为德国工业产品设计水平的提高和现代主义设计的发展做出了积极的贡献。1907 年，贝伦斯被德国电器联营公司（AEG）聘用，并兼任建筑和产品设计师。期间，他为该公司设计了大量的工业产品，如弧光灯、电风扇、电水壶等，奠定了功能主义设计风格的基础，并使该公司成为 20 世纪初的设计先驱。而此时，贝伦斯的设计风格已经开始更加倾向具简单、几何感的现代主义（图 1－57～图 1－60）。

贝伦斯很重视对年轻设计师的培养，他曾成立了一个世纪工作室，现代建筑大师沃特尔·格罗佩斯(Walter Gropius，1883—1969)、勒·柯布西埃（Le Corbusier，1887—1965）和路德维希·密斯·凡·德·罗(Ludwig Mies van der Rohe，1886—1969)早年都在此工作过，并且在日后都成为了世界顶级设计师，还被后人尊称为"现代主义建筑设计大师"。由此可见，贝伦斯对德国乃至世界建筑设计做出了巨大贡献。

德国青年风格是对之前拉斯金等人风格的延续，是对传统的颠覆，它不仅仅是德国自己的设计运动，还是世界范围内新艺术运动的重要组成部分，更是成为之后建筑及工业设计发展的指明灯，其成果是世界有目共睹的。

图 1－58　台灯　彼得·贝伦斯

图 1－59　电风扇　彼得·贝伦斯　1908 年

图 1－60　电水壶　彼得·贝伦斯　1909 年

12. 维也纳分离派

图 1 - 61　椅子　威廉·理查德·瓦格纳
1904 ~ 1906 年

19 世纪末 20 世纪初，弥漫在欧洲大陆的新艺术运动的巨大浪潮渗透到了奥地利。1897 年，在奥地利首都维也纳的一批艺术家、建筑家和设计师声称要与传统的美学观决裂、与正统的学院派艺术分道扬镳，故自称"分离派"，并以"为时代的艺术——艺术应得的自由"为口号，追求艺术创新。至此，在奥地利新艺术运动中产生了一支著名的艺术家组织——维也纳分离派 (Vienna Secession, 1897 ~ 1915)。

在设计方面，维也纳分离派重视功能的思想、几何形式与有机形式相结合的造型和装饰设计，表现出与欧美各国的新艺术运动相一致的时代特征而又独具特色。但其反对新艺术运动对花形图案的过度使用，更强调运用几何形状，特别是正方形和矩形。 他们大胆实践，定期举办展览，并在 1900 年出版了设计期刊《室内》，在欧洲颇有影响。其代表人物有画家古斯塔夫·克里姆特、建筑家和设计师威廉·理查德·瓦格纳(Wilhelm Richard Wagner, 1813—1883)、约瑟夫·霍夫曼 (Josef Hoffmann, 1870—1956) 、约瑟夫· 奥布里奇 (Joseph Maria Olbrich, 1867—1908)、科罗曼· 莫塞 (KolomanMoser, 1868—1918) 等人。其中克里姆特和霍夫曼最负盛名。

瓦格纳是霍夫曼等人的老师，其设计思想与建筑风格在 19 世纪 80 年代已表现出与装饰主义的分流，故被称为分离派运动之父。瓦格纳是奥地利著名的建筑师，他早年擅长设计文艺复兴式样的建筑，19 世纪末，他的建筑思想出现了很大变化。1894 年，53 岁的瓦格纳就任维也纳艺术学院教授，次年出版专著《现代建筑》 (Moderne Architectur) ，他认为，新建筑要来自当代生活，表现当代生活。设计应为现代人服务，而不是为返古复兴而存在。他的建筑作品推崇整洁的墙面，水平线条和平屋顶，他认为从时代的功能与结构形象中产生的净化风格具有强大的表现力。1900 年前后他设计的一座维也纳公寓住宅初步显示出他的那种理想主义建筑观念。而 1904 年他在设计维也纳邮政储蓄银行时首次运用了简洁创新的建筑手法，使人难以相信这是出自一位 60 多岁的建筑教授之手。维也纳邮政储蓄银行被认为是现代建筑史上的里程碑。瓦格纳的观念和作品影响了一批年轻的建筑师，在他的支持下，他的学生奥别列兹、霍夫曼等人组成了"维也纳分离派" (图 1 - 61)。

画家克里姆特是分离派组织的第一任主席，被誉为"奥地利最伟大的画家"。他创作了大量崖壁画，其形式与室内设计高度和谐。

图 1 - 62　吻　古斯塔夫·克里姆特　1907 年

他打破传统的绘画形式，以金属般绚丽辉煌的色彩和一维平面效果，运用富有象征意义的形式语言，表现出强烈的华丽风格与精美的工艺，呈现强烈的装饰性。其代表作有绘画《吻》（图1－62），壁画《哲学》《法学》《贝多芬雕像装饰壁画》等。

1903年，霍夫曼在银行家支持下，在魏恩市组织了维也纳工作同盟。他和莫塞担任艺术指导，从事家具、室内金属器皿的设计，并由同盟的作坊进行生产。其产品造型呈几何形态，很少装饰，力求艺术与技术完美结合，体现产品的实用性。霍夫曼在设计中表现出与普遍的曲线风格不同的直线风格，更加接近现代设计。他那由纵横直线构成的洗练的方格网装饰特征，成为象征分离派设计风格的鲜明符号。1904～1910年，他承担了布鲁塞尔郊区斯托克列宫的建筑设计，其方形的造型单纯、严谨，室内空间宽敞，墙面平直，是其最重要的代表作。室内陈设、餐厅的大型壁画则由克里姆特设计制作。壁画中图案化的人物形象和装饰花纹，是用玻璃、马赛克、珐琅、金属、廉价宝石镶嵌而成，华美异常，使斯托克列宫成为集分离派之大成的佳作（图1－63～图1－65）。

此外，奥布里奇设计的维也纳分离派之家，把单纯明确的几何造型与典型新艺术风格的枝蔓缠绕的花草装饰结合得浑然一体，是分离派代表作之一。

埃贡·席勒（Egon Schiele，1890—1918）是20世纪初奥地利绘画巨子，表现主义画家，维也纳分离派的重要代表。

维也纳分离派运动独树一帜，在设计中加进了新艺术运动风格中较少见的直线和简洁的几何造型，特别注重产品的功能，体现出欧洲设计从摆脱传统到走向现代的过渡风格，影响深远。

图1－63　椅子　约瑟夫·霍夫曼　1903年

图1－64　可调节椅　约瑟夫·霍夫曼　1905年

图1－65　桌子　约瑟夫·霍夫曼　1903～1904年

新思想与现代注意设计的诞生
（约 1918 ～ 1945 年）

　　第一次世界大战之后，工业化进程加快，商业逐渐繁荣，社会环境相对安定，为新的设计探索提供了条件，同时这一时期也是消费能力提升、现代设计快速发展的时期。这一时期，不仅诞生了影响巨大的装饰艺术运动，还形成了现代主义设计，而且现代主义的发展取得了以往任何一场设计运动都不具有的影响和进步。

　　装饰艺术运动是产生于 19 世纪 20 ～ 30 年代，在欧美等国开展的一场设计革新运动。在这个时期的另外一场运动，现代主义设计运动无论从形式与思想都与装饰艺术运动大相径庭，而且代表了人们在设计探索上新的高度与进步。装饰艺术运动的形成是在第一次世界大战之后，大工业迅速发展，新的消费与商业形式的快速发展与繁荣，以及欧美的工业设计快速走向成熟。装饰艺术运动虽然在造型、色彩上以及装饰动机上有新的现代的内容，但是它的服务对象依然是社会的上层，少数的权贵。这与强调设计的民主化、大众化的社会效应的现代设计大相径庭。在这个时期美国的设计发展在世界的角色扮演中越来越重要。虽然起初装饰艺术运动并没有在美国发展，但是自 1928 年后，在美国与现代主义几乎同时流行，并产生了巨大的影响。1929 年，美国爆发经济危机，设计在这个时期发挥了巨大的作用，在此时工业设计也发挥了巨大作用，很多企业试图通过产品设计挽救一路下滑的工业形势，设计没有让他们失望，同时现代主义设计也取得了巨大的进步。

　　由于装饰艺术运动与现代主义运动产生的时期基本相同，因此两者难免会相互影响，即使装饰艺术运动服务的阶层主要是权贵阶层，但同样会产生一些符合现代主义设计特征的产品。比如柯布西埃在 20 世纪 20 年代中期设计的家具，就兼具装饰艺术运动和现代主义设计的风格。现代主义设计是大众的、民主的、社会性的，这种与装饰艺术运动截然不同的风格同样也吸收了装饰艺术运动的一些特点，因此，由于相同的时代背景，我们无法完全分离地去看待两种设计风格。

　　现代主义运动产生的影响无疑是大于装饰艺术运动的，装饰艺术运动产生于法国，一开始就具有为上层权贵服务的特点，这与法国的政治传统有关。现代主义就不同了，其最重要的三个支柱的产生就具有明显的民主色彩，德国包豪斯的一些主要教员包括汉斯·迈耶、格罗佩斯等人，都是主张甚至信仰民主与社会主义的，因此包豪斯的产生一方面是对机械化大生产的适应，另一方面是在设计理念包括人们理想的民主化、大众化的思想下发展的。同样，俄国的构成派产生于前苏联时期，在那个时期对于激进的俄国艺术而言，十月革命引进根基于工业化的新秩序，是对旧秩序的终结。十月革命之后，大环境给构成主义提供了信奉文化革命和进步观念的机会，以及在工业设计、艺术、建筑设计等方面的设计实践的机会。荷兰风格派正式成立于 1917 年，其核心人物是蒙特里安、里特维德等人，维持这一松散的组织的是一份称为《风格》的杂志。风格派从一开始就追求艺术的抽象与简化。它反对个性，排除一切表现成分，而致力于探索一种对人类共通的纯精神性表达。这种思想很快渗透到工艺设计等领域，并对现代主义设计的形成产生了重要影响。

　　在法国，装饰艺术运动使其服饰与首饰设计获得很大的发展，同时格蕾的室内和家具设计，把富有东方情调的豪华装饰材料与结构清晰的钢管家具完美结合，同时装饰艺术运动在美国的影响也很大，最典型的就是衍生出好莱坞风格。在第一次世界大战和第二次世界大战之间的现代主义设计，涌现了一大批优秀的设计师和设计作品。其中包括包豪斯的格罗佩斯、密斯以及迈耶，法国的柯布西埃，北欧的阿尔瓦·阿尔托，美国的雷蒙·罗维、提格、德雷福斯以及盖迪斯等人。而且在美国的发展下还产生了影响深远的有计划废止制，流线型风格以及商业主义等。同时这一时期的杰出的设计师弗兰克·赖特，对于现代设计的影响巨大，影响力在一定程度上不亚于格罗佩斯、密斯、柯布西埃以及阿尔瓦·阿尔托等人。

13. 巴黎装饰艺术和现代工业博览会

图 2 - 1　角柜　杰克·埃米尔·鲁尔曼　1923 年

图 2 - 2　吸烟室的家具及装饰图案　让·杜南　1925 年

装饰艺术运动（Art Deco）是 19 世纪 20 ～ 30 年代的法、美、英等国开展的一场设计革新运动。它虽与现代主义运动几乎同时进行，并受到现代主义的很大影响，但其以上流社会为服务对象的特征却与现代主义大相径庭，尤其以作为装饰艺术运动发源地和中心的巴黎最为明显。巴黎的中心地位是源于 1925 年在巴黎举办了"国际装饰艺术与现代工业展览会"，装饰艺术运动因此得名，并在欧美各国掀起热潮。这一届世博会开创了建筑史上非常重要的装饰艺术派建筑，影响了全世界。

1925 年 4 月 28 日，装饰艺术和现代工业博览会在巴黎开幕，这是法国装饰艺术的盛会。其中最能代表和体现法国的装饰艺术风格的当属家具设计。当时在博览会上展示的设计师杰克·埃米尔·鲁尔曼(Jacques Emile Ruhlman, 1879—1933) 的"收藏家馆"轰动一时，这让鲁尔曼声名鹊起，并成为装饰艺术的鼻祖。鲁尔曼认为时尚不可能来自下层社会，不可能来自普通人，只有富有的人才能追求时尚。这一精英主义的设计观点直接代表了法国装饰艺术运动中家具设计的思想与精神。鲁尔曼设计制作的家具如桌子、椅子、柜子、床边小桌等，多采用乌木、巴西红木、紫檀等珍贵木材，并且采用象牙或者动物的皮革来装饰家具的扶手、把柄等处，家具表面设计有精细的装饰图案。复杂的装饰与简单的外形造就了这些作品低调而又奢华的贵族化特征，体现了鲁尔曼的精英主义设计理念（图 2 - 1）。

在家具设计方面还有一位值得一提的爱尔兰女性设计师——艾琳·格蕾(Eileen Gray，1878—1976)。格蕾最具代表性的设计作品是 1932 年在巴黎为苏珊·塔波特 (Suzanne Talbot) 设计的室内作品，她很好地将奢华的动物皮革、现代主义简洁的钢管结构以及细腻的颜色结合在一起，这件作品也被认为是装饰艺术时期的经典作品之一。格蕾将法国的装饰艺术与现代主义相联系的表现手法让她成为 20 世纪 30 年代非常重要的设计师，她的作品也一直备受重视，甚至到 20 世纪 80 ～ 90 年代，她的设计特色和理念依然被设计师们追崇。

法国装饰艺术运动中具有中国特色的陶瓷设计体现了装饰艺术对东方艺术的迷恋。当时，中国陶瓷举世无双，深受各国的喜爱与模仿。20 世纪 20 年代，法国设计师埃米尔·德科 (Emile Decoeur, 1876—1953) 设计了一系列中国风的餐具和瓷碗，造型简单，采用黄色、蓝色、绿色、白色和粉红色等单色釉，并在表面进行中国陶瓷冰裂开片、挂彩等处理手法。此外，其他装饰艺术风格的陶瓷艺术家还有埃米尔·李诺柏（Emile Lenoble，1876—1940）、瑞恩·布梭（Rene Buthaud）、罗兰·阿提加斯（Llorens Artigas）等。

让·杜南（Jean Dunand，1877—1942）是巴黎装饰艺术运动中杰出的漆器设计师，他深受东方漆器的影响，其具有东方风格的设计作品广受好评。他的设计作品色彩华丽、图案精美，善于运用抽象几何形态（图2－2）。著名的诺曼底号（Normandie）和大西洋号（Atlantique）等多艘大型远洋游轮的家具与室内都是由让·杜南所设计。他为漆器在法国乃至欧洲的普及起到了积极的推动作用。此外，其他装饰艺术运动中的漆器设计师还有前面提到的艾琳·格蕾、日本漆器设计师哈马纳卡（Katsu Hamanaka）。其中，哈马纳卡设计的屏风"两头牛"成为装饰艺术运动漆器作品中的经典代表作之一。

如同新艺术运动中的南斯学派一样，法国装饰艺术运动时期也出现了一批热衷于玻璃器皿设计的设计师，如勒内·拉利克（Rene Lalique，1860—1945）、弗朗西斯·埃米尔·德孔西蒙（Francois Emile Decorchemont，1880—1971）、阿米里克·沃特尔（Almeric Walter，1859—1942）以及道姆兄弟。拉利克是其中比较杰出的一位，曾经被公认为法国前卫艺术的珠宝设计师之一。他设计的玻璃器皿包括香水瓶、灯具、玻璃瓶、钟表等，其早期作品具有明显的新艺术风格，20世纪20年代开始形成了自己独特的装饰艺术风格。拉利克发明了模具生产，成功地将其设计的玻璃器皿进行批量生产。他设计生产的颜色丰富的彩色花瓶成为收藏家们争相收购的珍品。此外，他在香水瓶艺术造型方面的造诣，对法国香水的发展做出了极大的贡献。

饰艺术运动在装饰和设计手法上为我们提供了大量可供参考的重要资料，从材料的运用到装饰的动机，直到产品的表面处理技术，无论哪一个方面，这个风格都有不少可以借鉴和学习的地方，它是东方和西方结合、人情味与机械化结合的尝试，更是19世纪80年代的后现代主义时期重要的研究中心，对于它的了解和研究，具有重要意义（图2－3～图2－5）。

图2－3　非洲木雕

图2－4　帝国大厦　威廉·兰柏　1930～1931年

图2－5　克莱斯勒大厦　威廉·范·阿伦1926～1931年

14. 艾琳·格蕾

图 2 - 6 "独木舟"漆器贵妇塌 格蕾 1920 年

艾琳·格蕾是 20 世纪前半期最重要的现代设计师之一，也是历史上为数很少的几位有能力影响现代主义设计发展进程的女性设计师之一。艾琳·格蕾不像当时其他一些女性设计师如夏洛特·佩里安（Charlotte Perriand）、丽莉·莱希（Lilly Reich）一样辅助一些著名的设计师一同工作，而是非常独立地行走在自己的设计之路上，并且以其丰富的设计种类和独特的设计风格，得到了全世界的认可和敬佩。

1878 年艾琳·格蕾出生在爱尔兰的一个贵族家庭，早期曾在伦敦的斯兰德艺术学校（the Slade School of Art）学习绘画，1900 年去法国参观巴黎世界博览会，让她对巴黎产生了浓厚的兴趣，甚至是为之着迷。1907 年，艾琳·格蕾移居巴黎，并终生生活于此。在伦敦学习期间，艾琳·格蕾师从日本著名的漆器设计师菅原（Seizo Sugawara）学习传统漆器工艺，这为艾琳·格蕾后期的发展奠定了很好的基础。1913 年，艾琳·格蕾首次将自己的作品在"装饰艺术家沙龙"中展示，精湛的漆艺以及个性的设计吸引了收藏家杰克斯·道赛（Jacques Doucet），随即艾琳·格蕾就受到杰克斯·道赛的委托，为他设计家具，这是艾琳·格蕾的第一个设计订单，也是艾琳·格蕾唯一一批附有签名和日期的作品。

艾琳·格蕾一生中涉足的设计领域很广，其中包括漆器、家具、室内装饰以及建筑。她早期的作品具有明显的装饰主义风格，注重豪华的装饰效果，专注于手工艺制作。艾琳·格蕾的代表作之一《命运》，是一件屏风，它以红漆为底色，绘有两个人物形象，粗犷的色彩，简单的线条，抽象的造型，凸显出野兽派画风的影子，该作品将传统与现代完美地结合在一起。1920 年，艾琳·格蕾为其委托人苏珊·塔波特(Suzanne Talbot)设计了一件名为《独木舟》的贵妇榻(图 2 - 6)，其表面涂饰金粉漆，银箔贴面，造型新颖别致。这件作品成为艾琳·格蕾运用装饰主义风格的最具特色的作品。此外，艾琳·格蕾在其漆器家具、漆器配件、地毯等作品中也大量运用豪华的装饰材料和图案。

1922 年，艾琳·格蕾自己的设计店——加利德·让·德泽（Galerie Jean Desert）在巴黎开业了。该设计店经营维持了八年，这期间，艾琳·格蕾的很多设计作品都展现了立体派和功能主义的风格倾向，例如，她在 20 世纪 20 年代中期设计的梳妆台，舍弃了早期常用的装饰元素，运用了具有现代主义风格的钢管结构，造型简洁。

20 世纪后半期，艾琳·格蕾完全摆脱了早期的装饰主义风格和

图 2 - 7 Tomte 沙发侧桌 格蕾

传统的手工艺制作，转而倾向于现代主义的几何风格，并且在她的作品中出现了大量的不锈钢管等新型的装饰材料，她的钢管家具设计在当时十分具有震撼性。1923 年，艾琳·格蕾在巴黎举行的"装饰艺术家沙龙"展览中展出的室内设计作品《蒙特卡洛卧房》成为了其设计风格从装饰主义向功能主义的转折点。

艾琳·格蕾的现代主义风格注重细节的装饰设计，较当时只注重设计师个性而忽略使用者需求与感受的设计师们，她的现代主义更加柔和，更加人性。1925 ～ 1930 年间，艾琳·格蕾设计了一款可调节靠背角度的"Transat"躺椅，质地柔软的座面设计与极具现代感的结构设计相结合，既满足了结构的灵活性，又不失作品本身的舒适性。

图 2 - 8 E1027 可调节式边几 格蕾 1927 年

艾琳·格蕾并没有像当时欧洲的现代主义运动中的设计师们一样单纯追求工业技术的创新，而是更加追求视觉上的完美（图 2 - 7）。1925 年，艾琳·格蕾设计了她的建筑处女座，位于法国南部 Roquebrune 的《E.1027 海边别墅》（1926 ～ 1929），这栋别墅内的家具是由艾琳·格蕾的设计店特别设计制作的，其中有一张玻璃钢管边桌——E.1027 可调节式边几（图 2 - 8），起初是用为床头柜后来被用作临时使用的桌子放在起居室内。这张边桌也采用了可以调节高度的结构设计，使用方便。20 世纪 70 年代后期，这件作品又重新投入生产，并被纽约 MOMA 博物馆列为永久收藏。

艾琳·格蕾还有一件不得不提的作品——必比登椅（Bibendum 椅，图 2 - 9），该作品是她在 1929 年设计的，并被称为 20 世纪最有名的家具设计之一。必比登椅结构坚固，采用实木框架，不锈钢脚架，填充高密度海绵，弹性强，不易变形，而且还运用了人体工程学原理，所以坐上去非常舒适。这件作品是通过四十多年后的一次拍卖会才让世人为之震惊，从此风靡世界。

图 2 - 9 必比登椅 格蕾 1929 年

1937 年，艾琳·格蕾将包括"Bibendum 椅"和"Transat 躺椅"在内的几件家具作品捐赠给巴黎博览会中的"勒·柯布西埃馆"，这些作品在此次博览会上引起了巨大的轰动，也成就了艾琳·格蕾辉煌的设计生涯。艾琳·格蕾是 20 世纪 30 年代无可替代的女性设计师，她创作了许多具有强烈而独特的个人色彩的经典设计作品，可以说艾琳·格蕾是一位划时代的女艺术家（图 2 - 10）。

图 2 - 10 洛塔沙发 格蕾

15.勒内·拉利克

图 2 - 11　发饰　拉利克　1900 年

法国新艺术运动中，南斯学派出现了以道姆兄弟和埃米尔·盖勒为代表的一批著名的玻璃器皿设计师，他们对玻璃器皿的热爱和执着，为法国的新艺术运动增添了一道亮丽的色彩。无独有偶，法国的装饰运动时期也出现了一批热衷于玻璃器皿的设计师，他们在这场设计运动中取得了非凡的成就，成为世界玻璃器皿设计师中的佼佼者，代表人物有勒内·拉利克（Rene Lalique，1860—1945）、弗朗西斯·埃米尔·德孔西蒙（Francois Emile Decorchemont）和阿米里克·沃尔特（Almeric Walter）。

拉利克的设计被称为"没有时间限制的风格"，他早期受到新艺术风格影响，到了 20 世纪 20 年代左右，开始形成自己的装饰艺术风格，他的作品涉及香水瓶、花瓶、珠宝、钟表、灯具等诸多领域。

拉利克出生在法国巴黎附近的夏姆帕涅，童年时期的他流连于大自然的美景，这为他以后使用包括植物、昆虫等在内的自然图案进行珠宝设计提供了大量素材，并都被处理成了一些怪异的形式。此外，他对材料的选择也极富想象力，包括仿宝石、彩金、搪瓷、不规则珍珠和半透明角。拉利克 11 岁时师从著名的雷根教士，并开始显露出艺术天赋。16 岁时父亲病逝，拉利克师从当时著名的金银首饰匠人路易·奥克（Aucoq），在学习的过程中，拉利克独特的艺术个性开始显现出来，随后他进入伦敦赛登汉姆艺术学院学习。他想象力丰富，设计灵感来源于东方艺术、古典风格和现代艺术的某些因素。拉利克的设计成就主要体现在珠宝方面，他的作品是娇柔豪华的法国新艺术风格的最好见证。

19 世纪 80 年代开始，当时的诸多顶级珠宝店便开始邀请拉利克为其设计珠宝。1884 年，工艺美术联合中心在卢浮宫举办了一个实用美术博览会，展出的是法国当时流行的新艺术风格的装饰品，在这次展会上拉利克第一次接触到顶级的装饰艺术家，这让他更加坚定自己的艺术道路。拉利克曾在装饰艺术家布里安孔（Briancon）的实验室里工作，在此期间，他尝试使用玻璃和珐琅镶嵌来取代珠宝。因他将这些工艺与首饰的结合这一创新，预示着他在设计道路上的成功（图 2 - 11）。

19 世纪 90 年代，拉利克为当时著名的女演员 Sarah Bernhardt 设计了一批珠宝，这批珠宝还在齐格弗里德·宾（Siegfried Bing）的新艺术之家展览馆里展出。到 1890 年为止，拉利克已经成为法国前卫艺术的珠宝设计师之一，因为其作品太过前卫，以至于他设计的

图 2 - 12　手持镜　拉利克　1920 年

样式到了 20 世纪后才开始广泛流行。

拉利克的作品色彩都非常鲜艳，尤其喜欢运用翡翠绿和孔雀蓝等色彩。在他设计的玻璃器皿中，可以看到他大量运用动物图案进行装饰，另外女人体也是他经常用到的装饰图案，珠宝上的女人体刻画得很细腻，栩栩如生。此外，拉利克还发明了模具生产，这一壮举突破了单件生产的局限，使得批量生产成为可能。模具的使用启发他在许多玻璃器皿的制作过程中采用玻璃雕花技术，将动物或女人体装饰到器皿上，具有极强的装饰性，有的作品最初是为了功能而设计，可他设计出来之后竟可以作为一件独立的艺术品来欣赏（图 2 - 12）。

拉利克以自然为主题的彩色花瓶系列作品在当时也成为世界上收藏家们炙手可热的珍品。这些花瓶多是以花、鸟、鱼、虫以及女人体为装饰图案，再配以丰富多彩的颜色，美轮美奂。值得一提的是，世界首屈一指的法国香水事业也受到了拉利克的影响，他为法国著名香水品牌设计了 250 多种不同形式的香水瓶，极大地促进了法国香水事业的发展。在 20 世纪 20 ~ 30 年代，他设计了约 200 多种不同形式的玻璃器皿，并得到了全世界的赞誉，成为法国装饰艺术运动中顶尖的艺术大师（图 2 - 13 ~ 图 2 - 15）。

19 世纪末期，拉利克将自己早期设计中的自然主体与象牙浮雕相结合，并应用到珠宝首饰的设计当中，这一传统与现代相结合之下的作品给人以很强的冲击力，也代表了他进入到设计创作的新时期。1894 年，在法国学院艺术沙龙中，这些作品一鸣惊人，展现出他作为一代艺术大师的智慧和灵性。

1905 年，拉利克在巴黎凡杜姆广场开了一家商店，同年，他在莱茵河岸 40 号建造了自己的寓所，这座建筑仍延续他最喜欢的大自然动植物图腾的特点，给人以装饰艺术的韵味，并被评为当时最前卫、新颖的建筑设计。由此可见，拉利克不仅在玻璃器皿领域是世界首屈一指的大师，在建筑设计领域也很有自己的见解和建树。

拉利克是法国乃至世界首饰设计史上的一颗闪亮的明星，至今仍是诸多首饰收藏和评论家关注的焦点人物。他的不少作品现仍被收藏在由首饰收藏家卡鲁斯特·古尔班金（Calouste GulbenKian）创建的里斯本首饰博物馆中。拉利克前卫的设计理念和大胆创新的加工工艺，使得他的作品经久不衰，随着时间的流逝，他的作品不但没有淡出人们的视线，反而更加熠熠生辉，成为设计史上的经典。

图 2 - 13　项链　拉利克　1900 年

图 2 - 14　装饰盒　拉利克

图 2 - 15　蜻蜓珠宝　拉利克

16. 机器美学与乌托邦思想

图 2－16　萨伏伊别墅　勒·柯布西埃　1928～1930 年

图 2－17　朗香教堂　勒·柯布西埃　1950～1953 年

图 2－18　朗香教堂内部　勒·柯布西埃
1950～1953 年

19 世纪末 20 世纪初，工业革命推动了世界各国，尤其是欧美国家工业技术的飞速发展，极大地促进了生产力的发展，同时对社会结构和社会生活产生了巨大的影响。然而工业技术发展所产生的设备、机械、工具等的使用功能、造型、安全性的设计都没能得到相应的发展，于是产生了众多问题。为解决这些问题，设计师们发起了诸如工艺美术运动、新艺术运动、装饰艺术运动等艺术变革运动，但他们却始终以复辟传统为外衣来逃避现实，甚至反对工业化，反对现代文明，终究不能解决问题的根本。

随着设计师们对工业化的理解和认可，渐渐地，他们开始适应并努力探索解决问题的方法，于是一些新的美学观点出现了，如追求简单、几何形态美感，顺应大机器生产的机器美学。新的理念和观点产生初期，往往伴随着一些理想主义的色彩，设计师们企图一改以往设计主要服务于社会权贵的现状，转而服务人民大众，通过设计而非社会革命来实现人人平等的一种理想状态的社会，这显然是乌托邦式的想法。其代表人物是勒·柯布西埃（Le Corbusier, 1887—1965）。

柯布西埃出生于瑞士的拉·沙兹·德·芳（La Chaux de Fonds），原名查尔斯·爱德华·珍妮特（Charles Edouard Jeanneret），他被誉为机械美学的奠基人，现代主义的重要奠基人之一。柯布西埃一生都在追求机械化和机械形式，他强调机械的美感，并且很喜欢汽车和飞机的设计，并效仿其中的机械化元素运用到他今后的建筑和城市规划中。20 世纪 20 年代开始，柯布西埃开始尝试着将他的机器美学理论在建筑设计中进行实践。1923 年柯布西埃在出版的著作《走向新建筑》（*Towards a New Architecture*）中提出了"住宅是居住的机器"（"the house is a machine for living in"）。1925 年巴黎世界博览会上展出了柯布西埃最著名的作品"新精神馆"（Esprit Nouveau Pavilion），柯布西埃将他的机器美学理论和设计原则运用到了这座建筑中，此外，斯坦别墅（1927）、萨伏伊别墅（Villa Savoye, 1929～1930，图 2－16）、朗香教堂(The Pilgrimage Chapel of Notre Dame du Haut at Ron-champ, 1950～1953，图 2－17)等也都始终贯穿了他的设计理念（图 2－18、图 2－19）。

除了建筑设计外，柯布西埃在室内家具设计方面也极具个人特色。他为了实现建筑整体的统一，利用家具分割室内空间以实现室内空间自由的状态。20 世纪 20 年代，柯布西埃设计了一些充满现代气息的钢管结构的椅子。例如，柯布西埃和皮埃尔·让内勒特（Pierre Jeanneret，1896—1967）以及法国家具设计师夏洛特·佩里安（Charlotte Perriand）于1929年合作设计了一款著名的LC4躺椅，这款躺椅造型符合人体工程学原理，可以根据人的需要选择仰靠的角度（图2－20）。这件作品成为20世纪家具设计中的经典作品，至今仍在生产和销售。同年，三人还设计了LC3系列沙发，这款沙发被称为"满是垫子的盒子"，给人一种更柔软、更舒适的感觉。它采用镀铬钢覆以皮革，和当时流行的传统椅子形成强烈的对比，其优雅、独特的设计流行到今天，仍被视为无可替代的艺术品（图2－21）。

20世纪初，从意大利兴起的未来主义，这些艺术家们深受现代机器的影响，并以弗里德里希·威廉·尼采（Friedrich Wilhelm Nietzsche，1844－1900）、亨利·柏格森（Henri Bergson，1859－1941）哲学为根据，试图表现他们从机器中所感觉到的美，利用颤动的线条和块面来表现出运动的效果。未来主义艺术家们也是机器美学的倡导者，并以美术、音乐、戏剧、电影、摄影等诸多形式进行实践，曾一度声势显赫、影响甚广。

1909年2月，意大利未来主义艺术家费立波·马里涅蒂（Filippo Tommaso Marinetti）在法国报纸《费加罗报》上发表《未来主义宣言》，表示了对机械动力与速度美的崇拜，标志着未来主义的开端。在未来主义艺术家看来，"这个世界由于一种新的美感变得更加光辉壮丽了，这种美是速度的美。"他们反对一切历史传统，创造全新的艺术，具有浓郁的虚无主义色彩。随后，未来主义艺术家们又相继发表了《未来主义服饰宣言》《未来主义建筑宣言》《未来主义画家宣言》《未来主义雕塑宣言》等。位于巴黎市中心战神广场的著名的埃菲尔铁塔就是机器美学的一件典型的实践作品，它是由埃菲尔（Guistave Eiffel）在1889年设计的，它象征了现代科学文明与机械的魅力，并成为当年法国世界博览会最有影响力的作品。未来主义的贡献不止于艺术风格的创新以及对机器的肯定，更重要的是它激进的主张和无政府主义的口号，对20世纪其他文艺思潮产生了重要影响，如艺术装饰、旋涡主义画派、构成主义、超现实主义。更是对20世纪初的西方设计中现代主义精神的形成产生了极大的影响。

机器美学以及那些乌托邦的思想虽然在解决艺术与工业生产之间的矛盾方面过于盲目、理想化，甚至可以说是极端化，但是它们为现代主义设计的发展迈出了勇敢的一步，发挥了不可磨灭的重要作用。

图2－19 马赛公寓 勒·柯布西埃 1950～1953年

图2－20 LC4躺椅 勒·柯布西埃、让内勒特与佩里安 1929年

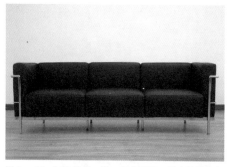

图2－21 LC3沙发 勒·柯布西埃、让内勒特与佩里安 1929年

17. 标准化设计

图 2 - 22　Mr 边几　亨利·凡·德·威尔德　1927 年

图 2 - 23　德意志制造同盟海报　贝伦斯　1914 年

19 世纪下半叶至 20 世纪初，面对工业革命所带来的社会生活的变化，欧洲各国的设计师们纷纷发起各种设计改革运动，以表达对工业化大生产的设计态度，虽然他们在不同程度上对设计的发展做出了一定的贡献，但是无论是英国的工艺美术运动，还是整个欧洲的新艺术运动，都没能真正地将设计与工业有机地结合起来。美国制造体系的演化表明，为了进行批量生产，产品就必须标准化，即对部件的尺寸设计应该精密并且严格一致。随着 20 世纪工业生产和商业组织的发展，标准化的概念也扩展了，具有了新的含义和重要性。

工业革命促进了科技的发展，同时推动了机械化大生产的发展。为了适应工业化大生产，工业批量化、标准化的生产设计理念开始在设计领域蔓延开来。1871 年才统一的德国无法和英法等殖民帝国雄厚的原始积累相比，只能选择提高产品质量这条路。

1907 年 10 月 6 日，在德国政府的支持下，成立了德国工业同盟 (Deutscher Werkbund)，这是德国第一个设计组织，是德国现代主义设计的基石，它使工业设计真正地在理论上和实践上得到了突破。这个激进的工业设计团体是由一群热心设计教育与宣传的艺术家、建筑师、设计师、企业家和政治家组成。代表人物有：德国的赫尔曼·穆特修斯 (Herman Muthesius, 1861—1927)、彼得·贝伦斯 (Peter Behrens, 1868 - 1940)、比利时的亨利·凡·德·威尔德 (图 2 - 22)。

在由弗里德里希·诺曼起草的《德国工业同盟宣言》中明确地提出了该同盟的宗旨：提出艺术、工业、手工艺相结合；主张通过教育、宣传提高德国设计艺术的水平，完善艺术、工业设计和手工艺；强调联盟走非官方路线，保持联盟作为艺术界行业组织的性质，以避免政治对设计工作的干扰。要求在德国设计艺术界大力宣传和主张功能主义，承认并接受现代工业；在设计中，反对任何形式的装饰；主张标准化下的批量化，以此为设计艺术的基本要求。该同盟针对以上宗旨进行了一系列的设计实践活动，在德国乃至世界现代主义设计史上有着非常重要的意义。

赫尔曼·穆特休斯，德国著名的外交家、艺术教育改革家和设计理论家，他是德国工业同盟的创建者和核心人物，也是德国现代主义设计运动的组织者，现代主义设计理论的重要奠基人之一，他对德国工业设计的发展起到了极大的推动作用。穆特休斯深刻认识到设计教育的重要性，他努力进行设计教育改革，为包豪斯在德国的成立与发展奠定了基础。穆特休斯明确指出机械与手工艺的矛盾可以通过艺术设计来解决。他肯定机械的作用，提倡标准化设计，使标准化设计在德国逐渐发展起来，极大地促进了当时德国经济的发展。他对于德国工业设计所做出的努力和贡献，使其成为德国工业设计运动真正的开拓者和领导者。

彼得·贝伦斯，德国工业同盟的首席建筑师，德国现代主义设计的重要奠基人之一，德国工业设计先驱，被誉为"第一位现代艺术设计师"。他是一位罕见的设计全才，在建筑、家具、平面、纺织品、玻璃器皿、工业设计等方面均有划时代的建树。他是一代人的宗师，现代主义建筑大师沃特尔·格罗佩斯、密斯·凡·德·罗和勒·柯布西埃早年都曾在他的设计室工作过，他对德国现代建筑的发展具有深刻的影响（图2－23）。

图2－24　AEG 德国通用电气公司　1883 年

1907 年，贝伦斯被德国通用电气公司 AEG 聘请担任建筑师和设计指导，开始了他作为工业设计师的职业生涯（图2－24）。贝伦斯为 AEG 设计了一系列经典产品，如电灯、电水壶、电风扇等，其造型简洁，并且充分考虑了机器批量和标准化生产的特点，奠定了功能主义设计风格的基础。他是首位使产品适应于工业化生产的设计师，他设计的电水壶，将其制定了三种壶体，两种壶盖，两种手柄以及两种底座，这些配件相互间都可以进行组合，并能产生 24 种不同的样式（图2－25、图2－26）。

贝伦斯为 AEG 设计的字母化标志，极具统一性，被认为是现代企业形象识别设计的雏形。他在 1909 年为 AEG 设计的汽轮机车间，采用钢筋混凝土等新材料，结构上采用钢结构骨架，大面积的玻璃嵌板代替墙身，成为现代主义幕墙式建筑的最早模式。

图2－25　标准设计　贝伦斯

在德国工业同盟的推动下，到 20 世纪初期，标准化的概念日渐成熟。1916 年，德国标准化协会发起了一场全国范围的标准化运动。1918 年，美国成立了标准化协会。标准化开始成为设计尤其是产品设计必须要遵循的基本原则之一。

工业生产的标准化是工业发展的必然结果，它不仅顺应了机械化生产的洪流，而且对工业产品设计的发展也起到了巨大的推动作用。标准化设计让工业产品模块化、简洁化，因此带来了批量化大生产，大大降低了生产成本，让设计真正服务于广大人民成为可能。

标准化设计的影响是深远的，因为一个世纪后的今天，工业生产仍然延续着标准化的生产方式，而且设计服务于广大人民的愿望也早已成为现实，设计产品进入到平常百姓家庭，大大提高了人民的生活水平。

图2－26　电壶系列　贝伦斯

18．福特汽车

图 2 - 27 T 型小汽车 福特公司 1908 年

美国成立于 1776 年，作为一个年轻的国家，就像年轻人一般充满活力。在其后的三四十年间，就开始了工业革命的酝酿阶段。1860 年，美国的工业实力已经位居世界第四，仅次于英、法、德三国。然而美国劳动力严重缺乏，无法适应大规模的机械生产，为了解决现状，降低生产成本，美国发起了一种新的生产方式——美国制造体系。

美国制造体系的特点是：标准化大批量生产、产品部件的可互换性、流水线生产。这一体系不仅颠覆了传统的生产方法，而且也影响到整个组织、生产、销售、产品类型与形式等各个方面，因此也影响到了产品的设计。早在 19 世纪初期，这种体系就已经出现了。被称为"美国制造体系之父"的怀特尼（Eli Whitney，1765—1825）带动了美国可互换性的设计方法。此外，包括约翰·霍尔（John H.Hall，1934— ）、塞缪尔·柯尔特（Samuel Colt，1814—1862）在内的一些军火商在手枪实现标准化生产、可互换部件方面做了巨大的贡献，并推动了美国整个工业生产的标准化进程。随后，该体系在美国 20 余种制造业中逐步建立起来，而真正将这一体系完美运用的是亨利·福特（Henry Ford，1863—1947）的汽车制造业。

提起福特汽车的创立，就不能不提起世界上第一位使用流水线大批量生产汽车的人：福特汽车创始人亨利·福特。亨利·福特是美国著名的汽车工程师和企业家，是福特汽车公司的建立者。他使用流水汽车装配线作业，并以这种方式让汽车在美国得到了真正的普及，被世人尊为"为世界装上轮子的人"。

亨利·福特出生于美国密歇根州韦恩郡的史普林维尔镇，父亲是爱尔兰移民，在兄弟 6 人中亨利排行第一。他从小就把各种工具当作玩具，生性喜欢机械类的事物，17 岁开始就开始去机械厂做学徒，30 岁时就已经成为爱迪生照明公司的总工程师，为底特律供应照明用电，33 岁时制造出他人生中第一辆汽车，并将它命名为"四轮车"（Quadricycle）。1903 年，亨利·福特成立了福特汽车公司。1903 年福特与 11 位其他投资者和 2.8 万美元的资金建立了福特汽车公司。他新设计的车只用 39.4 秒就开过了一英里，当时的一个著名的赛车运动员将这辆车命名为福特 999 型，并带着它周游美国，这样一来福特在美国就出名了。他参考辛辛那提肉类罐头厂的流水作业方式，尽量减少工人不必要的劳动量，强化了劳动力分工与生产效率之间的关系，最终形成了一套科学的生产流水线，逐步将美国制造体系完善起来。

图 2 - 28 T 型车 福特公司 1908 年

19 世纪末，美国的经济已经达到了比较高的水平，工业生产开始处于世界前列，它的钢铁和石油化工等工业的发展为汽车工业的发展创造了条件。当时对于大多数人而言，汽车属于奢侈品，而亨利·福特决定尽可能地降低成本，使他们生产的汽车能让更多的人买得起。

亨利·福特认为人力劳动与生产流水线相结合，无需人力具备很强的专业性和技术能力，这使人力劳动成为流水线中的非关键因素，更加突出了机械加工的主导地位，真正实现了批量化大生产。此外，福特汽车坚持生产的标准化、零部件的可互换性，在增加产量与降低成本方面取得了极大的成功。亨利·福特曾说："生产汽车的方法，是要使一家工厂制造出来的每一辆汽车都拥有同样的品质和外形，如同由同一家大头针工厂生产出来的大头针一样，二者在本质上没有区别。"

图 2 - 29 T 型车 福特公司 1926 年

1908 年，福特汽车推出了著名的 T 型轿车，T 型车被称为世界上第一辆属于普通百姓的汽车，这款车一推出便受到美国民众的欢迎，也让美国成为"装在汽车轮子上的国家"，世界汽车工业革命从此开始（图 2 - 27、图 2 - 28）。1913 年，福特汽车开始采用流水装配线作业，并大量生产具有可互换性的汽车零部件，极大地降低了生产成本，年产量由 1908 年的两万辆增加到六十万辆，价格也由原来的 800 多美元降到不足 300 美元，一个美国普通工人用一年的工资就可以购买到一辆福特T型轿车，用物美价廉来形容T型车最贴切不过了。从此，福特 T 型车成为真正意义上的大众交通工具，这也带来了美国汽车普及的高潮（图 2 - 29）。

此后，福特汽车又推出了若干车型，例如：A 型车（图 2 - 30）、49 汽车、Thunderbird、Mustang、Taurus、Sable、Windstar、F 系列皮卡等。福特还曾拥有世界著名的八大汽车品牌：福特、水星、林肯、马自达、沃尔沃、阿斯顿·马丁、路虎和捷豹。2001 年，福特汽车公司和中国长安汽车集团合作，成立了长安福特汽车有限公司，专业生产满足中国消费者需求的轿车，并已成功推出了福特嘉年华和蒙迪欧两款轿车。

福特汽车的成功基于美国雄厚的工业实力，同时，又将美国乃至世界工业产品的发展推向了一个新高潮，它的设计美学以及标准化批量生产方式，对后来的现代主义设计产生了重要影响。

图 2 - 30 A 型车 福特公司 1929 年

19．功能主义

图2-31　芝加哥会堂大厦　路易斯·沙利文　1889年

20世纪20年代，适应现代大工业生产的现代主义设计最终形成，它强调设计的功能性、技术运用以及所能带来的经济效益，其中最为重要的理念便是功能主义。与其他历史现象的出现一样，功能主义的发生也有着深远的历史。由于功能主义是建立在大机器生产的基础上的，因此工业革命必然成为功能主义的前提。19世纪，蒸汽机的出现给人类带来了现代文明的大工业革命，这便是功能主义出现的最基础的物质前提。

功能主义（Functionalism）设计思想起源于19世纪中期的英国，20世纪初在德国得到系统发展，成为20世纪的正统主流设计思想。

19世纪，现代文明的大工业革命为功能主义的出现提供了最基础的物质前提。机械化大生产让设计与手工艺生产之间的距离迅速拉大，并使得"传统的由艺术家和工匠完成的任务面临着被各种机器和新材料取而代之的危险"。而1851年在巴黎举行的第一届世界工业博览会中，由工业革命带动的新发明如蒸汽机、引擎、汽锤、车床甚至包括由预制的金属肋拱和薄片玻璃及建成的"水晶宫"都引起了人们对工业革命成果的极大兴趣。工业化大时代的到来为人们带来了颠覆传统的新事物，同时，机械化生产对传统手工艺产生了巨大的冲击，为化解这一矛盾，设计师们纷纷发起了艺术变革运动，形成了不同的艺术派别。

19世纪末期的美国芝加哥学派（Chicago School）是美国最早的建筑流派，是美国现代建筑的奠基者。芝加哥学派强调形式服从功能，反对折衷主义思想，强调建筑艺术应体现新技术的特点，符合工业化时代的精神。1883～1893年是芝加哥学派发展的鼎盛时期，期间芝加哥学派创造了著名的"芝加哥窗"，形成了立面简洁的独特风格（图2-31、图2-32）。

作为芝加哥学派中坚人物的路易斯·沙利文（Louis H Sullivan）提出了"形式追随功能"（form ever follows function），引自《高层办公大楼在艺术方面的考虑》(The Tall Office Building Artistically Considered，1896）的口号，强调"哪里的功能不变，形式就不变"，并坚持艺术必须以科学方法为基础，在1899年和1902～1903年由沙利文设计的施莱辛格和迈耶百货商店，明确地反映了这种思想（图2-33）。沙利文认为建筑设计应该保证形式与功能的一致性和由内到外的统一性，他根据功能特征将他设计的高层办公楼建筑外形分为三个部分：功能相似的底层和二层，

图2-32　文莱特大厦　路易斯·沙利文　1890年

上面各层为办公室，顶部为设备层。这种分段模式成为当时办公建筑的典型。

对沙利文来说，建筑艺术并不是写照式地模仿大自然，而是在必然的结构演变中加以模仿。此外，沙利文对机械化及其美学持乐观态度，并对新材料的出现表示支持。由此可见，芝加哥学派是一种"卓越的功能主义建筑思想"，因而成为20世纪前半叶工业设计的主流——功能主义的主要依据。

功能主义虽然起源于英国，但是却在德国得到了长足发展。英国的功能主义观念最初是由建筑设计师赫尔曼·穆特修斯传播到德国，并成立了德意志制造联盟作为新的设计思想基地。而德国功能主义的开路先锋则是彼得·贝伦斯，他和穆特修斯的功能主义立场基本是一致的，他认为"只遵循功能目的或者材料目的，不可能创造任何文化价值"。穆特修斯和贝伦斯的设计思想直接影响到后来成立的包豪斯学校，作为德国现代设计第二代领军人物和包豪斯创办者的沃特尔·格罗佩斯将"功能"多义化，他认为功能是"从生活本身的统一体"出发，而包豪斯的功能至上主义则更好地体现了作为校长的格罗佩斯的思想。

奥地利设计师阿道夫·卢斯（Adolf Loos，1870—933）也是著名的功能主义建筑设计师，是现代主义建筑设计的先驱。阿道夫·卢斯提出了著名的"装饰就是罪恶"的口号，他认为建筑"不是依靠装饰而是以形体自身之美为美"，只有将装饰与功能完美结合才能达到美的标准，并强调建筑应以实用与舒适为主（图2-34）。此外，阿道夫·卢斯反对精英设计，主张建筑设计应为大众服务。1910年阿道夫·卢斯设计的位于维也纳的斯坦纳住宅（Steiner House），被誉为世界上第一座真正的、完全的现代建筑。斯坦纳住宅几乎没有任何装饰，极其简朴，充分体现出自然美。这座建筑也成为了阿道夫·卢斯最具代表性的作品（图2-35）。

功能主义认为设计应反映时代精神，应将艺术与技术完美结合。产品设计无须附加装饰，只要通过结构和材料以及机器加工来展现美即可。产品的外形必须是以功能需要为基础，不能仅凭设计师的喜好。为适应大工业化生产，设计应标准化、系列化。虽然在第二次世界大战以后，功能主义的极端发展使现代主义设计过于强调功能，忽视了人们对装饰美的追求以及设计自身的艺术规律而受到很多质疑，但是功能主义对工业化社会的发展进程所起到的极大的推动作用，却是不可忽视的。功能主义的矫枉过正最终成为现代主义设计大发展的有力催化剂。

图2-33 施莱辛格与迈耶百货公司大厦 路易斯·沙利文 1899年

图2-34 赖夫艾森银行 阿道夫·卢斯

图2-35 斯坦纳住宅 阿道夫·卢斯 1910年

20. 俄国构成主义

图 2－36　白底上的黑色方块　马列维奇　1913 年

图 2－37　构成派

图 2－38　紫罗兰彩色版画　康定斯基

俄国构成主义(The Russian Constructivism)，又名结构主义，是俄国十月革命胜利前后，由俄国一小批先进的知识分子发起的一场前卫的艺术运动和设计运动，形式上受到立体主义和未来主义的影响。

"构成主义"一词最初是出现在加波(Gabo)和佩夫斯纳(Pevsner) 1920 年发表的《现实主义宣言》中，它最早被应用到建筑领域，而后发展到绘画、戏剧、电影等领域，代表人物有塔特林(Tatlin)、加波、李西斯基(EL Lissitzky)、莫霍里·纳吉(Moholy Nagy)等。

1917 年，俄国十月革命胜利，成为 20 世纪世界史上的一个重大事件，更是俄国的重大历史转折点。列宁领导时期，没有对艺术创作进行任何干涉，这为艺术在俄国的发展创造了一个自由的大环境，随后涌现出大量的艺术团体。

1918 年，一批前卫的艺术家和设计师在莫斯科成立了自由国家艺术工作室(the Free Statr Art Studios)，简称"弗克乎特玛斯"(VKHUTEMAS)。该艺术团体成员包括建筑设计师亚历山大·维斯宁(Alesander Vesnin)、伊利亚·格索诺夫(Ilya Golossov)、莫谢·金斯伯格(Moisei Ginsbuig)、尼古拉·拉多夫斯基(Nikolai Ladovsky)、康斯坦丁·梅尔尼科夫(Konstantin Melnikov)、弗拉基米尔·谢们诺夫(Vladimir Scmcnov)。该团体具有高度的全面性和广泛性，力图集绘画、雕塑、建筑、工业设计、平面设计等于一体。

同年，设计组织"因库克"(INKHUK)成立，该组织成员包括瓦西里·康定斯基(Wassily Kandinsky，1866—1944)、亚历山大·罗钦科(Aleksander Rodchenko)、瓦尔瓦拉·斯捷潘诺娃(Varvara Stepanova)、柳波夫·波波娃(Liubov Popova)、奥西勃·布里克(Ossip Brik)等一批重要的俄国前卫艺术和设计先驱。

1919 年，在维特别斯克市，一个新的激进的艺术团体"宇诺维斯"(UNOVIS)成立了。该团体成员有依莫拉耶娃(Ermoiaeva)、马列维奇(Malevich，1878—1935)、李西斯基(图 2－36)。同年，李西斯基开始了对构成主义的探索，并将绘画上的构成主义因素运用到建筑上去，他的作品对当时荷兰的"风格派"产生了很大的影响(图 2－37)。

在众多艺术团体中，弗克乎特玛斯和因库克在当时一直充当着领导俄国设计和现代艺术主流的角色。

俄国构成主义提出设计为政治服务，为无产阶级服务，为无产阶级国家服务，因其明确的政治目的而使其成为设计史和艺术史上少有的现象。虽然期间也有一些设计师对政治性目的明确的设计有异议，并认为应采用新古典主义为代表。然而构成主义本身就是革命，代表着无产阶级的利益和形式。他们高举反艺术的旗帜，摒弃具象的自然造型，有意避开传统艺术材料与形式，追求抽象几何的造型，力图通过结合不同的元素来创造新的艺术形式，主张"切断艺术与自然现象的一切联系，从而创造出一个'新的现实'和一种'纯粹的'或'绝对的'形式艺术"。

虽然他们都为新的艺术形式所着迷，但在艺术追求上却各有自己的观点。一边是以康定斯基、佩夫斯纳等为代表的追求艺术创作的纯粹性，以及艺术的自由与独立（图2－38）。另一边是以塔特林、罗钦科为代表的坚持艺术家必须学习现代工艺，追求实用，要为无产阶级的最大利益服务。罗钦科在他发表的《共产主义宣言》中提出："打倒艺术、举起技巧……艺术是欺骗……打倒艺术传统的维护者，构成主义的技术娴熟者站起来。"两种不同思想的碰撞，极大地丰富了构成主义的发展历程，在当时的社会大环境下，后者因适应社会发展所需，更加关注时政，所以影响力更大。

图2－39 第三国际纪念塔 塔特林

塔特林是构成主义运动的主要发起者，他在1920年设计的第三国际塔方案完全体现了构成主义的设计理念，400多米高的碑身耸立在莫斯科广场，比埃菲尔铁塔高出一半，里面包括国际会议中心、无线电台、通讯中心等。这个方案具有无产阶级和共产主义的象征性，虽然未能建成，但已然成为现代艺术运动中结构主义功利性的标志（图2－39）。

和塔特林一样，李西斯基也认为艺术应适应社会需求，他在1919年创作的海报作品《红色铁杆打击白色资本主义》，完全采用抽象的形式，以红色三角形插入白色圆形图案，象征了布尔什维克党必胜的信心，强烈地表达出了革命观念（图2－40）。

康定斯基在德国完成的《论艺术的精神》中表现出一种追求非客观世界，完全抽象的理念，给人一种全新的艺术感受，不仅对俄国构成主义发展产生了很大的影响，对德国也影响巨大。

然而，就是这样一场毫不逊色于德国包豪斯和荷兰"风格派"的运动，却因为遭到斯大林的扼杀而被迫早早收场。

图2－40 普朗恩小屋 李西斯基 1923年

21. 荷兰风格派

图 2 - 41　红蓝椅　吉瑞特·托马斯·里特维特
1917 ~ 1918 年

第一次世界大战期间，荷兰作为中立国，远离战争，相对稳定的社会环境成为了欧洲各国艺术家、设计师们逃避战争的庇护所，这让荷兰一下子聚集了一大批前卫艺术家，如乔治·凡通格卢（Georges Vantongerloo，1886—1965）、彼埃·蒙德里安（Piet Cornelies Mondrian，1872—1944）等。这些艺术家们将一些野兽派、立体主义、未来主义等观念带到了荷兰，开始在这个当时几乎与世隔绝的地方探索前卫艺术的发展之路。

荷兰风格派是一个比较松散的联盟，其主要成员有蒙德里安、吉瑞特·托马斯·里特维特（Gerrit Thomas Rietved，1884—1964）、特奥·凡·杜斯伯格（Theo van Doesburg，1883—1931）。说这个团体比较松散，是因为风格派没有其完整的结构和团体宣言，参加这场运动的很多艺术家们都互不认识，他们甚至都没有同时展览过他们的作品。而作为风格派名称来源的《风格》杂志则成为维系这个联盟的思想阵地（图 2 - 41 ～图 2 - 43）。

成立于 1917 年的风格派，从一开始就完全拒绝使用任何具象元素，而追求艺术创作的抽象和简化，只用单纯的色彩和几何形象来表现纯粹的精神。它反对个性，摒弃一切造作表现的成分，将艺术创作完全投入到探索人类共通的纯精神性表达中，即纯粹抽象。风格派的这种几何抽象风格的形成深受数学家舍恩马克尔斯博士的新柏拉图哲学思想的影响。因此，形成了风格派以平面、直线、矩形为中心，色彩也以红黄蓝三色以及黑白灰三个中间色为主的创作形式。可以说，舍恩马克尔斯博士是这场运动造型观念和哲学思想的奠基者，他认为大自然"虽然在变化中显得活泼任性，基本上总是以绝对规律来经常执行任务的。意即以造型的规律性来起作用。"他认为自然界事物之间都是矛盾对立的关系，如男女、黑暗与光明等，而这些都可以通过水平线或垂直线来表现。同样，他认为红黄蓝三色是世界上仅存的颜色，并分别象征漂浮、发散和内敛。他的这些观点对风格派艺术家们产生了极大的影响，也为世界几何风格的发展奠定了理论基础。

风格派运动最强有力的宣传和号召者——杜斯伯格，出生于荷兰乌特勒支。20 世纪初开始，他便全身心投入到艺术的洪流中。立体派、未来主义的广泛传播，让杜斯伯格对现代艺术运动产生了极大的兴趣，并经常作文批评。杜斯伯格在绘画中以抽象的几何图形代替了具象形式，走上了抽象几何的艺术创作道路，在他表现奶牛、玩牌者等系列作品中，有着类似蒙德里安抽象性的实验。杜斯伯格在

图 2 - 42　Z 形椅　吉瑞特·托马斯·里特维特　1934 年

1917 年创作的著名的《玩牌者》原型是塞尚的同名作品，他将塞尚的艺术语言抽象化，变成其自身所特有的艺术语言。在这件作品中，我们看不到原有的画面秩序和油画技法，这些都被杜斯伯格以几何形象所抽象化，人物是以矩形为基础形成的，一个个规整却错落变化的方格。而他在 1918 ～ 1919 年创作的另一幅《玩牌者》中，改用线和方块组合，画面由单一的矩形，丰富到三角形、半圆形、扇形及多边形（图 2 - 44）。

1917 年，杜斯伯格创办了《风格》杂志，他将该杂志作为风格派的思想阵地，由于他极具攻击性的宣传，以至于让他在这次运动中所产生的宣传作用远远超过了他作为艺术家的影响。从 1921 年开始，杜斯伯格就离开荷兰，到欧洲各国进行巡回演讲，将风格派的思想传播到各地，其中，对包豪斯的影响最大。杜斯伯格的思想对包豪斯的师生产生了很大的冲击，甚至连包豪斯当时的校长格罗佩斯都没能免其影响。

蒙德里安是风格派的另一位核心代表人物，他出生于荷兰的阿姆尔弗特，是风格派运动幕后艺术家和非具象绘画的创始人之一。1911 年，蒙德里安在巴黎接触到立体派画风，毕加索和布拉克等立体派的作品对他影响极大。也就是这趟巴黎之行让蒙德里安开始了抽象化艺术语言的创作道路。他先后创作了系列抽象作品，如《树》《教堂》等，逐渐形成了自己的艺术特色。他在 1912 年创作的作品《灰色的树》中，明显可以看出立体派和野兽派等的艺术特点，树已经失去了本身的特征，呈现出来的都是一些抽象化的图形。

1919 ～ 1938 年间，蒙德里安形成了新的个人形式，他使用最基本的元素创作，如直线、直角、三原色来表现自然物象的本质，他将这种绘画称作"新造型主义"。从 1917 年起，他创作了大批这种作品，如 1930 年的《红、蓝、黄构图》（图 2 - 45）。

第二次世界大战期间，蒙德里安来到远离战争的纽约。繁华的纽约城给他带来了巨大的冲击，他的作品也随之发生变化，作品中黑色消失了，大的色块也变成了无数的小色块，画面中充满了欢快明亮的视觉效果，《百老汇爵士乐》就是这一时期的代表作。这段时期也成了蒙德里安艺术生涯最后的发展阶段。

自 20 世纪 20 年代起，风格派就走出荷兰，成为欧洲前卫艺术先锋。风格派作为现代主义设计的三大基本支柱之一，对世界现代主义风格的形成起到了很大的推动作用。其美学思想渗入各国的绘画、建筑、设计等诸多领域，尤其对现代建筑和设计产生了深远影响。

图 2 - 43　施罗德住宅　吉瑞特·托马斯·里特维特 1924 ～ 1925 年

图 2 - 44　玩牌者　杜斯伯格　1918 ～ 1919 年

图 2 - 45　红黄蓝构图　彼埃·蒙德里安　1930 年

22. 包豪斯

图 2 - 46　包豪斯的玻璃幕墙结构建筑　沃特尔·格罗佩斯

图 2 - 47　包豪斯教师公寓　沃特尔·格罗佩斯

图 2 - 48　包豪斯魏玛校舍沙发　沃特尔·格罗佩斯

图 2 - 49　沙发　马谢·布鲁尔

第一次世界大战，德国作为战败国，遭到了严重的破坏，近一半以上的城市都在战火中变成了废墟，为了尽快走出战争的阴影，恢复正常生产，德国政府开始大力发展工业。1907 年，在德国政府的扶持下成立的德国工业同盟，成为德国工业设计发展的良好开端。在这样的大环境下，世界上第一所艺术设计教育学院——包豪斯（Bauhuas）孕育而生。

包豪斯成立于 1919 年，1933 年被纳粹政府强行关闭。14 年间，包豪斯经历了三任校长，并三迁校址。由于三任校长的教育思想不尽相同，因此，也形成了包豪斯三个不同的发展时期：沃特尔·格罗佩斯时期（Walter Gropius，1919～1927）、汉斯·迈耶时期（Hannes Meyer，1927～1930）、密斯·凡·德·罗时期（1931～1933）。

格罗佩斯是包豪斯的创始人，是 20 世纪最重要的现代设计师和设计教育的奠基人（图 2 - 46、图 2 - 47）。第一次世界大战期间，格罗佩斯应征入伍参加战争的他亲眼目睹了战争的残酷，认识到机器给人类带来的灾难性、毁灭性的一面。于是，他逐渐产生了想要通过设计教育来实现世界大同的社会乌托邦思想，这也成为他创办包豪斯最初的思想动力。1919 年 4 月 1 日，包豪斯在魏玛正式成立。包豪斯是格罗佩斯新创造的生词，在德语中，"bau"意为建造，"haus"意为建筑。在以后来看，学校名称中"建筑"指的是新的设计体系。在当天的开学典礼上，格罗佩斯宣读了由他亲自拟定的《包豪斯宣言》，从中明确地表达出包豪斯的办学目的：艺术不是一门专门职业，艺术家与工艺技师之间没有根本上的区别。他主张应用艺术，艺术与技术应相结合，而非单纯的想象地表现，艺术的创造与实现需要技术的支持来实现。他强调"工艺、技术与艺术的和谐统一"。包豪斯实行"工厂学徒制"的教学模式，学校里根据不同课程设置了不同的工作室，并且聘用经验丰富的手工艺人来指导学生，这些工作室同时起到了教室和车间的作用，学生在工作室将艺术与技术融汇到一起。这种教学模式充分实现了格罗佩斯认为的将设计教育建立在手工制作与理论学习结合之上的教育理念（图 2 - 48）。

然而，包豪斯的创新改革引起了右翼保守势力的敌视。1924 年，当右翼分子在议会选举中获得胜利时，便预示着包豪斯在魏玛没有了立足之地。在权衡了各方面利弊后，格罗佩斯决定将包豪斯迁到德索。1925 年 4 月 1 日，包豪斯在德索重新开学，1926 年，包豪斯更名为包豪斯设计学院。由于格罗佩斯为包豪斯德索校区设计的校舍受到当时俄国构成派的影响,掺杂着苏维埃的社会主义色彩,这让包豪斯的政治压力越来越大。最终,格罗佩斯在1928年辞去了包豪斯校长一职。第二次世界大战期间,格罗佩斯去了美国,担任哈佛大学建筑系教授,将包豪斯的教育理念和现代主义建筑学理论带到了美国,极大地促进了美国现代设计教育的发展。

格罗佩斯辞职后,汉斯·迈耶继任包豪斯校长。迈耶是一个坚定的马克思主义者,他极端左翼和反艺术的立场让他在学校中很不受欢迎。为了改变这一局面,并让学校度过困难时期,迈耶对学校体制和人员进行了大规模的改革。他将建筑系分为建筑与建筑理论部和室内设计部,成立了广告系,设立了新的摄影工作室,并设置了三年制的摄影专业课程和学位课程,为广告行业培养摄影师和新闻行业需要的摄影记者。为了让学生能更好地将理论与实践相结合,设计出服务于大众的作品,以提高民众的生活水平,迈耶不断邀请经济学、社会学等相关领域的专家来包豪斯讲学。此外,迈耶还很重视学校的经济来源,他积极推动学校与企业的联系,让学生去企业实习,既让学生在实习过程中得到了锻炼,又创造了收入。迈耶的一系列教学改革,无疑将包豪斯推向了发展的高潮。然而,他将自己鲜明的无产阶级立场也带到学校教育中去,使包豪斯面临巨大的政治压力,给包豪斯带来的影响是灾难性的。在政府和学校师生的双重压力下,迈耶于1930年辞职。

迈耶走后,密斯继任校长。密斯是现代主义建筑设计的重要奠基人之一,他设计的巴塞罗那椅成为现代家具设计的经典之作。密斯是非政治化代表,他不关心政治问题,他关注的重心就是建筑,于是,他将包豪斯所有的教学活动都以建筑设计为中心,并为此进行了一系列的教学改革。他将原先的9学期制改为7学期制,之前的家具、金属品等工作室都合并为室内设计系,基础课也由原来的必修课改为选修课。这一系列举措,让包豪斯几乎变成了一所建筑学校。这时的包豪斯已经完全没有了最初的模样,办学理念、课程设置等各方面的分歧,让一大批老师都离开了学校,包豪斯已无力回天。最终,包豪斯在1933年纳粹政府的破坏下被强行关闭,至此,包豪斯结束了其14年的传奇历程。

包豪斯短暂的14年建校历史,成为现代设计史上里程碑式的经典。它开启了世界现代设计教育的大门,先进的教学理念与理性、科学的设计原则,成为现代设计与生产的典范,并影响至今(图2-49~图2-52)。

图2-50 茶壶 包豪斯 1923年

图2-51 巴塞罗那椅 密斯·凡·德·罗 1929年

图2-52 烛台 卡尔·赖希勒 1933年

23．玛丽安·布兰德

图 2 - 53　烟灰缸　布兰德　1924 年

图 2 - 54　茶壶　布兰德　1924 年

图 2 - 55　烟灰缸　布兰德　1928 年

玛丽安·布兰德（Marianne Brandt, 1893—1983）是现代设计史上少有的几位著名的女性设计师之一，也是包豪斯最著名的设计师之一，更是唯一一位在包豪斯时期打造了个人声誉的女性设计师。

布兰德出生于凯姆尼斯，18 岁时开始到魏玛的皇家撒克逊学院学习绘画和雕塑，1917 年建立了自己的工作室，1919 年她嫁给了挪威画家埃里克·布兰德。1920 年，她花了一年的时间访问巴黎和法国南部。1923 年进入包豪斯，从初级课程开始学习，后进入金属制品车间学习。当时，艺术家莫霍里·纳吉（Laszlo moholy Nagy, 1895 - 1946）担任金属制品车间的年级主任，布兰德在学习期间的突出表现，让纳吉对她印象深刻，一直关注并鼓励她。

包豪斯成立之时宣称"男女平等"，招收女学生，从而打破了当时德国男女不能同校的禁忌，这所举世闻名的设计学府迎来了汹涌的女性报名热潮。然而，在男女平等的外衣下，包豪斯仍然停留在中世纪的思维模式：女性主要职能是留在织布机旁边，为时尚设计室和工厂生产具有现代意味的布料。格罗佩斯有个著名的言论，他认为女性的脑袋是"二维"的，而男性却懂得用三维思考问题。因而，包豪斯的二维女性大多都被排除在建筑、金属科系之外。布兰德是包豪斯历史上唯一进入该系学习的女生，因此，可以想象布兰德的女性身份在金属制造领域中生存与发展是多么困难重重。但是她持之以恒的毅力以及超凡的设计能力让她开始在这个由男性主导的领域崭露头角，设计了一系列造型新颖、功能良好的产品。

在后来回忆包豪斯岁月时，布兰德谈到自己的求学经历："一开始，他们都不愿意接受我，因为在金属系里是从来没有女性的。为了表示厌恶之情，他们把所有沉闷累人的活都交给了我。我忍气吞声不知敲打了多少个半圆形的银器。后来，他们终于接受了我。"也正是布兰德的这份坚毅成就了她在工业设计界的美名。

1924 年，布兰德设计了一套餐具，包括一个咖啡茶杯和一个沏茶器，材料选用银、乌木和树脂玻璃，给人以强烈的现代感。这套餐具采用纯几何的形态构成——球形、半球形、圆筒形，明显受到了构成主义审美原则的启发。虽然这些简单的几何形简单到一个熟练的工匠都能制作出来，但是，布兰德在为工业生产做的设计中完全包容了包豪斯学派的哲学道理。她后来曾写道："这项工作就是要用如此的一种方法来塑造产品，以至于即使是需要大规模地生产这些东西，在减轻工作的同时，他们仍能满足美学和使用的标准，而且远比生产单个的产品要便宜得多。"1985 年，阿莱西公司开始生产这套设计作品。

此后，布兰德设计了大量的家庭金属器皿，包括碗、烟灰缸等（图 2－53～图 2－55）。

1926 年，布兰德设计了一款圆形灯具，被柏林一家工厂看中，随即就投入日常生产。1927 年，布兰德设计了著名的"康登"（Kandem）床头灯（图 2－56、图 2－57），造型简洁大方，圆形底座，便于稳健，颈部可以自由弯曲，根据需要的不同光照效果任意调节角度，按钮式开关设计可以让处于半梦半醒状态的人很容易地开关灯。因兼具美感和功能性特点，使这款灯成为现代设计时尚的一个经典设计，其造型也影响了灯具的设计语言。这款灯最先是由 Korting&Mathiesen 公司生产，在 1928～1932 年经济大萧条时期仍卖出 5 万多只，足以证明布兰德当时成熟的设计能力。而且，当时在金属工作室中绝大部分的灯具都是由布兰德设计的（图 2－58、图 2－59）。

1928 年，格罗佩斯和纳吉离开了包豪斯，布兰德也想离开，但在被劝说之后的几年时间里仍留在金属制品车间做导师。在离开包豪斯后，布兰德进行了一段时间的金属制品设计。1929 年，布兰德前往格罗佩斯在柏林的建筑工作室，并工作过几个月，之后在哥达的一家金属加工厂工作了三年，同时还参与一些室内设计。此后，她把绘画和雕刻融入教学，在德累斯顿的美术大学和柏林的应用艺术学校任教。

虽然没有重现包豪斯时期的辉煌，但是从 20 世纪 20 年代起，布兰德的艺术对后世众多设计师产生了重大的影响和启发。她的设计至今仍被意大利制造商阿莱西公司生产。

图 2－56　"康登"床头灯　布兰德　1927 年

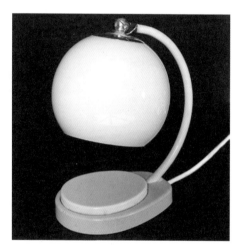

图 2－57　台灯　布兰德

图 2－58　钟表　布兰德

图 2－59　钢管家具　布兰德

24. 马谢·布鲁尔

图 2 - 60　休闲椅　布鲁尔　1928 ~ 1929 年

图 2 - 61　扶手椅　布鲁尔　1924 年

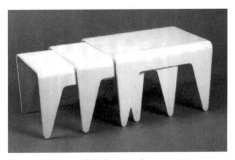

图 2 - 62　边桌　布鲁尔　1935 年

　　包豪斯师生的大量产品设计，引领着当时的设计界，这不仅是包豪斯成为现代设计人才培养的摇篮，也成为现代设计的国际中心。马歇·布鲁尔（Marcel Breuer, 1902—1981）是世界著名家具设计师，现代家具设计的开创者，现代主义运动早期最重要的代表人物之一。而成就布鲁尔这传奇的一生与他在包豪斯学习和工作的经历是分不开的，因为他对 20 世纪的设计最突出的贡献就是在包豪斯里创造的。当时年仅 20 岁的他就已获得与其导师格罗佩斯和纳吉一样的成就。

　　马谢·布鲁尔出生于匈牙利的布达佩斯市，从小就喜欢绘画和雕塑的他，在 18 岁时进入维也纳艺术学院学习，由于对实用艺术的热爱，同年，布鲁尔就离开维也纳艺术学院，去了包豪斯。布鲁尔去了包豪斯之后在家具工作室学习，当时担任家具专业"年级主任"的格罗佩斯很快发现了布鲁尔在家具设计方面过人的才能，并鼓励他从事家具设计。

　　在包豪斯学习期间，布鲁尔接触到表现主义、风格派、俄国构成主义等先锋派艺术观念，这些对他产生了很大的影响。从布鲁尔早期的家具作品中就能看出很强的表现主义特征，而他的作品中明显的立体主义雕塑特征则是受到风格派设计师里特维德的影响。布鲁尔在 1921 年设计的一款几何形式的椅子，整体都是用水平与垂直的平面组成，造型极其简洁，不难看到里特维德作品的影子。在学习其他艺术风格的同时，布鲁尔也积极探索自己的设计风格，并创造出诸多经典的设计作品（图 2 - 60 ~ 图 2 - 62）。

　　1925 年，包豪斯迁到德索，格罗佩斯聘任布鲁尔为包豪斯家具工作室的教师。格罗佩斯在设计新校舍时，委托布鲁尔为教师的新住宅设计家具。这期间，布鲁尔设计了包括床、书桌、餐桌和凳子在内的大量的家具作品，而这些作品中最经典的就是他为康定斯基的住宅设计的"瓦西里椅"（图 2 - 63）。瓦西里椅的设计灵感来源于他当时新买的一辆"阿德勒"牌自行车，他发现自行车的钢管外框既轻巧又牢固，于是想到将钢管运用到家具设计中去，瓦西里椅便由此产生。瓦西里椅造型轻巧优美，结构单纯简洁，且具有优良的性能，一改传统家具笨重而庞大的特点，成为那些强调空间、轻质的新建筑的理想搭配。这种新的家具形式很快风行世界。这件作品不仅让布鲁尔声名大噪，也影响了他今后的发展方向，继瓦西里椅，布鲁尔设计了一系列钢管家具。瓦西里椅曾被称作是 20 世纪椅子的象征，在现代家具设计历史上具有重要意义，开创了现代家具的新纪元。

布鲁尔在探索钢管家具设计过程中发现，金属材料虽然新颖、结实耐用、富有时尚感，但是其本身给人一种冷冰冰的触觉，于是，他将编藤、纺织品、皮革等柔软的材料与金属相结合，以达到感官的平衡。例如，他在1926年设计的西斯卡椅子（B32），编藤座面和靠背的加入，让这款椅子更加柔软舒适（图2－64）。

除了钢管家具，布鲁尔还对模压胶合板、铝合金等材料进行了研究和实验。1935～1936年，布鲁尔为英国Isokon家具公司设计了两款躺椅，分别运用纯胶合板和铝制材料，这两款躺椅不像他早期的家具更多地考虑材料，而是在充分地利用材料特性的基础上，更加关注人体形态和使用者的舒适度（图2－65）。

图2－63　瓦西里椅子　布鲁尔　1925年

1928年，布鲁尔离开包豪斯，跟随格罗佩斯在柏林成立了一家建筑事务所，并开始参与室内设计。1928～1931年间，布鲁尔重新定义了现代主义室内设计的概念，他通过柏林的德·弗朗西斯科公寓（1929）和Leum住宅这样的案例，来解释"一些作品虽然简单，但是却能够同时变换多种使用功能，那么它就是好的设计。因此，为了让我们的生活更加简单、便捷，我们应避免在日常用品中掺杂过多的华而不实的设计。"1932年，布鲁尔接到了他作为一名建筑师的第一个委托，是在威斯巴登的Harnismacher的一所住宅。

20世纪30年代初，因为政治原因，布鲁尔去了苏黎世工作。1935年，布鲁尔再一次跟随格罗佩斯去了英国，继续他的弯曲胶合板家具设计，并参与了许多建筑项目，为英国进入现代主义运动起到了重要的推动作用。

图2－64　西斯卡椅子（B32）　布鲁尔　1926年

1937年，布鲁尔在格罗佩斯的邀请下到哈佛大学教授建筑，并影响了美国包括菲利普·约翰逊在内的最关键的一代建筑师。1946年，布鲁尔在纽约开办了他的建筑事务所，并成功经营了20年。1953～1958年，布鲁尔设计了位于巴黎的联合国教科文组织的总部。

马谢·布鲁尔长期且成功地工作在现代建筑和设计的最前沿。他的设计作品简洁、轻巧且具功能性，包含了新的技术和合理的、实用的及发展的概念，具有超越时代的前瞻性，对当今中国家具设计活动有着极为重要的启示。他开创了世界上钢管家具的先河，他所设计的金属家具仍是现代家具设计的典范，至今仍受到室内家具界的效仿。他为德国、英国和美国的现代主义发展做出了极大的贡献，是世界设计史上一颗闪亮的明星。

图2－65　躺椅　布鲁尔　1935～1936年

图 2 - 66　茶壶　华根菲尔德　1932 年

图 2 - 67　厨房用品　华根菲尔德

图 2 - 68　MT8 台灯　华根菲尔德　1923 年

图 2 - 69　ABC 打字机　华根菲尔德

不得不说包豪斯的成就很大程度上源于它为世界培养了若干设计大师，它的枝叶延伸到世界各地，让设计的血液渗透到各个领域，以至于一个世纪后的我们仍然要高歌赞颂其无与伦比的功劳。威廉·华根菲尔德（Wilhem Wagenfeld，1900—1990）就是包豪斯成就的缔造者之一，他被称为包豪斯的明星学生，并且是 20 世纪德国重要的现代主义设计大师之一（图 2 - 66、图 2 - 67）。

华根菲尔德出生于德国不莱梅，早年曾在银具厂工作，并接受过艺术教育，之后曾在国立斯图加特艺术设计学院学习工业设计。1923 年，华根菲尔德前往包豪斯求学，毕业后留校任教。

就在华根菲尔德刚进入包豪斯的那年，他就在包豪斯的金属车间设计了一件闻名世界的经典作品——MT8 台灯（镀铬钢管台灯，图 2 - 68）这款台灯淋漓尽致地体现出华根菲尔德对于"少即是多"理念的坚定态度。台灯造型简洁，充分利用了材料本身的特性，利用较为有机形态的乳白色透明塑料灯罩来缓和灯泡刻板的几何形态，支架以及底座采用镀铬金属材质，为这款造型极简的台灯增添了几分华贵之气。由于这款台灯简洁的设计彻底颠覆了工业革命之前装饰意味过浓的灯具设计，因此，我们可以说是华根菲尔德开创了实用性灯具设计的先河。这件堪称设计史上经典之作的 MT8 台灯，迄今仍有生产。

华根菲尔德反对自我中心的设计观念，与艺术家完全不同，工业设计是一种协作的活动。他既反对忽视功能而一味追求形式的设计，又反对将功能作为形式的决定性因素。他认为功能和形式都不是设计的最终目的，而是良好设计的先决条件。

华根菲尔德重视形式的纯粹性，他认为设计应具备多层次的功能，特别是生活用品的设计，既要照顾到低收入人群对于商品实用性与低价格的需求，同时也应满足高收入人群对优质的设计服务的需求。"对于工人来说要足够便宜，对于富人来说要足够好。"华根菲尔德的设计理念让他的作品既简洁又包含浓厚的人文关怀。因此，华根菲尔德和他兼具功能性与人情味的作品，后来被视为德国设计文化在战后复苏的标志性符号（图 2 - 69）。

他的这种观念以及适应工业批量化生产的能力，使他成为第三帝国期间主要的设计师，这在他先前的包豪斯同仁中是少见的。我们知道，包豪斯师生当时就是迫于政治压力而两迁校址，最终还是被迫关闭。而华根菲尔德却能够在当时混乱的政治环境下进行较为自由的设计工作，实属不易。

1927 年，华根菲尔德开始为一些企业做设计，包括为柏林的 S.A.Loevy 设计门把手（图 2 - 70）。1929 年，华根菲尔德开始接到家具、陶瓷、玻璃等工业产品的设计委托。1931～1935 年，他受聘到柏林的国立美术学院担任教授。1935 年，华根菲尔德被聘为劳西兹玻璃公司的艺术指导。在劳西兹期间，华根菲尔德主要设计模压成型的玻璃器皿，如供参观、酒家所用的酒杯，商业上使用的瓶、罐以及采用模数化生产的厨房容器和盘子等，其中最著名的就是 1938 年设计的 Kubus 玻璃存储器（图 2 - 71）。这些玻璃产品没有任何装饰，全都是运用材料本身的特制和造型来强调简洁的线条和微妙的形体变化，充分地探索了玻璃的可塑性。他为劳西兹公司设计的特制精美玻璃制品为公司带去了巨大利润的同时，也使他获得了良好的国际声誉（图 2 - 72、图 2 - 73）。

图 2 - 70　门把手　华根菲尔德

图 2 - 71　Kubus 玻璃存储器　华根菲尔德　1938 年

华根菲尔德有着相当明确的左派政治立场，因其具有鲜明的政治意识，所以，他所发表的诸多著作都在论述设计与社会的复杂关系，不过在他一生当中也时刻警惕着与纳粹政权划清界限。1948 年，他的这些论文被集结为《本质与形式：我们身边的那些物》的文集出版。在 20 世纪 30～40 年代希特勒统治的纳粹德国时期，设计师们承受着很多隐形的管控和无形的压力，然而，华根菲尔德的许多设计作品却在当时的政治环境中得到业界与市场的双重认可，享誉世界。以至于 1969 年，在一封写给格罗佩斯的私人信件里，华根菲尔德说到，在纳粹时期，实际上他很难享受到表面上看似自由的形式创作权力；同时也很遗憾并自责，自己没能在反纳粹的运动中发挥更多的个人作用。

图 2 - 72　调味瓶　华根菲尔德

1986 年，华根菲尔德在汉堡成立了他自己的个人工作室，专业从事家具产品的设计。他有几个产品在德国获得"红点"大奖。

华根菲尔德适应大工业批量化生产的设计理念及实践，使工业设计的潜力在更加专业化的生产体系中得到了进一步的发挥。他为战后德国尽快走出战争阴影，复苏国民经济，恢复工业生产做出了不可磨灭的贡献，更是为推动世界工业设计的发展贡献了毕生的精力。

图 2 - 73　香槟酒杯　华根菲尔德

26．美国工业设计的兴起

图 2 - 74　柯达相机包装设计　沃特尔·提格　1930 年

图 2 - 75　可口可乐瓶　雷蒙德·罗维

图 2 - 76　卷笔刀　雷蒙德·罗维　1993 年

美国是一个非常特殊的国家，自 1492 年以来，世界各地不同文化背景的开创者来到这里，使得美国与生俱来地具有强大的兼容性与开放性，更容易接纳新的思想和事物。第二次世界大战期间，美国作为中立国远离战火，一大批艺术家和设计师为了躲避欧洲战场逃离到美国。包豪斯被迫解散后，以格罗佩斯为首的包豪斯的大批设计大师纷纷来到美国，他们将欧洲先进的现代设计理念带到了美国，使美国的设计水平得到空前的发展。

美国工业设计的兴起与发展和美国的经济基础及市场需求密切相关。第一次世界大战期间，美国远离战火，没有受到战争的破坏，利用向战争国出售军需用品和武器，积累了大量财富，这让美国的经济实力在战后迅速赶上了欧洲各强国。虽然美国在 1929 年经历了经济危机，但罗斯福新政的实施，让美国经济进入高速发展阶段，尤其是经历了第二次世界大战的发展，美国成为世界最强大的经济大国，拥有强大的生产力和庞大的国内市场。

欧洲各国的现代主义设计比较注重理论的探索与研究，而美国现代主义设计的发展则是基于商业竞争的需要，充满了实用主义的商业气息。美国工业设计的目标是能够促进销售，为企业或个人带来经济收益，并没有以为大众服务为重心。因此，市场竞争机制在美国工业设计发展中起到了决定性的作用。

为了适应市场的需求，美国的一些大企业，如通用汽车公司成立了专门的汽车造型设计部门，也就形成了最早的企业内部工业设计部门。此外，美国还出现了一些独立的设计事务所。慢慢地，美国出现了第一代工业设计师，也成为世界上第一个将工业设计变成一门独立职业的国家。美国的第一代工业设计师不像欧洲的第一代设计师那样都具有高等专业教育基础、坚实的理论基础以及长期的设计经验，他们大多没有接受过正式的高等教育，小到汽水瓶大到火车头都是他们的设计对象。他们不会过多地考虑设计对社会带来的影响，而是更加关注市场竞争，因此设计时间短，但效率很高，比较灵活，实用性很强。最重要的是，第一代工业设计师将工业设计真正地融入到工业企业界。

沃特尔·提格是美国最早的职业工业设计师之一。他早期从事平面设计，在业界做得非常成功，也让他对美国的设计现状和市场趋势有了深刻的了解。由于市场的需求，提格在 20 世纪 20 年代中期开始尝试产品设计。提格的设计生涯的成功要归功于他同世界最大的摄影器材公司——柯达公司（Eastman Kodak）的合作。提格在 1927 年为柯达公司设计照相机的包装（图 2 - 74）。1928 年为柯达公司设计了"名利牌"大众型照相机，他将当时流行的装饰艺术的一些元素运用其中，机体采用金色和黑色平行相间做装饰，明显借鉴了当时非常流行的埃及图坦卡蒙面具，因此，一投入到市场，便极受欢迎。1936 年，他又为柯达公司设计了一款最早的便携式相机——班腾相机（Bantam Special），这款相机的功能部件被压缩到最简状态，并全部收藏在相机盖之内，外形简单到无以复加的地步，使用起来安全、方便。班腾相机从外形到功能的创新为现代 35 毫米相机的出现打下了很好的基础，让 35 毫米相机成为可能。班腾相机刚问世就引起了轰动，为柯达公司带来了丰厚的收益。第二次世界大战以后，提格担任柯达公司设计部的总顾问，继续为该公司提供服务。此外，提格也在其他公司从事设计工作。1955 年，提格与波音公司设计合作，共同完成了波音 707 大型喷气式客机的设计，无论是外观造型还是室内设计，都成为现代客机设计的经典。

图 2 - 77　空军一号　雷蒙德·罗维

雷蒙德·罗维（Raymond Loewy，1893 - 1986）是另一位美国早期重要的设计大师，他虽是法国人，但因其从事的设计工作几乎都在美国，所以，他一直被视为美国工业设计师。罗维善于将流畅的线条和简单的造型运用到产品设计中，带动了流线型设计运动的出现，其代表作品有可口可乐瓶(图 2 - 75)、GG-1 型火车头、卷笔刀(图 2 - 76)、空军一号飞机（图 2 - 77）等。罗维因为对工业设计的杰出贡献而当选美国工业协会主席，并被冠以美国工业设计之父的称号。

亨利·德雷夫斯也是美国工业设计师中比较有影响力的一位，他是舞台设计出身。1929 年，德雷夫斯开设了自己的设计事务所，从此开启了他的工业设计生涯。德雷夫斯认为：好的设计应以内在美服人，他始终坚持由内到外的设计原则，并得到了贝尔公司的认可。德雷福斯的一生都与贝尔电话公司的设计有关，他影响了现代电话形式的发展，奠定了现代电话的造型基础（图 2 - 78）。此外，德雷夫斯的设计坚持以人为本，他最大的贡献是奠定了人体工程学学科的发展，并著书《人性化设计》（Design for people）（1955）和《人体度量》（1961）。

图 2 - 78　300 型电话机　亨利·德雷夫斯　1937 年

美国的工业设计最大的特点就是实用主义，以人为本，并且没有统一的风格（图 2 - 79）。美国工业设计的兴起与发展，极大地带动了世界工业设计前进的步伐。然而，由于美国经济结构以及设计行业本身的一些特点，都限制了美国工业设计的发展。

图 2 - 79　Studebaker Avanti 车　雷蒙德·罗维

27. 雷蒙德·罗维

图 2 - 80　冰点冰箱　罗维　1935 年

图 2 - 81　可口可乐瓶　罗维

图 2 - 82　灰狗 Scenicruiser 型长途巴士　罗维

图 2 - 83　林肯 Continental　罗维　1941 年

雷蒙德·罗维（Raymond Loewy，1893—1986）生于巴黎，是 20 世纪最著名的工业设计师之一。巴黎在当时是世界上最繁华的大都市，工业化进程很快，汽车、地铁等现代交通工具开始广泛使用，罗维从小就对火车、汽车有着浓厚的兴趣，并立志从事设计。第一次世界大战期间，罗维应征入伍，战后移居美国。

1919 年移居美国的罗维以画杂志插图为生，几年后，便有杂志称罗维是当时最杰出的的装饰艺术风格插图画家，这为罗维带来了很好的声誉。于是，罗维设计生涯的转折点出现了。1929 年，他受委托为企业家西格蒙特·格斯特纳（Sigmund Gestetner）改良复印机。罗维在仅有的 5 天时间里，去掉了原有机器不合理的支脚设计以及复杂的内部结构，改为造型整体简洁、功能简练、使用方便安全且极具现代感的新款复印机。这款设计让罗维声名鹊起，客户越来越多，他的作品也越来越多。

罗维曾为希尔斯百货公司设计了一款冷点电冰箱（Coldspot，1935），他给冰箱设计了一个白色珐琅质钢板箱外罩，将整个冰箱包容在这个外罩内，箱门与门框齐平，并且加入了镀镍五金件，带给人一种珍宝般的质感，冰箱内部经过合乎功能要求的设计，可以放置不同形状的容器。这款冰箱设计的极大成功，基本改变了传统冰箱的结构，成为冰箱设计的新潮流。五年时间，这款冰箱的年销售从 15 万台飙升到 27.5 万台（图 2 - 80）。

罗维还成立了自己的设计事务所，业务范围广泛，包括包装设计、工业设计、交通工具设计、平面设计等，从著名的可口可乐瓶到美国宇航局的空中实验室计划，参与设计项目达数千个，成为 20 世纪 80 年代世界最大的设计公司之一。30 年代开始，罗维将流线型特征引入到火车头、汽车等交通工具的设计中，从而发动了著名的流线型设计运动。罗维在 1933 年设计了一款铅笔刀，镀铬表面，并且运用了"泪珠型"的形式，充分说明了可移动物品中的流线型和速度感同样可以出现在静态物品的设计中。

罗维很早就认识到媒体的力量，他利用每一个能在媒体前曝光的机会，来提高自己的知名度。他积极接受媒体采访，还曾出书进行自我宣传，他的著作《不要把好的单独留下》（*Never Leave Well Enough Alone*）被译成多国文字。

罗维的公司雇佣了大批设计人员，最多时曾有 200 人在他的领导下从事设计工作。但公司内所有的设计项目，无论是由谁设计的，都必须且只能出现"罗维设计"的标志，以他个人名义发行。这一管理方式让罗维公司里那些非常杰出的设计师几乎都不为人所知。

贝克凡（Baker Barnhart）是罗维设计生涯中一个非常重要的设计师，也是罗维设计业务开展的决定性人物。贝克凡曾在通用汽车公司设计部工作，后被罗维雇佣。在罗维初期的一些重要的设计项目，例如：希尔斯百货公司的冰点电冰箱设计、灰狗长途汽车设计、全国饼干公司设计项目、可口可乐公司设计等，贝克凡几乎都参与其中，他对罗维的设计生涯起到了至关重要的作用（图 2 - 81、图 2 - 82）。

罗维公司经历了两个最重要的发展阶段，即 20 世纪 30 年代的经济危机和第二次世界大战。这两个阶段也是美国最困难的时期，因为战争需要，国内对各种生活用品需求量大增，罗维在设计战时所需品的同时，还要为战后恢复和发展期的需求进行设计，巨大的设计需求，极大地促进了罗维公司的知名度。20 世纪 40 年代前后，罗维雇佣伊丽莎白·里斯（Elizabeth Reese）为公司的公关顾问，在以后的 28 年的时间里，通过伊丽莎白精明的公关手段，让罗维频繁出现在哥达报刊、电视节目中，并在公共场合发表演讲等，创造了所谓的"罗维奇迹"。1949 年，罗维成为第一个登上美国《时代》杂志封面的设计师。

罗维的设计不止于形式，他强调设计的功能性和实用性，始终坚持设计应促进销售，要为市场运作服务。在回答《纽约时报》记者问题时，他说："对我来说，最美丽的曲线是销售上升的曲线。"

罗维在 1967 ~ 1973 年，担任美国宇航局常驻顾问，参与土星—阿波罗与空间站的设计。美国宇航局一位负责人在给罗维的感谢信中写道："宇航员在空间站中，居然生活得相当舒适，精神饱满，而且效率奇佳，真令人难以置信！这一切都归功于阁下您的创新设计。而这设计正是您深切理解人的需求之后的完美结晶。"可见罗维的设计造诣之高，只要是与设计挂钩的领域，他都能游刃有余地参与其中，不时让人眼前一亮（图 2 - 83 ~图 2 - 86）。

可以说，罗维的一生就是一部美国工业设计发展史，因为他的一生伴随着美国工业设计从开始、发展、顶峰直至逐渐衰退的过程，而且他对美国工业设计的发展还起到了巨大的推动作用。因此，罗维也被称为美国工业设计的奠基人，并被冠以工业设计之父的称号。

图 2 - 84 Studebaker Champion 罗维

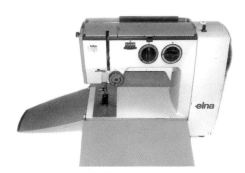

图 2 - 85 Lotus 缝纫机 罗维 1968 年

图 2 - 86 史蒂倍克汽车 罗维 1957 年

28．亨利·德雷夫斯

图 2 - 87　胡佛吸尘器　德雷夫斯

图 2 - 88　蒸汽火车机头　德雷夫斯

图 2 - 89　302 型电话机　德雷夫斯　1937 年

如果设计使人们更安全、更舒适、更能激发购买欲望，更有效率，或者只要单纯的让人更快乐，那么设计师就成功了！——亨利·德雷夫斯（Henry Dreyfuss，1903—1972）。

德雷夫斯与提格、罗维、盖茨一样是同一时代的工业设计师，他曾设计了真空吸尘器、火车、冰箱、电话、和其他不计其数的产品，对美国人的生活产生了深刻的影响，成为美国工业设计的先驱之一（图 2 - 87、图 2 - 88）。因其早期曾跟随盖茨做过短期的学徒，所以他的发展路线也受到了盖茨的影响，最开始从事的是舞台设计。德雷夫斯曾在纽约的民族文化学校学习，并在其祖父的剧场供应品商店工作了一段时间。1929 年，德雷夫斯转行，成立了自己的工业设计事务所，由此开始了他的工业设计生涯。

提起德雷夫斯，我们都知道他为贝尔电话公司设计的著名的 300 型电话机。这款电话机设计的成功在让德雷夫斯声名鹊起的同时，也让他与贝尔电话公司建立起长期的合作关系。1930 年，贝尔电话公司出资邀请包括德雷夫斯在内的 10 位艺术家，为未来的电话机进行设计。德雷夫斯并没有与当时大多数以形式胜于功能为设计目标的美国工业设计师一样，而是坚持设计应首先考虑其舒适性。于是，他与贝尔电话公司的工程技术人员一起合作，并提出了"从内到外"（From the inside out）的设计原则。刚开始，贝尔公司认为德雷夫斯的设计方式会让电话过于机械化，然而德雷夫斯用实际证明了他的设计方法的可行性，最终得到了贝尔公司的认可。

德雷夫斯在电话设计上的成功也要得益于美国当时电话机是由美国最强大的贝尔电话公司垄断的，因此，电话机不受市场竞争的压力，这让德雷夫斯可以尽情地考虑电话机完美功能性的设计，而不用过多地在意外形设计在市场上的竞争效果。

1927 年，贝尔公司第一次引入横放电话筒。1937 年，德雷夫斯就在这个基础上提出了将听筒和话筒合二为一的想法，这个想法具有极强的功能性，使用过程中的方便性是显而易见的，随即被贝尔公司采用。于是，工业设计史上经典的 302 型电话机（图 2 - 89）便出现了。这款电话结合了当时最先进的通讯技术，手柄的水平支架、拨号盘及其他结构被集成在一个稳定、厚重的底座上。统一而平稳的形态代替了难看、笨拙的形态。特别是对于手柄的设计为了满足最大范围人的要求，手柄上话筒到听筒的距离考虑了人脸的形状，采用平均值。它的出现引发了电话历史上的一次改革浪潮，并奠定了现代电话机的造型基础。最初的 302 型电话机是金属材质的，20 世纪 40 年代初，便以塑料材质代替了金属。这款机型的成功让贝尔公司决定由德雷夫斯担任其设计顾问，负责公司全部产品的设计。于是到 50 年代左右，德雷夫斯设计的上百款电话已经进入世界各地的千家万户，成为现代家庭的基本设备。

1949 年，德雷夫斯还设计了著名的 Midel 500 型桌面电话(图 2 - 90)。这款电话有很强的实用性，形态更具亲和力，轻巧的手柄加上合理的造型，可以让使用者夹在肩膀上使用。手柄与底座之间的电话线也被设计成有收缩弹性的形式，因此更美观了。这款电话面市后大获成功，是 45 年来最畅销的一种电话。

1959 年德雷夫斯还设计了一款外形纤细的电话，由于它非常适合年轻女孩使用，于是被称为"公主"（Princess，图 2 - 91）。

从 500 型电话到 Princess 公主型电话，德雷夫斯的设计在满足功能和人机性以外，更多地关注情感和个性化设计。

德雷夫斯在他的设计生涯中一直坚持形式与功能的统一，同时从他的设计作品中，我们可以发现他始终坚持设计要符合人体的基本要求，这一强烈的信念推动着他开始研究人体工程学。1961 年，德雷夫斯出版了著名的《人体度量》（the Measure of Man），从而奠定了人体工程学这门学科，为工业设计更加人性化的发展提供了理论支持（图 2 - 92）。

德雷夫斯用他的人体工程学为约翰·蒂尔公司设计的拖拉机系列以及为洛克菲勒公司设计的既节省空间又舒适的航空座椅，很好地符合了人机操作使用，大大提高了使用者舒适度，并且极大地推动了人机工程学的发展。1955 年，德雷夫斯出版了《人性化设计》一书，提出了"设计为人"的观点，并提出了评价工业设计作品好坏的五条准则，即安全实用、便于维修、合适的价格、销售力、优良的外观。

我们看到有越来越多的厂商将"以人为本""人体工学的设计"作为产品宣传语，特别是计算机和家具等与人体直接接触的产品更为突出。让机器符合工作和生活环境的设计适合人的生理心理特点，使得人能够在舒适和便捷的条件下工作和生活，人机工程学就是为了解决这样的问题而产生的一门工程化的科学。电话机的设计促成了人机工程学的开端，德雷夫斯成为最早把人机工程学系统运用在设计过程中的一个设计家。

图 2 - 90　Midel 500 型桌面电话　德雷夫斯　1949 年

图 2 - 91　　Princess 公主电话　德雷夫斯　1959 年

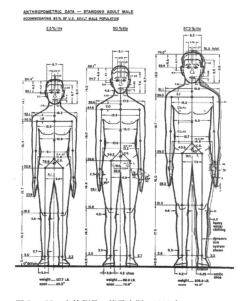

图 2 - 92　人的测量　德雷夫斯　1959 年

29. 拉瑟尔·赖特

图 2 - 93　American modern 餐具　赖特　1937 年

图 2 - 94　American modern 餐具　赖特　1937 年

图 2 - 95　American modern 餐具　赖特　1937 年

　　说起 20 世纪 30 年代的美国设计，我们不得不提到一位著名的工业设计师——拉瑟尔·赖特（Russel Wright，1904—1976）。

　　赖特生于美国的辛辛那提，中学时期的他在家乡学习绘画，16 岁那年，他前往纽约的艺术学生联盟学习。赖特的父亲是一位教友派信徒法官，他希望赖特能像他一样成为一名法官，于是，在父亲的强制命令下，赖特前往普林斯顿进行了为期较短的法律专业的学习。而后，他又转到哥伦比亚大学学习建筑学，1924 年改学舞台美术设计。

　　赖特于 1927 年结婚，婚后，他的妻子玛丽鼓励他为零售店设计一些家庭日常用品。然而，就是妻子的这次鼓励，让赖特的人生从此发生了翻天覆地的变化。赖特当时成功地设计了一些如网状铝制成的卷发器和冰桶一类的产品，这次的成功，激励了他于 1930 年在纽约开办了他自己的工作室。

　　赖特不像同时代许多其他的美国工业设计师一样，把精力都放在一些机器的设计上，如飞机、汽车等，而是专注于设计诸如家具、陶瓷、金属器皿一类的家庭用品。赖特喜欢传统上被称为"装饰艺术"的设计风格，同时，他的设计充满了现代感和极简主义风格。

　　20 世纪 30 年代的赖特可以说是声名鹊起，因为在这 10 年间，赖特设计了大量的产品，并极受欢迎，这让他一跃成为美国当时著名的工业设计师。赖特的设计包括了 1930 年的扁平餐具和 1932 年为乌利茨公司（Wurlitzer）设计的台式收音机。这款台式收音机名为"抒情诗"，它的造型整体而简约，最重要的是它小巧的尺寸与早期的那些庞大的控制台相比，简直是质的飞跃。1931 年，赖特受邀参加在纽约的大都市艺术博物馆举办的年度"工艺"展览。

　　赖特曾设计了一套名为"现代生活"的简约实用风格的家具，被康南波尔大批量地生产，并且从 1935 年开始在梅西百货公司出售。这套家具是由枫木制成，是一款极具现代的家具设计，可以用微红的色调或者用无污垢的"浅色"饰面。"现代生活"在当时红极一时，取得了巨大的商业成功。

　　赖特在 1937 年设计了他设计生涯中最著名的一件作品，这是一套名为"美国的现代派"的陶瓷餐具（图 2 - 93 ~ 图 2 - 95）。这套餐具由 Steubenville Pottery 制造，并于 1939 年投放市场。与西方传统餐具不同，这套餐具模仿植物的形状，采用比较少见的椎体形式和卷曲的边，再加上多彩的颜色，一进入市场便受到了年轻人的喜爱，尤其是新婚夫妇，总喜欢买一套赖特的"美国现代派"作为厨房餐具来布置新房。这套餐具的设计适应了美国中产阶级家庭日益增长的非正规的生活和娱乐的需要，于是，它在 20 世纪 40 ~ 50 年代进入了无数的美国家庭，成为当时最流行的家庭用品之一。

赖特是一个忠实的人民党党员，因此，他希望通过自己的设计来改善每个人的生活，让每个家庭都变得现代化。当时的陶瓷餐具价格昂贵，赖特考虑到低收入人群的消费能力有限，于是在 1953 年设计了一套名为"居住的"的塑料餐具，这套餐具由波士顿北方化学工业公司制造。它低廉的价格、丰富的色彩、非传统而活跃的形式，极受欢迎（图 2 - 96）。

非传统形式以及多种色彩混合在"美国的现代派"和"居住的"中的应用，暗示了赖特对非正式的家庭环境的偏爱（图 2 - 97 ~ 图 2 - 99）。1951 年，赖特与妻子玛丽共同编著的书——《轻松生活指南》出版了，夫妇俩在书中将这种非正式的设计思想阐述为"非正式的款待"。

20 世纪 40 年代以后的赖特，再也没能像 30 年代时那样声名显赫，尽管他在接下来的 15 年中仍在陶瓷和家具领域设计了许多作品。1965 年，赖特前往日本，在那里继续他的事业，并且设计了 100 多种产品。赖特在 1967 年退休后，为自己建造了一栋名为龙岩石的住宅，并在那里担任美国国家公园服务机构的计划顾问，至此，他中断了与工业设计的联系，消失在了工业设计领域中。

虽然赖特的辉煌时期只有十年，但是他却将现代设计带进了平常的美国家庭，改变了相当一部分美国人的生活习惯，在美国乃至世界工业设计史上留下了浓墨重彩的一笔。

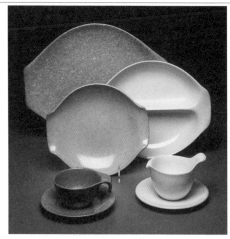

图 2 - 96 Residential 餐具 赖特 1953 年

图 2 - 97 餐具 赖特 1904 年

图 2 - 98 扶手椅 赖特 1950 年

图 2 - 99 椅子 赖特

30．流线型风格

图 2 - 100　波音 247　1933 年

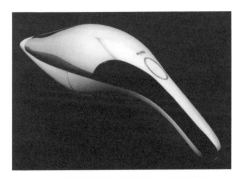

图 2 - 101　手持吸尘器　斯蒂芬纳·吉奥瓦诺尼

图 2 - 102　拉玛原型小轮摩托车　飞利浦·斯塔克

　　20 世纪 30 年代中期以后，大工业化生产已经成为欧美地区主要的生产方式，职业工业设计师们通过对产品设计和人们物质环境的改变，向世人展示出他们的重要作用。工业批量化生产，降低了成本，商品价格大幅度下降，设计不再是只有少数权贵才能享受，而是进入了千家万户，成为人们生活的一部分。慢慢地，人们对设计风格有了日益明显的要求。就在这时，一种全新的顺应时代潮流的设计风格出现了，它就是流线型风格。

　　流线型原本是空气动力学名词，用以描述表面圆滑、线条流畅的物体形状，这种形状能减少物体在高速运动时的风阻，提高速度。所以，最初流线型是基于能提高行驶和飞行速度而被引用到工业设计领域的。随着不断地发展和演变，流线型成了一种象征速度和时代精神的造型语言，不仅发展成了一种时尚的汽车美学，而且还渗入到家庭日用产品领域中。符合了战时及战后人们的审美需求，给 20 世纪 30 年代大萧条中的人民带去了一丝希望。

　　1900 年前后，就已经有人将"泪珠型"的形式用于交通工具的设计探索中。1914 年，意大利设计师卡塔格纳（Catagna）首次将"泪珠型"应用于汽车设计。1921 年，德国飞机设计师埃德蒙·伦普勒（Edmund Rumpler）尝试着设计具有流线型特点的飞机。而流线型风格出现的真正转折点，是从 1921 年匈牙利的汽车设计师保罗·亚雷（Paul Jaray）在工厂进行了著名的风洞试验（wind-tunnel text）开始的。他设计的汽车外形为流线型的研究和发展提供了科学依据。

　　虽然，流线型风格起源于欧洲，然而将这一风格普及化、流行化的却是美国。其中最重要的人物是诺尔曼·贝尔·盖迪斯，是他让流线型这个名词几乎成为美国 20 世纪 30 ~ 40 年代工业设计的代名词。

　　1933 年，第一款采用流线型风格的飞机——波音 247 型出现了（图 2 - 100），这款飞机是由波音飞机公司从军用轰炸机设计发展出来的。同年，道格拉斯飞机公司设计的流线型 DC-1 型飞机也投产了，DC-1 型飞机是为了商业使用而设计的。它采用全铝外壳，机身与机翼完全合为一个整体，这样就让飞机呈现出闪闪发光的金属质感，再加上流线型外形，让人眼前一亮。1935 年，道格拉斯公司在 DC-2 型的基础上发展出了 DC-3 型，DC-3 型成为战前和战时乃至战后相当长一段时间最成功的商用飞机。这种飞机性能良好、造型简练，在战争期间广泛被用作军用运输机，DC-3 型的广泛应用，对流线型风格的传播起到了重要的促进作用。

除了飞机之外，流线型风格在汽车设计上也发挥了重要的作用。1923 年，通用汽车公司总裁阿尔佛里德·斯隆设立了专门的汽车外形设计部门，由亨利·厄尔（Haeley T Earl）担任设计部总监。1927 年，厄尔在通用汽车公司凯迪拉克分厂的凯迪拉克——拉萨勒轿车（LaSalle Cadillac）进行流线型外观设计试验，得到了相当不错的市场反应。不久，克莱斯勒汽车公司也着手进行流线型汽车外形的设计工作。

图 2 - 103　克莱斯勒"气流"车　1934 年

从 20 世纪 30 年代中期以来，流线型已经成为美国汽车设计的流行风格，并迅速蔓延到其他产品造型设计中。最终形成了一定规模的设计运动，不过同欧洲的现代主义运动不同的是，流线型设计运动是以提高商业利益为基础的，而不是意识形态等方面的因素。

流线型设计风格在美国得到迅猛发展，随即席卷了欧洲设计界，不过欧洲的设计师们更加注重产品的功能，并走出了自己的流线型设计道路。德国大众汽车公司生产的甲壳虫汽车，优美的流线型外壳，造型美观大方，且功能良好，深受世人的喜爱，至今，都有不同型号的甲壳虫汽车行驶在各国的街道上（图 2 - 101 ~ 图 2 - 105）。

图 2 - 104　甲壳虫汽车　波尔舍　1936 ~ 1937 年

流线型最初是为提高交通工具的速度而被采用，但是却很快成为一种时髦的风格，以至于很多产品的设计也采用流线型风格，从飞机到汽车，从电冰箱到订书机，无所不有。有的甚至脱离了功能的需求，如 1936 年，奥罗·赫勒（Orlo Heller）设计的赫赤斯基牌（Hotchkiss Staple）流线型订书机，流线型对于订书机的功能毫无特殊意义，仅仅是为了追求流行的造型，是一个完全形式主义的设计。

图 2 - 105　流线型汽车设计

虽然当时出现了很多盲目追求流线型设计风格的设计作品，并遭到了一些设计师的质疑，当时有人对消费者调查时，就有家庭主妇抱怨"流线型的冰箱上面，什么东西也不能放"。但是，我们不能否认流线型对于当时低迷的美国经济的复苏起到了重要的作用。流线型风格带来的消费者追逐潮流的购买热，激活了战争前后萎靡的世界经济，成为设计史上设计风格促进销售的一个非常成功的典例（图 2 - 106）。

图 2 - 106　Prr s1 火车头　罗维

31. 有计划废止制

图 2－107 凯迪拉克 303 型汽车 哈利·厄尔 1927 年

图 2－108 凯迪拉克 Eldorado 哈利·厄尔 1959 年

图 2－109 别克 Y Job 哈利·厄尔 1939 年

图 2－110 汽车 哈利·厄尔

　　19 世纪初，美国开始了工业化进程，到 19 世纪末的时候已经达到了相当高的水平。在两次世界大战中，美国因为远离战场，经济得到空前发展，到 20 世纪 20 年代已经发展成为世界上最发达的工业化国家之一。经济的繁荣让美国民众开始沉迷于奢华的生活，消费需求的趋势带动了市场的发展趋势，同时形成了激烈的市场竞争。于是，原本就极具商业化气质的美国设计开始将商业化、利益化发展到了极致，由此出现了著名的"有计划废止制"。

　　"有计划废止制"下的设计目的不是为改善人们的生活水平，而是以促进销售，实现企业利益最大化为根本原则。这一制度的形成不是没有原因的，因为美国的设计从一开始就充满着实用主义的商业气息，这与具有人文主义色彩的欧洲设计大相径庭，所以，"有计划废止制"是典型的美国市场竞争的产物。

　　"有计划废止制"是通用汽车公司副总裁兼设计师哈利·厄尔提出并实践的，这一制度最先出现在汽车设计中（图 2－107～图 2－111）。1923 年，阿尔佛里德·斯隆成为通用汽车公司的总裁，当时福特汽车公司生产的 T 型车一直占据美国汽车市场的较大份额，成为通用汽车公司的头号威胁。为了扭转这一局面，斯隆成立了专门的外形式样设计部，由厄尔直接领导。厄尔非常擅长设计品味不高但具有巨大经济效益的产品。在此期间，厄尔开始进行流线型汽车设计实验，并取得了不错的市场反应，他最先创新设计了汽车尾鳍的造型（图 2－112）。

　　"有计划废止制"的核心是为加快汽车更新换代的速度，在进行汽车外观造型设计时，有计划地考虑到以后不断更新部分的设计，人为地造成样式的变化，以促使消费者为了追逐新式样而放弃旧式样的营销方式。通常汽车最少每两年就会有一次小的变化，每三~四年就有一次大的变化。这一制度随后蔓延到产品设计的各个领域。

　　"有计划废止制"主要表现在以下三个方面。

　　首先是功能性废止，即让新产品具备老产品所不具备的更多新功能，使先前的产品被"老化"。如手机的设计，最初只是为了满足人们的通话需求，而随着科技的发展，具有简讯、拍照、音乐等新功能的手机的出现，让仅有通话功能的手机很快就被淘汰了。

　　其次是款式性废止，不断设计推出新的汽车式样，让原来的汽车显得老化过时而被消费者在追求新式样时而废弃。这一特点在带来巨额利润的同时，造成了巨大的资源浪费。20 世纪 50 年代的美国汽车，造型时尚、内部宽敞，但华丽外表带来的是车体偏重导致的耗油多，功能又不尽完善。然而制造商却不会在乎这些弊端，他们注重的只是这其中所产生的巨额利润。通过有计划的造型变化，让人们甚至在一两年内就换新车，这些新车往往只是在造型上有了变化，而内部功能结构却并没有什么改进（图 2 - 113）。

最后是质量性废止，这一特点是最有违设计为人服务的设计原则的。因为在设计和生产产品的时候就已经预先设定了它的使用寿命，以至于在到达预设时间时便失去了其应有的功能性而被使用者淘汰，再去购买新产品。这种人为缩短产品使用寿命的设计让产品在短期内失效，促使消费者不断重新购买。

"有计划废止制"让美国的汽车企业仅仅通过汽车的造型设计而达到促销的目的，创造出了一个庞大的市场，并让通用汽车公司的设计部门也成为了当时世界最大的设计中心。然而过分追求造型而忽略了汽车应有的性能的改善和发展，导致 20 世纪 60~70 年代的美国汽车成为了外形华贵而性能低下的典型产品。于是，在 1972 年前后的能源危机中，被造型简单而性能优异的日本汽车轻而易举地取代了。到 80 年代，日本已经取代美国成为世界第一汽车生产大国。

"有计划废止制"与流线型风格的结合恰好利用了当时美国社会富足的经济实力和奢华的消费观。它引发了一种极其有害的用毕即弃的消费主义浪潮，造成了资源的巨大浪费和对环境的严重破坏。从设计方面来看，"有计划废止制"是一种极其严重的重形式轻功能的形式主义设计，完全背离了现代设计功能主义的原则。所以，该制度一直不被设计界所推崇，而且还遭到环境保护主义者的抨击。但是它深深地影响了战后美国乃至世界的工业设计，而且对当今的设计界也有很大的影响，已经到了无法将其推翻的地步。

"有计划废止制"之所以能够影响如此深刻，是因为美国 20 世纪 50 年代的商业性设计和有计划废止制就是价值创新理论设计观的典型表现。价值创新理论是在资本主义商业竞争的压力下产生的，在这一观念下，现代主义"形式追随功能"的信条被"设计追随销售"所取代。为了提高企业利润，设计师则为了提高产品的附加值而设计，设计师也成为了给企业带来高利润的工具。最早由拉斯金倡导的设计解决人的生活问题也已经转变成为利润而设计。

图 2 - 111　雪佛兰克尔维特　哈利·厄尔

图 2 - 112　凯迪拉克尾鳍　哈利·厄尔

图 2 - 113　克莱斯勒　哈利·厄尔　1953 年

战后重建与发展
（约 1945 ～ 1960 年）

　　第二次世界大战后，世界各国的经济都遭到极大的破坏，直到20世纪50年代中后期，西方各国才开始度过了最为艰难的战后重建时期。第二次世界大战残酷地摧毁了人们在漫长的时间里创造的精神和物质财富，第二次世界大战结束时，许多国家几乎在一片废墟上重建自己的家园，西方各国都把建设的重点转移到发展经济上来。战后严重的物资匮乏和消费群体的增大以及迅速恢复起来的经济为现代设计的发展提供了客观条件，现代设计成为满足人们生活需求的重要手段。

　　1947年出台的关于欧洲复兴的马歇尔计划，对西欧各国的经济发展有很大的影响，它重建了以相互依存为基础的西方经济秩序，促进了西欧各国国家垄断资本主义和国际垄断资本主义的发展，推动了西欧经济一体化的进程，导致了西欧在经济上对美国的依赖。第二次世界大战之后，西方发达国家的设计发展得非常迅速，其中工业设计逐渐成为各国提高其经济发展水平和综合国力的有效手段。工业设计在各个国家都得到了长远发展，成为了欧美企业运作中的重要环节。在这种社会经济条件下，现代设计经过长时期的积累，正式进入了它的成熟时期。在这一时期，现代设计由20世纪30年代美国的流线型运动、德国、意大利的工业设计，到40～50年代西方各国工业设计的发展，以及日本等东方国家现代设计的姗姗来迟，不仅使现代设计的广度大大拓宽，而且在设计的现代化程度方面，也探索出了不少规律性的东西。

　　德国现代主义设计是设计史上最重要、最具影响力的设计活动之一，它兴起于20世纪20年代的欧洲，经过几十年的迅猛发展，德国在世界上的设计地位已变得举足轻重。德国作为现代设计的重要发源地，以其独特的设计风格和鲜明的设计特征独占鳌头。德国的设计具有非常悠久的传统，德国的工业设计以严谨的造型，可靠的质量，高度理性化的美学特征，体现了工业化特有的时代气息。

　　第二次世界大战以前欧洲发展起来的"现代主义"设计，经过在美国的发展，成为战后的"国际主义"风格，这种风格在战后的年代，特别是20世纪60～70年代以来发展到登峰造极的地步。

　　战后日本工业设计最鲜明的特点就是与传统文化、传统设计的和谐共处，现代设计与传统设计双轨并行。既没有因现代设计的发展而破坏传统文化和设计，也没有因传统设计的博大精深而阻碍现代设计，既具有国际主义风格，也具有自己的风格。

　　意大利虽然在早期现代设计发展过程中的地位并不突出，但在第二次世界大战以后，尤其是在50年代以后，意大利成为现代设计最具活力的地方，意大利设计师们的创造性才能，极大地丰富了现代设计的内容。意大利的设计既不同于商业味极浓的美国设计，也不同于传统味极重的斯堪的纳维亚设计，意大利的设计师在每一件设计作品中，既注重紧随潮流，重视民族特征，也强调发挥个人才能，他们的设计是传统工艺、现代思维、个人才能、自然材料、现代工艺、新材料等的综合体，与其他国家的设计师相比，意大利设计师更倾向于把现代设计作为一种艺术和文化来操作。20世纪40～50年代，意大利设计受到现代绘画和雕塑艺术的影响，奉行"美观加实用"的设计原则，其艺术化特征更加明显。1951年，通过"米兰设计三年展"，向世界宣告了意大利风格的基本形成。1954年的"米兰设计三年展"则进一步表明了意大利设计的艺术化方向。这一年年展的主题是"艺术的生产"。

　　第二次世界大战之后，世界各国都处于重建时期，几乎所有的西欧国家和日本都拟定和设计了适合本国国情的发展路线，目的是将现代工业设计的具体功能、责任和目标用企业甚至是行业发展政策的方式确定下来，为确保经济实力和设计水平发展的一致性。20世纪60年代以来，工业设计已经成为欧美企业运作中一个必不可少的环节。此时，为了同社会主义阵营的公有制体制和制造业相抗衡，美国开始大力扶持国内外资本主义企业的发展和商业扩张，并通过举办展览、销售产品和出版报纸期刊等形式，向世界各国宣传美国式的现代设计理念。因此，在战后相当长的一段时间里，美国都是世界工业设计的中心，并极大地影响了世界工业设计的发展。

32．乌尔姆设计学院

图 3 - 1　乌尔姆时期的凳子　马克斯·比尔

第二次世界大战以后，联邦德国的设计师、建筑师开始重新振作自己的设计事业和设计教育事业，这种努力的推动力是多方面的。一方面，德国人希望能够通过严格的设计教育来提高德国产品设计水平，为振兴德国战后凋敝的国民经济服务，使德国产品能够在国际贸易中取得新的优异地位；另一方面，他们感到源自于德国的现代主义设计运动，战后在美国已经背离了初衷，出现了向商业主义、实用主义的转化。

因此，联邦德国设计界的一些精英分子深感他们事业的原则被美国市场破坏了，希望能够重新建立包豪斯式的试验中心，通过设计这样一门严肃的、认真的、关系到国家实力和地位的学科，培养下一代的设计师，从而达到提高德意志民族和西德物质文明总体水准的目的。

他们的不懈努力，终于导致战后联邦德国最重要的设计学院——乌尔姆设计学院（ULM Academy of Design，德文缩写为 HfG）成立。乌尔姆设计学院的成立是对第二次世界大战后的联邦德国工业设计产生最大影响力的机构。

该校舍由瑞士籍画家、建筑师、设计师马克斯·比尔（Max Bill, 1908—1994）设计，并担任了第一任院长（图 3 - 1、图 3 - 2）。办校初期，乌尔姆设计学院分成四个系：产品设计系、视觉传播系、建筑系和信息系，从 1961 年起，增开了电影系——该系成为后来德国主要的电影制片厂——德发（The Institut fur Filmgestaltung）的前身。学院的学制定为四年，第一年是基础课，后三年是专业课，完成四年学业的学生，获得学院颁发的毕业证书。学院的教学分为讲课或研讨会形式和学生动手进行社会实践两方面，学生除了要学习设计技能还要学习最新的科学知识，学习适应未来工业发展所需要的设计方法和手段。在教学中会开设各种讲座，提高学生的设计水平，增加学生对现代社会的理解，培养学生的社会和文化批判意识，从而实现学院要成为新理论、新技术、新设想实验基地的办学理想。逐渐地这所学院就成为了德国现代主义、功能主义、新理性主义建筑设计、工业产品设计和平面设计教育的中心。

比尔说："乌尔姆设计学院的创建者们坚信艺术是生活的最高体现，因此，他们的目标就是促进将生活本身转变成艺术品。"为了达到这个目标，他在学院开设了机械与形式两方面的课程。与其同时存在的其他理论与比尔的理论发生争执之后，比尔于 1957 年离开学

图 3 - 2　乌尔姆时期的钟表　马克斯·比尔

院，他的离去标志着学院以艺术为基础的设计教育结束。之后由阿根廷画家托马斯·马尔多纳多（Tomas Maldonado，1922— ）接替他担任院长。学院开始发展现代设计的全新理念，马尔多纳多对学校的课程设置进行了很大的调整，用数学、工程科学和逻辑分析等课程取代从包豪斯继承下来的美术训练课程，产生了一种以科学技术为基础的设计教育模式（图3－3、图3－4）。

图3－3　医疗器械　托马斯·马尔多纳多　1961年

学院培养出来的设计师既要能够支配现代工业的技术和科学知识，又要能够掌控他们工作所带来的文化和社会影响。其指导思想是培养科学的合作者，这样的合作者应是在生产领域熟练掌握研究、技术、加工、市场销售以及美学技能的全面人才，而不是高高在上的艺术家（图3－5）。马尔多纳多认为："一个典型的产品设计师能在现代工业文明中的各个要害部门里工作。"乌尔姆设计学院的改革引起了极大的争议，并受到舆论界的批评。马尔多纳多于1967年辞职，学院也于次年解散。

乌尔姆设计学院最终因直接的财政问题于1968年永久的关闭了，但这并不代表它真正的退出了历史的舞台，反而它的影响却十分深远，它的设计哲学在德国具有很大的影响力。它所培养的大批设计人才包括不少学生和教员都成为大企业的设计骨干，并把学院的这种新功能主义、新理性主义、减少主义的特征哲学思想带到具体的设计实践中去。为设计公司取得了显著的经济效益，延续了乌尔姆设计的方法，这从德国产品中处处可以看到其成果。

图3－4　模型　托马斯·马尔多纳多

乌尔姆设计学院经过两代人前赴后继的努力，为德国战后的现代设计发展提供了有力的保障，使得前联邦德国的设计有了合理的、统一的表现，并且终于将现代设计从以前似是而非的艺术、技术之间的摆动坚决地移到科学技术的基础上来。虽然在办学中领导人的高尚道德理想阻碍了商业和设计的结合，但符号学和社会学作为继承和超越包豪斯传统的标志之一，它们的引入的确为以后商业化社会下设计的发展保留了最后一份难得的文化理想。继包豪斯设计学院之后，乌尔姆也终于成为设计教育最后的神话。它为世界各国的工业设计提供了非常宝贵的观念和理论依据，同时也影响了欧洲各国，包括荷兰、比利时等国家。

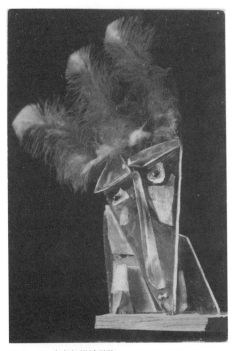

图3－5　乌尔姆设计学院

33. 布劳恩设计

图 3 - 6 "白雪公主之匣" 迪特·拉姆斯、汉斯·古戈洛特 1956 年

图 3 - 7 袖珍型电唱机收音机组合 迪特·拉姆斯、汉斯·古戈洛特 1959 年

图 3 - 8 Atelier 接收器 迪特·拉姆斯 1957 年

第二次世界大战让德国的经济受到了严重的破坏，为了振兴德国的制造业，提高国民经济，重现德国优秀的设计面貌，德国的设计界将设计作为一种为国为民的学科进行严肃认真的研讨。

1921 年，马克斯·布劳恩（Max Braun，？—1951）创立了自己的电器公司。1935 年正式注册为布劳恩公司。随后迅速发展起来，从 20 世纪 50 年代，布劳恩开始渐渐地将德国现代工业设计与产品的功能和技术不断相互结合，1951 年布劳恩兄弟继承父业接管公司，为了推进设计，布劳恩聘了迪特·拉姆斯（Dieter Rams，1932—　）等年轻设计师，在 20 世纪 50 年代中期组建了设计部，并与乌尔姆设计学院建立了合作关系。在该院产品设计系主任汉斯·古戈洛特（Hans Gugelot，1920—1965）等教师的协助下，布劳恩公司设计生产了大量优秀产品，并建立了公司产品设计的三个一般性原则，即秩序的法则、和谐的法则和经济的法则。从此布劳恩公司不断发展，并成为世界上生产家用电器的重要厂家之一。

在 1955 年的杜塞尔多夫广播器材展览会上，布劳恩公司展出了一系列收音机、电唱机等产品，这些产品与先前的产品有明显的不同，外形简洁、色彩素雅。它们是布劳恩公司与乌尔姆设计学院合作的首批成果。

1956 年拉姆斯与古戈洛特共同设计了一种收音机和电唱机的组合装置，该产品有一个全封闭白色金属外壳，加上一个有机玻璃的盖子，被称为"白雪公主之匣"（图 3 - 6）。 这台收录机具有革命性的创新设计。它跟当时任何家用电器都不一样，不仅仅因为敦实的比例，而是因为人们钟爱的家用电器被如此巧妙的安放在一个像家具一样的盒子里，这在当时无疑是非常时髦的设计。1959 年他们设计了袖珍型电唱机收音机组合（图 3 - 7），这与先前的音响组合不同，其中的电唱机和收音机是可分可合的标准部件，使用十分方便。这种积木式的设计是以后高保真音响设备设计的开端。到了 20 世纪 70 年代，几乎所有的公司都采用这种积木式的组合体系。

除音响制品外，布劳恩公司还生产电动剃须刀（A|B）、电吹风、电风扇、电子计算器、厨房机具、幻灯放映机和照相机等一系列产品，这些产品都具有均衡、精练和无装饰的特点。色彩上多用黑、白、灰等"非色调"，造型直截了当地反映出产品在功能和结构上的特征。这些一致性的设计语言构成了布劳恩产品的独有风格。

1961 年生产的台扇生动地体现了布劳恩机械产品的特色，它把电机与风扇叶片两部分设计为两个相接的同心圆柱体，强调了风扇的圆周运动和传动结构。这种台扇1970年获得了前联邦德国的"出色造型"奖。

在布劳恩公司的设计中，迪特·拉姆斯(Dieter Rams, 1932—)可谓是公司设计的核心人物。29岁的拉姆斯成为博朗设计部门的负责人。他带领着他的团队成员承担了几乎所有跟设计相关的事务，包括产品设计到平面设计，甚至新技术开发。而各种国际设计奖项也都纷至沓来。拉姆斯的职业生涯中很少设计除博朗以外的产品。但是，跟Niels Vitsae的合作是个例外。这家德国家具品牌从而开发出了"拉姆斯式"的产品——远离时尚、设计精良、品质优秀、堪称经典。1960年，拉姆斯为Vitsae设计了模块化的606家具系统。这套系统延续了一系列模块化家具的设计理念。作为一套家具系统，拉姆斯几乎尽他所能将其做到了完美。这套系统从发布开始一直生产销售至今。20世纪60年代购买这套系统的客户到现在仍然可以添加或者更换其中的组件，如书桌，茶几，书柜都可以完美搭配（图3－8）。

图3－9　收音机　布劳恩　1955年

布劳恩的设计作品以及拉姆斯的设计哲学"更少但是更好的设计"一直不断地影响着全球的工业产品，甚至包括家喻户晓的苹果公司，苹果的设计总监乔纳森·伊夫（Jonathan Ive, 1967— ）打造的iPod iBook也折射出了拉姆斯的设计哲学——"更少但是更好的设计"。为了向大师致敬，伊夫甚至把iPhone的计算器界面直接设计成了拉姆斯1987年设计的ET44便携式计算器的模样。

德国布劳恩设计公司在工业设计史的地位有目共睹。它的设计风格一直影响着今天的设计，早年与乌尔姆造型学院合作，使得设计直接服务于工业。他们的这种合作产生了丰硕的成果，使得布劳恩的设计至今仍被看成是优良产品造型的代表和德国文化的成就之一（图3－9～图3－12）。

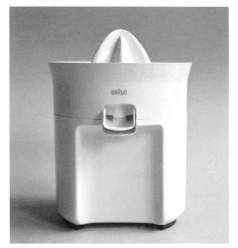

图3－10　榨汁机　布劳恩　1972年

图3－11　厨房电器　布劳恩　1957年

图3－12　电视机　布劳恩

34．诺尔公司

图 3 - 13　办公椅　诺尔公司

20 世纪是现代家具爆炸式发展的重要时期，期间出现了以伊姆斯夫妇、埃罗·沙里宁、哈里·贝尔托亚和乔治·尼尔森等为代表的一批世界著名的家具设计大师，而这些设计大师则全部都集中于美国两大国际家具集团——诺尔公司和米勒公司。

诺尔公司是一家美国公司，但是它却跟德国的设计文化有着很深的渊源。诺尔公司的创始人汉斯·诺尔（Hans Knoll）就是地道的德国人，他出生于斯图加特的一个家具世家。诺尔的父亲在第一次世界大战前就与包豪斯的设计大师格罗皮乌斯、密斯·凡·德·罗关系密切，包豪斯很多现代家具都是由他父亲的工厂加工制作的。因此，诺尔潜移默化地就与现代建筑和家具设计产生了密切的联系，并立志以家具设计为理想事业。可以说，诺尔在家具设计方面的起点很高（图 3 - 13）。

诺尔先后攻读英格兰和瑞士的大学建筑专科，期间深受包豪斯和荷兰风格派的影响，他认为现代化家具应与先进的技术和新型材料相结合，并应在一流的设计下产生。第二次世界大战期间，诺尔去了美国，并于 1938 年与丹麦设计师里索姆一起在纽约创办了诺尔家具公司。诺尔的理想是创办一家世界一流的现代家具厂。公司开办的第二年，第二次世界大战爆发了，诺尔在德国托内特的曲木技术的基础上进行创新，用蒸汽弯曲木做座椅的框架，将当时大量的军用纺织布和降落伞布用作靠背和坐垫，这样一款既简单舒适又节约环保的新型座椅和躺椅就产生了，在物资紧缺的战争期间，这样的设计极受欢迎，诺尔获得了大批订单，成功地迈出了创业的第一步。

1943 年，里索姆应征入伍，而此时，诺尔遇见了佛罗伦斯·谢思特（Florence Schust），佛罗伦斯是一位年轻的天才设计规划师，她加盟诺尔公司，开始了他们的终生的合作。佛罗伦斯有着强大的专业教育背景，诺尔知道只有一流的设计人才才能创造出一流的设计。佛罗伦斯毕业于当时美国最著名的克兰布鲁克艺术学院，与沙里宁父子是师生和好友，还曾接受过北欧现代建筑与设计大师阿尔瓦·阿图托的指导和教育（图 3 - 14）。佛罗伦斯还在英国学习过建筑设计，回国后与格罗佩斯、布鲁尔等大师一起工作过，并获得著名的伊利诺斯理工学院建筑系的学位，在伊利诺斯理工学院学习期间，当时的建筑系主任密斯对她的设计思想产生了很大的影响。

佛罗伦斯的加入给诺尔公司带来了一批杰出的设计人才，他们参与诺尔公司现代家具与室内设施的开发设计，佛罗伦斯则担任诺尔

图 3 - 14　无扶手马铃薯片椅　埃罗·沙里宁　1950 年

公司研发机构的负责人。

　　诺尔与佛罗伦斯于 1946 年结婚，两人成了彼此在生活和事业上的伙伴，完美的组合与分工使得诺尔公司得到迅速的发展。诺尔专注于制造与市场，而佛罗伦斯则负责设计与研发，两人最终将诺尔公司打造成为暨包豪斯学院之后美国另一现代设计与制造中心。再加上一流的家具设计、创新的技术与现代化大批量制造，诺尔公司成为当时世界上最大的家具公司。

　　诺尔公司自成立以来，前后曾有近百名国际著名设计师为其设计家具。于是诺尔公司几乎成为了当时世界经典家具设计的摇篮，所以诺尔公司的家具作品遍布了全世界各大博物馆，光全球著名的美国纽约现代艺术博物馆就收藏了诺尔公司 30 件家具设计经典作品。所以，诺尔公司简直就是一部活的家具设计史（图 3 - 15）。

图 3 - 15　钻石椅　哈里·贝尔托亚　1950 年

　　20 世纪 50 年代初，诺尔将公司总部迁出纽约，在美国的宾夕法尼亚州创建了诺尔公司的新总部。同时，诺尔公司正式更名为诺尔国际家具公司(Knoll International Furniture Co.)，开始走向国际化。此后，诺尔公司在欧洲和北美都成立了分支机构。时至今日，诺尔公司已经成为引领全球化办公家具设计与制造的国际知名品牌（图 3 - 16、图 3 - 17）。

　　诺尔公司之所以如此成功，是因为他将设计作为其核心竞争力，设计为人、设计为环境、设计让生活变得更好。它的成功引起了 20 世纪现代设计理论家与学术界的极大关注，在 20 世纪 70～90 年代，西方学术界先后有 10 多名学者对诺尔集团进行了专题研究并出版了 10 多本专著。

图 3 - 16　梯形桌子　诺尔公司

　　现代设计史学者维吉奈利在他的专著《诺尔的设计》一书中指出："从任何一种意义上讲，包豪斯的最终胜利不是在欧洲，而是在美国完成的。包豪斯的成就，在于现代工业设计教育体制的确立，但它却未来得及形成自己在设计理论上的完善风格，它是教育上的突破，树立了把艺术与工业技术联系起来的原则，开创了现代工业设计的先河，但却不是完善的。真正的工作成果是随着包豪斯主要人物流亡美国，在美国先进的工业化条件下完成的。"诺尔公司是包豪斯现代设计体系中最为成功的典型。

　　"好设计就是好生意"(Good design is good business)，这句简明的格言是诺尔公司的座右铭。诺尔的理想实现了，而在筑梦的同时，他又为全世界建筑了以一处处舒适的生活工作环境。

图 3 - 17　办公椅　诺尔公司

35. 米勒公司

图 3 - 18　电脑椅　比尔·施通普夫与唐·查德威克

图 3 - 19　Sayl 转椅　米勒公司

图 3 - 20　椰壳椅　乔治·尼尔森　1958 年

图 3 - 21　蜀葵椅　乔治·尼尔森　1956 年

米勒公司(Herman Miller Furniture Co.)与诺尔公司并驾齐驱共同开创了战后美国现代家具的新纪元。米勒公司不像诺尔公司那样创业起家,它原本是一家创立于 1905 年的美国本土的家族传统家具公司,公司很小,而且地处边陲,起初主要是为美国本土的中产阶级提供一些仿制的古典传统家具。第二次世界大战后,由于抓住了现代家具原创设计的关键问题并大力引进设计人才,彻底全面地转向现代家具的生产,在短短几年中便一跃成为美国现代设计制造中心和 20 世纪 50 年代与诺尔公司齐名的美国现代家具的领导型品牌公司(图 3 - 18)。

身为米勒公司创始人的赫尔曼·米勒只是一个单纯小型家族式企业家,他本身并不是一个设计师,也没有绘画和美术基础。然而他却在 1931 年的一次外出旅行中遇见了转变他人生命运的贵人——年轻的设计师罗德(Gilbert Rohde, 1894—1944)。罗德对于现代家具设计的理念给米勒公司带来了翻天覆地的变化,米勒果断放弃了原先的仿制家具生产,大刀阔斧地开始了原创性的现代家居设计和生产,勇敢地迈出了转型的关键一步,从此,一个崭新的现代家具设计公司诞生了。

米勒公司同诺尔公司一样,都受到包豪斯现代设计理论的影响。罗德对米勒公司的影响是至关重要的,而他则是一位深受包豪斯影响的功能主义者。他以功能第一、形式第二的现代抽象几何构成为主要的设计风格,同时,他又吸收了荷兰风格派大家蒙德里安和里特维德的高纯度原色的强烈对比色彩构成。罗德在设计过程中将设计与使用功能、现代人机工学和市场经济法则综合在一起。当这一切完美相结合地出现在米勒公司的现代家具上时,一下子刺激了追求新颖独特的美国人,使得公司接到了源源不断的订单。于是,米勒公司在 1938 年彻底完成了从手工式传统家具的生产模型向现代大工业机械化批量生产模式的转变,完全采用现代化新材料与新科技构成的标准化部件。在市场的大量需求下,米勒公司的家具便一下子涌入了美国的家具市场,开始在这一行业崭露头角(图 3 - 19)。

然而在 1944 年,年轻的设计师罗德不幸英年早逝。米勒在痛失设计伙伴的同时,把目光转向寻找发现新的设计天才。一次偶然的机会,米勒先生在一本生活杂志上发现了一位名叫乔治·尼尔森(George Nelson, 1908—　)的设计师,当时的尼尔森是一位建筑设计师,同时为《建筑论坛》杂志的编辑。当时他在杂志上发表了一件他构思于 1944 年的室内造型作品——美国一瞥。这是一个很有创新点的入墙式储藏柜的设计，可自由组合成衣柜或书柜，如同一个室内装置。这件作品让慧眼识珠的米勒先生一下子就选中了尼尔森作为自己新的合作伙伴。于是，在米勒先生不依不饶的真诚邀请下，尼尔森最终加盟米勒公司。而尼尔森后来成为了世界级的设计大师。

尼尔森曾为米勒公司设计出一系列 20 世纪的经典家具作品，如椰壳椅（图 3－20）、蜀葵椅（Coconut Chair，1956，图 3－21），并且成为了米勒公司的中坚力量（图 3－22）。

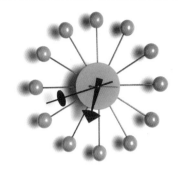

图 3－22　球－挂钟　乔治·尼尔森　1948～1969 年

杂志编辑的工作经历让尼尔森具有很强的文字功底，再加上设计实践的支撑，于是，在米勒公司任职期间，尼尔森开始专注于系列家具（CSS 系列家具，1959）的研究，并编著了《明天的住宅与室内设计》丛书，奠定了现代家具与室内设计的理念基础。

尼尔森是个比较全面的人才，在做家具原创设计的同时，他还为米勒公司策划设计了整体的形象以及具有强烈视觉冲击力的楔形米勒公司标志，通过全面导入现代 CI 企业形象系统设计来传播和表达企业和产品的形象。尼尔森主持和确立了一套完整的设计哲学理念，即设计至上、设计决定、产品诚信，在战略上引导了米勒公司的发展及竞争，这也成为米勒公司成功的秘诀。

图 3－23　模压扶手塑壳椅　伊姆斯夫妇

虽然米勒公司是一家家族公司，但它并没有一味的维护家族利益而排斥外来者，而是一直坚持一种开放的态度来接纳和引进设计人才，这种包容开放的态度铸就了它的成功。罗德曾为公司引进了一批著名的设计师、建筑师、艺术家等，其中包括被誉为 20 世纪全球最伟大的设计师之一的伊姆斯夫妇，伊姆斯说："我的设计目标是更好的坐姿、更好的使用、更好的美观，以及吸引更多的人购买。"这一理念的引导让米勒公司在转瞬即逝的市场风云中立于不败之地。

从 20 世纪 50 年代开始，米勒先生开始将米勒公司从一个家庭公司转向现代化国际公司，将发展的眼光从美国本土放眼全球，使之从一个小型的传统家具公司发展成为一个跨国的现代家具供应与服务商，享誉世界的著名家具领导性品牌公司。时至今日，米勒集团仍然是美国现代家具设计与制造领域的领头羊（图 3－23、图 3－24）。

图 3－24　金属底座模压塑壳单椅　伊姆斯夫妇

图 3 - 25　圣路易市杰斐逊国家纪念碑　沙里宁
1948 ～ 1960 年

图 3 - 26　马铃薯片椅　沙里宁　1946 年

图 3 - 27　子宫椅　沙里宁　1946 年

埃罗·沙里宁（Eero Saarinen，1910—1961）是 20 世纪中期美国最有影响力的建筑设计师和工业设计师之一，在战后的美国享有极高的荣誉。

沙里宁于 1910 年 8 月 20 日出生于芬兰的一个艺术家家庭，父亲埃里尔·沙里宁（Eliel Saarinen）是具有芬兰民族情节的著名建筑师，母亲诺雅（Loja）是位雕塑家。由于受遗传基因的影响，沙里宁在幼年时期就展现了很强的设计天赋。12 岁在瑞典的火柴盒设计比赛中，沙里宁取得了第一名，崭露头角。同一年，父亲赢得了芝加哥论坛报大厦设计竞赛的第二名，这样的好成绩最终使得父亲决定全家移居美国，开始新的设计生涯。

1925 年，沙里宁全家搬到密歇根州。1927 年，沙里宁与其好友乔治·C. 布斯创办了克兰布鲁克艺术学院并执教，从此，沙里宁则跟随其父亲学习，研习雕塑和家具设计。之后，他的一生都与设计息息相关。沙里宁 1930 年考入美国耶鲁大学建筑系，1934 年毕业去欧洲旅游两年之后回到美国父亲曾经工作过的克兰布鲁克艺术学院任教。在这所学院中结实了他一生中重要的两位朋友——查尔斯·伊姆斯（Charles Eames，1907—1978）和佛罗伦萨·舒斯特。这两个人对他的设计生涯影响深远。1937 年沙里宁离开教学岗位进入到父亲的建筑事务所工作，开始参与实际的设计。直到 1950 年父亲去世后独自创业。

在沙里宁的一生中设计了很多作品，包括建筑和工业。其中在建筑方面他的第一项主要作品——位于密歇根州沃伦的通用汽车科技中心，这是他和父亲在 1945 年共同完成的。使埃罗·沙里宁名闻世界的是圣路易市杰斐逊国家纪念碑（图 3 - 25）。1952 年，沙里宁设计了闻名世界的麻省理工学院礼堂和小礼堂，他最令人惊奇的作品是纽约肯尼迪机场的美国环球航空公司侯机楼。这是一个凭借现代技术把建筑同雕塑结合起来的作品。沙里宁设计了一系列新奇独特的作品，表现了丰富多彩的建筑语汇。

在从事建筑设计的同时，沙里宁也设计家具。1940 年，他与好友查尔斯·伊姆斯合作设计，在美国现代艺术博物馆举办的家具设计比赛中获得了优秀的奖项，开始受到业界的注意。1946 年之后，他与好友各自朝着不同的方向发展，查尔斯·伊姆斯进入赫尔曼·米勒（Herman Miller，1876—1931）的公司做产品设计，而沙里宁则与诺尔公司合作。

埃罗·沙里宁在"有机家具"的设计也非常突出，他与诺尔公司合作设计了许多可以成为 20 世纪具有划时代意义的椅子。"马铃薯片椅"(Potato Chair)、"子宫椅"（"Womb" Chair)、"郁金香桌椅"都是 20 世纪 50 ～ 60 年代最杰出的家具作品。通过这些椅子的设计，沙里宁把有机形式和现代功能结合起来，开创了有机现代主义的设计新途径。

马铃薯片椅（图 3 - 26）一次性成型玻璃钢内坯，中间贴上一层海绵，柔软舒适而富有弹性。

1946 ～ 1948 年，由沙里宁设计的享誉世界的子宫椅（"Womb"椅）又名胎椅（图 3 - 27），其设计富有独创性，观念大胆，造型具有雕塑美。子宫椅是下由钢管腿结构支撑作为底架，上由玻璃钢模压成座面壳体，上面加上织物蒙面的乳胶泡沫塑料的垫子组成，这款带软垫装饰的椅子设计，设计巧妙，独具创新，极其舒适，就像人包裹于其内一样，使用者坐在椅子中可以随意弯曲，调整坐姿，坐上去会非常舒适，优雅而大方，符合人体工程学设计，起到减轻压力，消除疲劳的效果。

另一经典之作是沙里宁于 1955 ～ 1957 年设计的郁金香凳（"Tulip"），也被称为典范（图 3 - 28、图 3 - 29）。因其造型像郁金香花而被命名。这款设计的目的是为了实现单一材料、单一造型愿望的一次尝试。铝材做的支撑基座，玻璃纤维模压的座面以及闪亮的外表三者形成了视觉上的统一，独有的造型给人以很强的视觉冲击力，座椅与支撑采用出模一次性成型，椅子可以 360° 旋转。基座是沙里宁为了代替人们所形容的"贫穷人的腿"所产生的。尽管郁金香椅子是由铝材和玻璃纤维制成的，但是白色的塑料外壳却给人耳目一新的感觉。

郁金香餐台是埃罗·沙里宁在 1956 年的作品，其优雅、清秀的桌脚配上天然的大理石桌面，极简却又完美，1969 年美国国家现代艺术博物馆将当年的设计大奖授予它（图 3 - 30）。

这些作品都体现出有机的自由形态，被称为有机现代主义的代表作，成了工业设计史上的典范。这几款桌椅子一直被设计师改进和生产使用至今，广受人们的喜欢。沙里宁设计了许多优秀的建筑和家具，但是一生都没有形成定性的设计风格，而是在不断地创立新的风格，他是一位将功能与艺术完美结合的设计师，独特的设计思想和艺术的想象力对后来的建筑和家具风格都产生了重要的影响。由于受父亲创办学校的教育观念影响，沙里宁成为了美国新一代有机功能的家具设计师和建筑大师，他把有机的形式和现代的功能结合起来开创了有机现代主义设计的新方向。

图 3 - 28　郁金香凳　沙里宁

图 3 - 29　郁金香椅　沙里宁　1955 ～ 1957 年

图 3 - 30　郁金香餐台　沙里宁　1956 年

37．伊姆斯夫妇

图 3 - 31　连座椅　伊斯姆　1961 年

图 3 - 32　扶手塑壳椅　伊斯姆

图 3 - 33　餐椅　伊斯姆　1945 年

夫妻档设计师查尔斯·伊姆斯（Charles Eames，1907—1978）和蕾·伊姆斯（Ray Eames，1912—1988）是 20 世纪美国现代设计领域的先锋设计师，是美国现代产品设计的奠基人之一。对建筑、家具和工业设计等领域都产生了重大的影响。

1907 年，查尔斯·伊姆斯出生于圣路易斯，1924 ~ 1926 年在华盛顿大学学习建筑学，1936 年到密歇根州的克兰布鲁克艺术学院从事建筑教育，并在这里遇到了他人生中很重要的两个人——埃罗·沙里宁和他的妻子蕾·凯撒。1941 年查尔斯和雷结婚搬到了加利福尼亚，1944 年创办设计事务所。伊姆斯之后所有的作品都离不开妻子的帮助。这对夫妇是 20 世纪美国设计界非常完美的一对搭档，他们分工协作，伊姆斯主要负责材料、技术、生产方面的问题，而雷主要负责形式空间和审美方面。这种完美的组合使得一件产品可以从结构、功能、心理、美学以及文化等诸多问题结合起来，统统贯穿于产品设计的各个方面，他们的设计实践对现代设计理论的丰富提供了重要的参考价值。

1941 年，由当时纽约现代艺术博物馆的设计馆长、美国工业设计部主任埃略特·诺伊斯发起的一场主题为"家庭陈设中的有机设计"（Organic Design in Home Funishings）的展览，查尔斯·伊姆斯和埃罗·沙里宁合作设计的椅子系列获得了头奖。这些椅子开发了成型胶合板的先进技术创造了座位壳体，并且运用了一种"循环焊接"法的新工序，使得木材能够与橡皮、玻璃和金属连接。

伊姆斯在他的设计中不断地探索运用新的材料，如胶合板、玻璃、纤维材料以及钢条、塑料等，设计出了不同形式的胶合板热压成型的家具。简单、朴素、方便适用的特性被大众所接受，成为了平民化、大众化廉价椅子的代表（图 3 - 31、图 3 - 32）。

1945 年，伊姆斯设计了一把无扶手胶合板椅，由一镀铬钢架支撑。椅背及座面由胡桃木胶合板制作，压成微妙的曲面形，椅子呈现出一种有力、稳定和精巧的造型，为美国最大的家具公司——米勒公司买断其制造权，之后这把椅子成为了国际范围内标准的办公椅。

1947 年，伊姆斯加盟了著名的米勒公司，他所采用多层夹板热压成型工艺设计的大众化廉价椅子是米勒公司在现代设计的一个重要的转折点，使得椅子的设计走向了一种轻便化、大众化新材料、新工业相结合的趋势。伊姆斯的设计将结构、功能与外形有机的结合，他的这种合乎科学和工业设计原则的特征是他与米勒公司合作的前提，使得米勒公司在市场上立于不败之地，不少作品到目前还在继续生产和流行（图 3 - 33～图 3 - 36）。

　　1949 年，伊姆斯设计了"蛋壳椅"系列。在这系列设计中，他引入当时刚发明不久的新材料作为设计的主体材料——玻璃纤维塑料。这种椅子形式模制的单件坐具与腿足的简单结合，对家具设计产生了深远的影响。

　　1950 年，伊姆斯设计了"伊姆斯储物柜"。

　　1956 年设计的休闲躺椅和长凳，堪称躺椅设计中最杰出的代表（图 3 - 37），是 20 世纪 70 年代美国设计中最杰出的代表之一，迄今为止，大多数美国机场仍在使用。底座是压铸铝制的肋状支架，座位与靠背连接，坐垫内隐藏着椅子的细部结构，坐垫内填充乙烯基塑料泡沫，两种不同材质融合在一起，很好地体现了伊姆斯设计的思想。这款座椅的设计充分展现了现代技术与传统休闲方式的结合，舒适是设计首先要考虑的因素，模制的胶合板底板加上皮革垫的组合方式非常有创意。这款 20 世纪深入人心的家具杰作因其持久的生命力被誉为"美国的莫里斯椅"。

　　在伊姆斯功能主义、理性主义的家具设计风格之外，他还设计出了一些逗趣化、人情化的产品，伊姆斯衣架是受一个名叫"提格里特企业"（Tigrett Enterprises）的家具公司委托设计，由米勒公司生产的伊姆斯衣架，英语叫作"the Eames Hang-It-All Rack"（图 3 - 38），意思是"什么都可以挂的架子"，架子的构架是白色金属，平铺在墙面上，它并不是一款普通的衣架，而是挂在墙上的架子，突出了 14 个色彩（黄色、铬黄色、蓝色、绿色、红色、浅粉红色、粉红色、紫色和黑色）。各异的枫木小球，在小球上可以挂衣服，方便简单。这款设计在当时设计风格比较严谨、纯粹地突出功能的时代下，给人眼前一亮，其大胆的风格被人们所接受，一直流行了半个多世纪。

图 3 - 34　桌子　伊姆斯　1950 年

图 3 - 35　云朵椅　伊姆斯　1948 年

图 3 - 36　有机家具　伊姆斯、沙里宁　1941 年

图 3 - 37　休闲椅　伊姆斯　1956 年

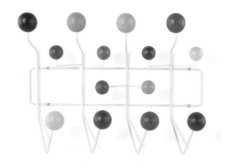

图 3 - 38　糖果衣架　伊姆斯　1953 年

38. 国际商用机器公司 IBM

图 3 - 39　IBM 标志　IBM 公司

图 3 - 40　IBM 1401 卡系统　IBM 公司

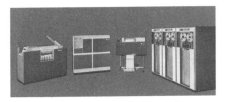

图 3 - 41　IBM 1401 磁带系统　IBM 公司

图 3 - 42　台式电脑　IBM 公司

在各大商场、超市，在购物结账时，收银员操作的以灰色为主调的收银机，通常都能够在某个地方发现"IBM"的标志（图 3 - 39）。IBM（International Business Machines Corporation）是一家国际商业机器公司或万国商业机器公司的简称。1911 年，老托马斯·沃森在美国创立了该公司，其总公司在纽约州阿蒙克市公司，它是全球最大的信息技术和业务解决方案公司。该公司创立时的主要业务为商用打字机，后转为文字处理机，再到计算机和有关的服务。

在过去的 100 多年里，全球发生了翻天覆地的变化，经济的飞速发展，科技的日新月异，各种新兴信息技术公司如雨后春笋般建立起来，而 IBM 却始终以超前的技术、出色的管理和独树一帜的产品领导者全球信息工业的发展，满足了世界范围几乎所有行业用户对信息处理的全方位需求（图 3 - 40）。

1932 年，IBM 投入 100 万美元巨资建造了第一个企业实验室，这个实验室研发的技术产品让 IBM 在整个 20 世纪 30 年代都处在领先地位。在整个经济大萧条期间，许多企业都受到了严重的损失，很多有面临甚至直接倒闭的风险，而 IBM 还继续在研发和新产品上不断地投资，这让它在同行业其他企业几乎停滞不前的时候得到了空前的发展，它的产品便理所当然的较其他所有公司的都更好、更优质。最终 IBM 拿下了独家代理罗斯福新政会计项目的合同（图 3 - 41）。

IBM 在 1935 年时的卡片统计机产品就已经占领美国市场的85.7%，IBM 凭借卡片机的疯狂销售而积累了雄厚的财力和强大的销售服务能力，这都为其在计算机领域称霸地位的确立奠定了雄厚的资金基础（图 3 - 42）。

IBM 在发展的过程中发现了中国这个极具潜力的发展市场，于是早在 20 世纪 30 年代便开始了与中国的合作。1934 年，IBM 就为北京协和医院安装了第一台商用处理器，其第一个远东地区的办公室就于 1936 年在上海设立，这为其在中国乃至整个东亚地区的布局发展奠定了基础。IBM 与中国的合作也为中国与世界之间的连接打开了新途径，1937 年，中国从 IBM 上海办公室拨出了第一个越洋电话，从此，中国与世界之间的距离缩小了。

1969 年的阿波罗号宇宙飞船代表全人类首次成功登陆月球，成为震惊世界的重大消息。1981 年的哥伦比亚号航天飞机又一次成功地飞上太空。然而在这全人类科学探索历史性成功的背后，都是凝聚了 IBM 无与伦比的智慧。所以 IBM 不仅仅是一家公司，更是推动人类向前发展的造梦工厂。

IBM 公司在小托马斯·沃森接管后,率领公司开创了计算机时代,长期领导全球计算机产业的发展,在小型机和便携机 (ThinkPad) 方面的成就最为瞩目 (图 3 – 43、图 3 – 44)。IBM 创立的个人计算机 (PC) 标准,至今仍被不断地沿用和发展。此外,IBM 还在大型机、超级计算机 (主要代表有深蓝和蓝色基因,图 3 – 45)、UNIX、服务器方面领先业界。

图 3 – 43　计算机　IBM 公司

IBM 强大的软件部 (Software Group) 曾开发了五大软件品牌,包括 Lotus,WebSphere,DB2,Rational 和 Tivoli,无论在哪一方面都占据了软件界的领导地位,更是该领域其他公司最强有力的竞争者。直到 1999 年以后,IBM 软件部的总体规模才被微软公司超过,但截至目前,IBM 软件部仍位居世界第二大软件实体的地位。

创新发明需要专利的保护,而将这一条件运用到极致的当属 IBM,因为自 1993 年起,它便是世界上拥有专利最多的公司。IBM 在材料、化学、物理等科学领域有着极深的造诣。在 IBM 的研究院曾产生了诸如硬盘技术、扫描隧道显微镜 (STM)、铜布线技术以及原子蚀刻技术等世界高端技术。所以当 2002 年,IBM 的研发人员累计荣获了 22358 项专利时,我们便只能叹为观止,也为之臣服。IBM 在这一年获得的专利数量远远地超过了 IT 界排名前十一的美国企业所获得的专利的总和。

图 3 – 44　IBMX3100 M4 服务器　IBM 公司

IBM 的成功,除了其拥有庞大的技术人才做后盾之外,还应归功于其领导者对市场的敏锐洞察和合理把握,在面临一次次金融危机的威胁时,仍能保持收益的稳定上升。因此,IBM 被称为企业界的常青树。

2009 年,IBM 提出了"智慧的地球""智慧城市"的愿景。而如今,IBM 的创新解决方案在智慧能源、智慧交通、智慧医疗、智慧零售、智慧能源和智慧水资源等政府、企业、民众所关心的重要领域已经全面开花。

图 3 – 45　蓝色基因计划　IBM 公司　2009 年

作为全球信息产业的领袖企业,IBM 在中国改革开放的每一个阶段都以前瞻的思想、创新的技术、深刻的商业理解和诚信的服务积极地支持了中国各行各业的飞速成长。目前,IBM 拥有全球雇员 40 多万人,业务也已遍及 160 多个国家和地区,继续稳坐它在信息产业领域中龙头老大的地位,创造着一个又一个传奇 (图 3 – 46)。

图 3 – 46　人工智能电脑　IBM 公司

39.国际主义风格

图 3 - 47　CE251 调谐器　迪特·拉姆斯　1969 年

图 3 - 48　布劳恩公司产品

图 3 - 49　Hi-Fi 音频单元　迪特·拉姆斯

图 3 - 50　百灵 L60-4　1962 年

第二次世界大战之前在欧洲发展的现代主义，由于法西斯的迫害而迁移到美国继续发展，一大批现代主义设计大师，如格罗佩斯、密斯·凡·德·罗、马谢·布鲁尔等人也都来到美国，最终将兴起于欧洲的现代主义设计发展成为战后的国际主义风格（International Look）。到 20 世纪 60 ~ 70 年代，这种风格广泛流行，影响了世界各国的建筑设计、室内设计、产品设计和平面设计（图 3 - 47 ~ 图 3 - 50）。

在美国的发展，让现代主义设计产生了与在欧洲时期质的转变，在欧洲时期的现代主义设计是由知识分子发起的具有强烈社会主义和民主主义色彩的理想主义运动。无论是强调功能，反对讨论风格或形式的格罗佩斯，还是讲求以简单明确的设计来体现美感的密斯，都是以目的性和功能性为首进行设计的。虽然他们的这种探索充满了乌托邦式的不切实际的理想主义色彩，但是这种探索，因其具有民主主义倾向和社会主义特征而显现出了它的进步性。他们以功能为大众服务的目标，形式为结果的设计初衷实为可贵。而到了美国，现代主义的服务对象却没有了立足的基点。战后美国经济发展迅速，阶级结构也随之发生很大的变化，收入殷实的中产阶级成为美国的核心构成。于是，反对精英设计、强调为低收入人群服务的欧式设计原则在美国被颠覆了。

国际主义风格首先发生在建筑领域，随后影响到室内设计、产品设计以及平面设计等诸多领域，在 20 世纪 50 ~ 70 年代风靡世界，成为当时的主流风格。

密斯·凡·德·罗早期提出的"少即是多"原则，在美国得到大企业、政府的追捧，最后甚至趋向于极端，发展到了一种为了形式的单纯性放弃某些功能要求的程度。格罗佩斯曾经为迪索时期包豪斯校舍设计的钢筋混凝土风格以及他和密斯创立的玻璃幕墙结构成为国际主义建筑的标准面貌。而经美国的发展，形式已经超越了功能，成为设计的首要目的，背叛了现代主义设计的基本原则，现代主义设计成为了资本主义企业形象和符号，而这就是国际主义的核心。

美国建筑设计师飞利浦·约翰逊是这场兴起于美国的国际主义风格的代表人物之一。他在 1932 年与亨利·希区柯克（Henry kussel Hitchcock）主编出版了《国际主义风格：1922 年以来的建筑》一书，推动了国际主义风格在美国乃至世界的发展。

1958 年，约翰逊和密斯·凡·德·罗在纽约设计的西格莱姆大厦（图

3－51），奠定了国际主义建筑风格的形式基础，成为建筑史上的国际主义里程碑。西格莱姆大厦是世界上第一座玻璃盒子式的高层建筑，这座建筑没有任何外部装饰，室内设计也是坚持减少主义原则。单纯的黑白色调以及简单的几何形式，很好地显示出国际主义风格追求形式简单、反装饰性、高度理性化以及为了形式而形式的形式主义追求。

美国作家汤姆·沃尔夫（Tom Wolfe）在他的著作《从包豪斯到我们的房子》（*From Bauhaus to Ours House*）中曾愤怒地说道：密斯·凡·德·罗的"少即是多"的减少主义原则改变了世界大都会2/3的天际线。纵观世界大城市的建筑，我们便可知道沃尔夫的愤怒并不夸张，从纽约到东京，从布宜诺斯艾利斯到法兰克福，到处都是玻璃幕墙建筑，钢骨家具。国际主义设计风格就像病毒一样在西方国家蔓延（图3－52）。

此外，意大利设计师吉奥·庞帝在米兰设计的佩莱利大厦也成为国际主义风格的建筑典范。

在工业产品设计方面，当时出现了前文提到的德国乌尔姆设计学院和布劳恩设计公司，他们发展出一套完整的系统的设计体系，形成了以设计师拉姆斯为代表的西德新理性主义设计，其中减少主义形式、高度理性化、系统化等设计特点同密斯的建筑风格如出一辙，并直接影响了欧美以及日本等国的产品设计风格。

对于国际主义风格的这种发展结果，评论界争论很大，一部分人认为这是现代主义设计发展的新高度，是形式发展的必然趋势；另一部分人则认为，这是现代主义的倒退，违背了功能第一的基本原则，用功能主义的形式包裹的非功能主义，是形式主义内容的伎俩。但客观地说，国际主义设计风格在一定时期内确实征服了世界，成为战后世界设计的主导风格。当然，一味地追求形式，连简单的功能需求都没能得到满足，同时漠视使用者的心理需求，也最终导致国际主义风格的衰退。

图3－51　西格莱姆大厦　密斯与菲利普·约翰逊
1954～1958年

图3－52　湖滨公寓　密斯　1948～1951年

40. 北欧设计

图 3 - 53 BeoSound5 数字媒体播放器 B&O 公司

图 3 - 54 组合音响 B&O 公司

图 3 - 55 移动式空压机 阿特拉斯·柯普柯

说到北欧，我们很自然地就会想到地处北极圈附近的瑞典、挪威、芬兰、丹麦、冰岛这几个国家。这里地理位置特殊，三面被海洋包围，形成一块较为独立的空间。因靠近北极圈，所以这里气候寒冷，但却有着茂密的森林和辽阔的水域，为他们提供了丰富的资源。空间的独立加上充足的资源，让北欧逐渐形成了其特有的社会文化。

北欧人的生活总给我们一种节奏很缓慢的感觉，北欧人口密度低，社会相对稳定，他们有着坚实的农业和手工业传统，社会文化的发展虽受欧洲大环境的影响，但是又保持了自己的特点。他们的设计有着欧洲注重功能、追求理性的特点，同时又个性突出、简洁明了、经济环保。他们的设计理念在人们崇尚自然的当今社会备受世界瞩目。

纵观近代设计史，北欧设计则跻身世界前列，对世界设计领域的发展起着无可替代的作用。自 20 世纪 40 ～ 50 年代开始，北欧设计得到了飞速发展。而这发展与政府对设计的重视和扶持是分不开的。

1900 年，瑞典成立了瑞典设计协会。设计协会在当时不仅仅是一个官方机构，还专门从事工业设计国民教育，解决工业设计师与厂商之间合作与联系的问题，而且鼓励当时的一些大企业，如陶瓷企业 Gustavsberg 和 Rorstand，以及玻璃企业 Orrefors 等设计人员都参加了协会组织的活动。企业的有效参与让设计协会能够及时掌握和了解设计、生产、市场之间的情况，以便通过政府的及时干预，协调好设计与企业、产品、市场、消费者的关系。

丹麦政府在第二次世界大战后成立了丹麦家具生产者质量管理委员会，专门负责管理丹麦家具的产品质量并订立标准，并对新产品进行抽样质量检验。与此同时，丹麦还成立了丹麦手工业与工业设计协会，该协会的测试中心对所有丹麦的工业产品进行严格的破坏性质检测，以保证丹麦所有产品的高质量，从而在国际上树立起"优质产品"的形象。

在第二次世界大战前，设计就相当发达的芬兰，战后得到迅速恢复和发展，这要得益于战后芬兰成立的一系列与工业设计有关的机构，诸如芬兰工业设计师协会、芬兰对外贸易协会、芬兰手工艺与设计协会等，这些机构从组织宣传、质检、标准化等方面对芬兰工业设计起到了促进和推动的作用。再加上功能主义的原则与严格控制的设计风格上的典雅与人情味，很快使其成为世界工业设计的重要国家（图3－53、图3－54）。

总之，第二次世界大战以后，北欧国家政府对技术，尤其是工业设计的重视、引导与投入，是这些国家设计事业恢复和最终形成地区、民族风格特征的前提条件。因这些国家的具体条件不尽相同，在设计上也有所差异，形成了"瑞典现代风格""丹麦现代风格"等流派（图 3 - 55）。

例如，在木制家具中，全世界首推丹麦设计，丹麦设计的精髓是以人为本。即使是一把椅子，丹麦的设计也要在追求造型美的同时，注重它的曲线与人体接触时完美的吻合（图 3 - 56）。瑞典风格十分注重工艺性与大众化，其设计更追求便于叠放的层叠式结构。而芬兰设计师则追求将山水的大自然灵性融入室内，使其拥有一种源自自然的艺术智慧与灵感。马姆斯登和马特逊是瑞典现代设计师的代表人物，他们对第二次世界大战后设计的发展产生重要影响。他们的家具设计思想引领了瑞典居家环境轻巧而富于人情味的潮流，成为家庭成员度过漫长而寒冷冬季的心理依托。进入 20 世纪 60 年代，芬兰人渐渐将设计风格沉淀为平实、实用，与生活密切结合，逐渐形成芬兰室内设计的现代特色。

但总体来说，北欧国家的设计风格有着强烈的共性，它体现了北欧国家多样化的文化、政治、语言、传统的融合以及对于形式和装饰的克制，对于传统的尊重，在形式与功能上的一致，对于自然材料的欣赏等。

在 1900 年巴黎国际博览会上，北欧设计就引起了人们的注意，同时也标志着北欧设计开始参与国际性竞争。在 1925 年的巴黎国际博览会中，瑞典玻璃制品取得了极大的成功。丹麦的工业设计师汉宁森设计的照明灯具在博览会上大获好评，被认为是该届博览会上唯一堪与柯布西埃的"新精神馆"相媲美的优秀作品，体现了北欧工业设计的特色，并获得了金牌。

北欧风格是一种现代风格，它将现代主义设计思想与传统的设计文化相结合，既注意产品的实用功能，又强调设计中的人文因素，避免过于刻板和严酷的几何形式，从而产生了一种富于"人情味"的现代美学，在世界设计史上独树一帜（图 3 - 57、图 3 - 58）。

图 3 - 56　中国椅系列之一

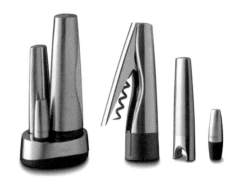

图 3 - 57　北欧设计

图 3 - 58　北欧设计

41. 阿尔瓦·阿图

图 3 - 59　第 26 号扶手椅　阿图　1932 年

图 3 - 60　第 42 号扶手椅　阿图　1932 年

图 3 - 61　第 43 号躺椅椅　阿图　1943 年

图 3 - 62　第 400 号扶手椅　阿图　1936 年

　　现代主义建筑的奠基人之一，芬兰杰出的设计家阿尔瓦·阿图 (Alvar Aalto, 1898—1976)，是芬兰的重要建筑大师，他与沃尔特·格罗佩斯、米斯·凡德洛、勒·科布西耶等大师一样，是现代主义设计的重要奠基人。他代表了与典型的现代主义、国际主义风格不同的方向，在强调功能、民主化的同时，探索一条更加具有人文色彩、更加重视人的心理需求满足的设计方向，是人情化建筑理论的倡导者，成功地利用了有机材料和形态赋予现代主义设计以人性化的色彩，奠定了现代斯堪的纳维亚设计风格的理论基础，影响世界的设计发展，是当代最为重要的设计人物之一。

　　阿图 1898 年 2 月 3 日出生于芬兰的库奥尔塔内小镇 (Kuortane)，1916 ~ 1921 年在赫尔辛基工业专科学校建筑学专业 (Helsingin Teknilien Korkeakoulu, Helsinki) 学习。对于现代主义的风格形成具有很重要的影响作用。他对于包豪斯、国际主义风格冷漠、理性的风格进行了人情化的改良，他的人情化设计概念对以后的设计师都有很重要的研究价值。

　　他的设计在充满理性，强调功能、民主化的前提下，更加偏重简洁实用的设计，不仅满足了工业现代化大生产的要求，又继承了传统手工艺典雅精致的特点。他强调人文主义色彩，重视人的心理需求，认为建筑应该是具有真正的人情味。而这种人情风格不是标准化的、庸俗化的，而是真实的、感人的。他被设计界称为是"人文主义者"。

　　为了使他的设计具有人情味道，他早在 20 世纪 30 年代就开始在自己的设计当中加入这一设计理念。大量采用自然材料，采用有机的形态，改变照明设计，利用大天窗达到自然光线的效果等，都是这种探索的结果。他一方面承认现代技术的进步性，认为现代的技术可以提高生活的舒适度，但是另一方面，他也依然崇拜天然的材料和有机的形态。广泛采用现代材料，比如钢管、水泥、平板玻璃等，也广泛采用自然材料，如木材等，讲究装饰性地使用结构部分，讲究材料所传达的人情味，他还广泛采用有机外形，从而改变了德国现代主义的单调、非人情化的风格，建立起既是现代的、又是民族的新有机功能主义风格（图 3 - 59 ~ 图 3 - 62）。

　　1921 年毕业于赫尔辛基理工学院，1922 年开设建筑事务所。1924 年与合作伙伴建筑师阿伊努·普拉索结婚并一起建立了阿尔特克（Artek）公司。毕业之后的十年时间，阿尔瓦·阿图就已经成为了芬兰非常重要的建筑设计师，他的成功主要来源于他设计的弯曲木家具和几个早期的功能主义建筑设计。他最早的建筑作品是维堡图书馆(the viipure Library,1927～1935,1943 年被毁)和佩米奥疗养院。与此同时，也为该疗养院设计了许多的经典家具（图 3 − 63）。

佩米奥椅是他弯曲木家具中最经典一款设计，整款座椅是桦木木材制作而成，椅座和椅背是由一块完整的桦木胶合板弯曲而成，用特殊的机械先将木材单板胶合在一起，然后热压成事先设计好的形状，并且在每一层之间都添加了交叉方向排列的微小颗粒来增加强度和耐久性。其新颖独特的造型几乎没有借鉴任何的设计风格，其优美的造型与著名设计师马歇尔·布劳尔的钢管椅有着异曲同工之处。20 世纪 30 年代，阿尔瓦·阿图又设计了一系列的胶合板椅子、矮凳、茶几、桌子。阿图对于设计有自己独特的看法。他的作品具有轻松感、流畅感、剧烈、耐性，这些设计都延续着之前佩米奥椅的设计风格。其中最负盛名的作品之一就是第 60 号可叠放的凳子（图 3 − 64）。这件产品简洁实用，在市场上取得了巨大的成功，由阿泰克公司生产销售，一直到今天还可以在商场里见到。还有 1937 年设计的"第 39 号扶手椅"是由桦木胶合板弯曲而成，这件家具是阿尔瓦·阿图专门为参加 1937 年巴黎世界博览会的芬兰馆设计的。同时他的"茶餐车"在设计史上也有很深的影响（图 3 − 65）。

阿尔瓦·阿图除了设计建筑、家具之外，还设计了大量纺织品和玻璃器皿，其中最著名的就是"甘蓝叶"花瓶（图 3 − 66），这款设计是 1937 年参加巴黎博览会展出时脱颖而出，阿图将他的参赛作品称为"爱斯基摩妇女的皮裤"。其设计灵感来源于芬兰优美独特的地理环境和自然景观。芬兰湖泊的边缘的造型，水流撞击平静水面所产生的动态变化，这些都是阿图灵感的源泉。他把大自然中的事物作为设计元素，充分体现了曲线美，让人感觉到湖水在流动，玻璃材质的透明度雷同于水的透明度，这件花瓶是设计师在现代主义设计的背景下完成的，挣脱了现代主义设计中强烈的几何形体感，贴近自然，充分展现了阿图在对现代主义风格修正过程中的贡献。

阿图的作品具有很强的生命力，时至今日，在芬兰的众多公共机构中都可以看到大师的杰作。

图 3 − 63　吊灯 A331　阿图　1953 年

图 3 − 64　凳子 60　阿图　1933 年

图 3 − 65　茶餐车　阿图　1936 年

图 3 − 66　花瓶　阿图　1936 年

42．卡尔·马姆斯登

图 3 - 67　靠椅　马姆斯登

图 3 - 68　安乐椅　马姆斯登　1961 年

图 3 - 69　扶手椅　马姆斯登

卡尔·马姆斯登（Carl Malmsten，1888—1972）是瑞典 20 世纪一位重要的家具设计师，1908 年前在帕尔曼斯手工艺学校和斯德哥尔摩大学学习。1910～1912 年，马姆斯登跟家具师佩尔·荣松（Per Jonsson）当学徒，1912～1915 年学习建筑和手工艺。1916 年马姆斯登在斯德哥尔摩建立了自己的工作室，并开始以一个自由家具和室内设计师的身份进行设计。同一年，他在斯德哥尔摩市政厅家具设计竞赛中荣获一等奖和二等奖。接下来的几年里，他的家具设计作品在斯德哥尔摩艺术沙龙的展览会上展出。

20 世纪 30 年代，是瑞典形成自己独特设计风格的关键时期。战后功能主义在北欧盛行，但并非北欧地区的设计师们都接受这种纯粹德国式的功能主义。马姆斯登便是当时极力反对功能主义的设计师之一。他想让自己的家具设计能够带来温暖舒适的感觉，而不仅仅是功能。在他看来，感受美丽是人类的权利，而纯粹的功能主义却要剥夺这种权利，所以他要通过自己的设计为此抗争。

马姆斯登研究了画家卡尔·拉森（Carl Larsso）的很多画作。卡尔·拉森的画多是描绘当时瑞典居家生活，马姆斯登以此为灵感，根植于瑞典文化，运用有机线条，设计出舒适且美好的家具作品。由此，他也开创了一种新的设计方法，实现了瑞典手工艺传统、个性化和功能主义间的平衡，他与当时的布鲁诺·马特逊（Bruno Mathsson）、约瑟夫·弗兰克（Josef Frank）等著名设计师共同开启了真正属于瑞典的设计风格，柔性功能主义。为此，马姆斯登也获得了"瑞典现代家具设计之父"的称号。

马姆斯登一生都投入到家具和手工业中，即使在马姆斯登于 1972 年去世后，仍有 10000 多张设计原稿未曾实现，他对瑞典设计的影响至今仍在继续。"我们仍旧在生产马姆斯登的设计，但我们会与来自 Carl Malmsten Furniture Studies 和 Capellagarden 这两所学校的设计师们一起完成。"马姆斯登的孙子及现任 Malmstenbutiken 品牌主席杰克·马姆斯登（Jerk Malmsten）说（图 3 - 67～图 3 - 69）。

Malmstenbutiken 便是以生产马姆斯登的设计为名的家具品牌。它仍旧延续着马姆斯登的传统，通过手工艺，将物品的功能和艺术性融进家具设计，所有的产品都在瑞典生产，由最好的手工艺人制作。"如今，在 Malmstenbutiken 的所有产品里，大约有 20% 的设计是纯手工制作，剩下的则是在瑞典的某些家具厂少量生产。"Carl

Malmsten Furniture Studies 和 Capellagarden 便是马姆斯登生前创办的两所最著名的设计学院。2000 年秋，马姆斯登 Furniture Studies 成为瑞典林雪平大学（Linkopings University）一个部门，但 Capellagarden 仍旧保持独立（图 3 – 70）。

1957 年马姆斯登在厄兰岛的一个小村庄 Vickleby 买下了一个废弃的农场。之后，他仔细地将这座农场重新装修，将其打造成一个社区，这就是 Capellagarden。对于创办这所学校的原因，马姆斯登曾说："让那些热衷于将功能和美丽融合进自己手工艺里的年轻人们能够聚集在此，这是一所全身心投入到手工和心灵的学校。"Capellagarden 很像一个社区而非学校，周围种满了各种花草，环境很幽静，设计师们上午的时候就各自上课或是制作自己的设计，到了中午大家就聚在一起吃饭聊天。

图 3 – 70 扶手椅 马姆斯登 1934 年

如今的 Capellagarden 并非 Jerk Malmsten 在打理，而是由一个非营利的基金会在管理。全世界的年轻设计师都能够申请就读这所学校。但对于这些申请，学校则是严格把关："主要看他们的作品，然后也要看他们申请这所学校的理由。"Capellagarden 的现任校长 Agneta Bolin Bjerkman 说，"对于这里的老师来说，保持学生团队的多样化是件很重要的事，这种多样化包括不同地域，不同背景和不同经历等。"Capellagarden 最为重视的教育便是要让学生真正地去了解手工艺和各种材料，这也是当初马姆斯登的理念，用他的话来说便是"hand and mind in vital collaboration"。

图 3 – 71 长椅 马姆斯登 1953 年

来这里学习更像是一场旅行，但究竟能探索多远，取决于你。Jerk Malmsten 说，在瑞典，设计师很容易便能制造一时的轰动，但问题是如何持续发展："你需要不断地发展，创造新的东西。通常来说，瑞典人很快就适应新需求和新材料了。"在他看来，年轻设计师在不断向前发展的同时，也要保持对世界的敏感："你要知道这个世界在发生什么，这很重要，但最重要的是你要有信心，倾听自己，如果你能真正表达自己，你就会是个好设计师。"

马姆斯登是瑞典现代设计师的代表人物，他在 20 世纪 30 年代为创立斯堪的纳维亚设计的哲学基础做出了很大贡献，并对第二次世界大战后设计的发展产生了重要的影响。他的家具设计思想建立了瑞典居家环境轻巧而富于人情味的格调，为家庭成员度过漫长而寒冷的冬季提供了重要的心理依托（图 3 – 71、图 3 – 72）。

图 3 – 72 办公桌 马姆斯登

图 3 — 73　休闲椅　马特逊　1933 年

布鲁诺·马特逊（Bruno Mathsson，1907—1988）是瑞典著名的设计师和建筑师。马特逊出生于瑞典南部瓦那穆城的一个木匠家庭，传到马特逊这里已经是第五代了。正是这种家庭环境，对马特逊产生了极大的影响，在马特逊后来的生活中逐步找到自己的兴趣。他的思想来源概括起来主要包括两个方面，一方面是其设计思想集合瑞典老工艺传统，将技术、艺术与生活方式在设计中完美的结合起来，使得传统工艺和现代思想相互融合。同时他的设计思想遵循功能主义的设计原理，是现代主义设计的重要体现，并讲究技术的开发与形式相结合，新技术离不开新形式，新形式需要服从功能。在第二次世界大战之前的十几年里，马特逊与其同时代的其他设计大师们共同创造了"瑞典现代主义的设计风格"，对斯堪的纳维亚地区设计风格的形成和发展产生了巨大的影响。他的设计风格被人们称之为是"瑞典现代主义的化身"。

马特逊喜欢用压弯成型的层积木来生产曲线型的家具，这种家具轻巧而富于弹性，提高了家具的舒适性，同时又便于批量生产。对于舒适性的追求也影响到了材料的选择，纤维织条和藤、竹之类自然而柔软的材料被广泛采用。

马特逊的设计利用简单而且优美的结构表现出独特的轻巧感，而材料的选择也构成独特的气质，使其设计锦上添花。他是现代家具设计师中最早引入并研究人机工程学的先驱之一。其中在椅子方面的设计更是独具匠心，他结合人体的形状追求对人体的适应。例如，他利用胶合板弯曲技术设计的外形柔美，结合人体结构和外形的椅子，成为瑞典乃至北欧家具设计的经典之作。

进入 20 世纪 30 年代，在瑞典设计界中，现代主义风潮开始兴起，北欧这片远离现代主义设计前沿阵地的净土，却丝毫没有表现出落后的痕迹，反而表现出独特的北欧设计风格。在 1930 年由当时最重要的建筑师阿斯帕隆（Gunnar Asplund）设计的斯德哥尔摩博览会馆将瑞典的现代设计引向一个高潮。1930 年布鲁诺·马特逊的部分家具作品参加了斯德哥尔摩展览会，正是在这种大环境下，新潮现代主义设计风格的风向标作用，年轻的马特逊开始以现代设计思想进行他的家具设计。马特逊从最初推出的弯曲木椅开始，以后几十年间均沿着同一条思路发展，直到今天依然很时尚并有很多可供研究之处。

马特逊很早就开始思考"坐"的真正含义，他对此也确实有着全新的见解。正如他摒弃传统的室内装潢思维，把纤维椅套作为一种

图 3 — 74　Eva 椅　马特逊　1936 年

实用又美观的材料用在坐面和靠背上。1933年马特逊推出他的第一件弯曲胶合板及编结皮革条为构件的休闲椅（图3-73），其中坐面与靠背被融合成一条连续的曲线，在一定程度上阐述了他对于"坐"的认识。在1935年，马特逊系统地阐述了自己对座椅的看法。马特逊一直坚持认为在椅子的设计中，坐得舒服是一种艺术，但是没有必要这样，而椅子的制作才应该是一种艺术形式，所以坐在一张椅子上并不是其中的艺术。马特逊认为座椅应该分成休闲椅、安乐椅和办公椅。马特逊对于弯曲木家具的设计和研究使他成为了瑞典著名的设计大师，他利用胶合弯曲技术设计的作品外形柔美，符合人体尺度设计，受到了人们的喜爱，自此以后的几十年时间里，马特逊都一直沿着这样一条思路发展，创作出了许多经典的作品，成为瑞典乃至北欧家具设计的经典，并使自己跻身成为北欧第一代家具设计大师。

图3-75 椅子 马特逊

1934年，马特逊设计的Eva椅子造型简洁柔美，模仿了人体的坐姿曲线，通过两片弯曲木胶合板构成椅子的主要框架，坐垫采用布制品，使得椅子轻便舒适而又不失时尚（图3-74）。这款椅子可以称为是功能和造型的完美结合的同时也是一件生活中的艺术品。此后，以此椅作为原型，马特逊发展了许多不同的版本，或者加上扶手和脚凳，或者对椅背进行调节，或者对织物的材料重新选择等，他的不断改进使得它更加舒适，被更多的人接受。在1936年哥德堡设计博物馆展出的马特逊设计系列作品，具有强烈的有机感，由于与以往的造型不同，立刻引起很大的注意，他的这些设计明确宣告一种有机设计的诞生（图3-75）。

第二次世界大战之后，马特逊的表现更加活跃，产生了一系列经典作品，1957年接手家族家具公司，吸引了很多国际的眼光，也赢得了瑞典设计的称号。20世纪60年代初期马特逊也开始尝试使用钢管结构，1964年他和皮特海因（Piet Hein）合作设计出一件极为优美的介于长方形及椭圆形之间的桌子命名为"超级椭圆"，这款桌子可以适合任何的场所（图3-76）。1966年设计了著名的杰森办公椅。1970年以后，马特逊的家具设计成为瑞典设计的代表。

同时马特逊也是一位知名的建筑师，是最早在设计中考虑使用地热和太阳能作为新能源的人。1945~1958年期间，马特逊将主要的精力放在了建筑设计领域，同时他还设计了建筑作品。其晚年研究人机工程学在家具设计上的应用，也对后来的设计起到了奠基作用。

图3-76 椭圆桌 马特逊 1968年

44．汉斯·瓦格纳

图 3 - 77 中国椅 瓦格纳 1944 年

图 3 - 78 孔雀椅 瓦格纳 1947 年

图 3 - 79 三角贝壳椅 瓦格纳 1964 年

汉斯·瓦格纳（Hans Wegner，1914—2007）是丹麦著名家具设计大师，在北欧家具设计史上具有重要地位。瓦格纳 1914 年出生于丹麦的欧登塞，毕业于哥本哈根工艺美术学校，他与其他丹麦家具设计师一样，是手艺高超的细木工，因而对家具的材料、质感、结构和工艺有着深入的了解。瓦格纳是一个高产设计师，生平留下了很多经典之作。

瓦格纳的家具设计与同时期的其他著名设计师一样，不仅注重手工工艺，对工艺、材质、结构比例等方面进行深入的分析，更在造型简约、结构精巧上表现突出。同时，瓦格纳的设计作品深受中国文化的影响，一生设计的众多作品中近三分之一是和中国明式家具相关的。瓦格纳的设计出于功能上和造型上的考虑，在产品结构上注重细微的曲线转折，以求保持丹麦历来设计中带有的华贵、矜持的设计风格，表现出瓦格纳设计的传统方面。

1936 年瓦格纳去哥本哈根求学，1936～1938 年在哥本哈根的工艺学校学习，1938 年毕业后受邀去雅各布森（Arne Jacobsen）和莫勒（Erik Moller）的设计工作室工作，一直工作到 1942 年。1943 年，瓦格纳在奥尔胡斯开设自己的设计工作室，此后的这段时间，瓦格纳在设计上逐步形成自己的风格和偏好。同年获得英国皇家艺术学会颁发的皇家工业设计师的荣誉，而且在他的职业生涯中，他几乎获得了颁发给设计师的所有重要头衔奖项。

瓦格纳擅长从古代传统设计中获取灵感，通过净化和升华已有的形式，进而发展出属于自己的构思，并应用到设计作品当中。瓦格纳的设计不仅尊重传统，对传统文化表现出一种继承，还喜欢在作品中追求自然的升华，表现出潮流之外的自然倾向。所以有人说他的设计是富于"人情味"的。

1944 年，瓦格纳接到委托，设计一款使用最少的材料制成的具有弯曲木效果的扶手木制椅。众所周知，丹麦国土面积小，资源贫乏，形成了人们对于节约材料的自然倾向。瓦格纳提出了很多种方案，但始终没有都不满意，据说后来看到了中国明式家具，顿时有了灵感。于是就有了 1944 年瓦格纳的代表作"维什邦椅子"，也称"中国椅"（图 3 - 77），一时名声大噪。这款设计，提取明清家具的设计细节，结合丹麦设计的本土思想，达到了很高的审美和使用要求。在此后的设计中，瓦格纳的作品，大量利用了细木工技术以及中国明清家具特点的设计，同时极大地发挥了丹麦设计对于结构和品质的要求。

瓦格纳对于英国的传统设计温莎椅尤为喜欢，很多设计师和瓦格纳一样对温莎椅感兴趣，并尝试了很多设计思路产生了很多作品，形成了庞大的"温莎椅系列"。但是瓦格纳的温莎椅构思是最具成就的，他1947年设计的"孔雀椅"，就是对温莎椅的最好诠释（图3－78）。"孔雀椅"的造型生动，具有现代感又具备传统风格，是典型的"木棍式靠背椅"，"孔雀椅"的展出，引起了公众的极大兴趣和关注。1964年，瓦格纳设计了著名的三角贝壳椅（图3－79）。

瓦格纳一生有近500种设计作品，对于瓦格纳对中国审美趣味的独特爱好，引起了很多人的兴趣，后来相关研究证实瓦格纳在设计中国椅之前，确实有很大可能受到过中国文化的熏陶。其实，18世纪后，中国文化在欧洲有过很大的传播，例如，18世纪60年代中国风在英国达到了鼎盛的状态。仔细品味中国明清家具和丹麦家具设计尤其是瓦格纳家具设计的特点，可以看出中国明清家具设计同丹麦人的设计思想有一定的共通之处。明式家具带有强烈的社会诉求同时细心到靠近生活，是现在设计也很少关注的方面。之所以明式家具受到瓦格纳的青睐，离不开明式家具所具有的现代元素，例如现代性的结构、装饰和形式美等（图3－80、图3－81）。

尽管瓦格纳在设计中为了讲究精益求精而不在意产量，但瓦格纳确实是一个高产的设计师，50年代后也推出了一系列的经典设计，例如1952年的牛角椅，1961年的公牛椅以及60年代后的PP201扶手椅、PP63扶手椅、PP68扶手椅等，这些作品无不蕴含着中国灵感。这些设计都具有独特、舒适、精巧以及自然地与周围环境融合在一体的特点。这种特点源于他对于设计细节的持续追求，瓦格纳强调全方位的设计，也是在设计细节上更愿意花时间的家具设计师（图3－82、图3－83）。瓦格纳是一个集各种荣誉于一身的设计大师，1984年他荣获丹麦女王授予骑士勋章，1995年他的艺术博物馆在托德（Tonder）开馆，他的家具也成为全世界主要的设计博物馆的收藏品，包括纽约现代艺术博物馆。

图3－80　拖肘椅子　瓦格纳

图3－81　叉骨椅　瓦格纳　1949年

图3－83　椅子　瓦格纳

图3－82　躺椅　瓦格纳

45．安恩·雅各布森

图 3－84　蚂蚁椅　雅各布森　1952 年

安恩·雅各布森 (Arne Jacobsen，1902—1971) 是丹麦著名建筑师和工业设计师，被称为丹麦国宝级设计大师，更有甚者称其为北欧的现代主义之父，同时是丹麦功能主义的倡导人，雅各布森的设计思想受到了很多设计大师的影响，例如法国现代主义设计大师柯布西耶，密斯·凡·德·罗等现代主义设计先驱。其主要成就集中在建筑设计和家具设计上，尤其是其家具设计影响巨大。其很多家具设计作品经过几十年的沉淀至今依然清新自然、极具吸引力，将自由流畅的雕刻式塑形，以及北欧斯堪的那维亚设计的传统特质加以结合，使其作品兼具质感非凡与结构完整的特色。

雅各布森在 20 世纪 50 年代设计了三款非常具有代表性的椅子，成为家具设计上的经典之作。1952 年为诺沃公司设计的"蚂蚁椅"采用蒸汽热压的方法将胶合板弯曲成一个整体的曲面的三条钢管腿支撑的胶合板椅子（图 3－84）。"蚂蚁椅"是雅各布森对现代化、工业化的家具设计语言的贡献，简洁精致，注重材料的应用和完整的结构，巧妙的功能设计与大批量生产相结合。1958 年为斯堪的纳维亚航空公司旅馆设计的"天鹅"椅（图 3－85）和"蛋壳"椅（图 3－86）。这三种椅子均是热压胶合板整体成型的，具有雕塑般的美感。"蛋壳椅"和"天鹅椅"则采用以内部浇铸的方法使外壳成为一个连续整体的新工艺制作而成，其家具设计具有强烈的雕塑形态和有机造型语言，将现代设计观念与丹麦传统风格相结合，成为"新现代主义"的主要代表人物。雅各布森对于家具设计的追求一直有着自己独特的研究和思考。其家具设计摆脱繁琐的装饰，单纯地依靠自然材料的特点，这种结合斯堪的纳维亚家具设计研究传统的设计思路，以及对采用新兴材料与新技术相结合的典范设计案例，不仅成为很多博物馆收藏的对象，更进一步奠定了他在国际上的地位。

图 3－85　天鹅椅　雅各布森　1956 年

工业革命之后，英德等国乘革命之风迅速发展，而北欧五国还处于传统的手工业时代。直到 19 世纪 70 年代左右，工业革命才逐步影响到丹麦等北欧地区。正是这种社会氛围，使北欧五国的设计在工业革命的过程中，并未出现工业化与手工艺的强烈冲突和对抗，而是处于一种和谐共处的平衡关系。这也奠定了北欧地区独具一格的现代主义风格的特点。因此，不难理解包括阿尔托、瓦格纳以及雅各布森等在内的设计大师，为何对崇尚朴实自然，忠实于自然材料的平民化风格的独特爱好了。正是这种情况，与工业革命下机械化生产所要求的产品设计简洁、经济和高效的要求相吻合。正是这种设计传统和对

图 3－86　蛋壳椅　雅各布森　1958 年

于现代设计的理解，给了雅各布森在建筑、室内、家具和工业产品设计方面取得巨大成就的机会，使他成为 20 世纪的现代设计全才和大师。雅各布森的设计不仅包括家具设计、建筑设计，还表现在建筑内部的陈设的各个方面，例如他对 "Vista" 住宅建筑进行了从内到外的整体设计，表现了功能主义和综合艺术的设计创意。雅各布森作为一位成功的工业设计师，他为丹麦著名的家具公司 Fritz Hansen 家具公司设计了一系列家具，成为市场畅销的产品，他设计的灯具、金属制品、纺织品、卫浴产品都成为丹麦产品的优良设计，分别获得1967 年、1969 年丹麦工业设计奖。

图 3 - 87　Lily 莉莉旋转扶椅　雅各布森

1967 年，雅各布森和姆布莱共同架构出柱形线 (Cylinda-Line) 不锈钢系列后，取得了巨大成功，同年获得 ID-PRIZE 奖项，而1968 年更获得国际设计大奖的殊荣，此外，雅各布森也获颁美国室内设计协会授予的荣誉国际设计奖。G 系列凳子曾经是他设计生涯的一个新的高点，后来在瑞典获得了 "the foreign prize" 奖。G 系列凳子充满了独特的个性，简洁的线条体现出宁静和谐的关系。这些椅子的设计兼顾实用与审美，又在材料和结构上表现独特，体现了斯堪的纳维亚国家即对功能的关注和人文因素关注的设计理念。

图 3 - 88　扶手椅　雅各布森

雅各布森在建筑设计上也取得了巨大的成就，他是第一位将现代主义设计观念导入丹麦的建筑师，他将丹麦的传统材料与国际风格相结合，创作了一系列建筑作品，奠定了其在北欧建筑师中的领袖地位。他晚期的代表作品是丹麦哥本哈根的第一幢摩天大楼和英国牛津大学的圣凯瑟琳学院，他在建筑设计上体现了他的一贯设计理念，即进行整体性的设计，例如，他为圣凯瑟琳学院进行的总体设计，包括专门的家具，具有麦金托什的设计风格的高靠背牛津椅，成为建筑空间中室内分隔艺术装置和雕塑作品。

图 3 - 89　旋转椅　雅各布森　1970 年

雅各布森作为 20 世纪最伟大的家具设计师和建筑设计师之一，在设计中坚持传统与现代的结合，注重材料和结构的使用，同时反映了他在专业生产上高度的、纯粹的对于细节的把握。对于雅各布森而言，他一方面坚持现代主义、完美主义，也和丹麦其他设计大师一样高度重视细节的刻画。另一方面，热爱自然和单纯的生活，将传统和现代相结合，自然在设计上表现出自然向上的追求。雅各布森于1971 年去世，却在去世后一直产生着巨大的影响，获得世界不断的认可（图 3 - 87～图 3 - 90）。

图 3 - 90　烛台　雅各布森

46．保罗·汉宁森

图 3 - 91　台灯　汉宁森　1941 年

图 3 - 92　PH 灯　汉宁森

保罗·汉宁森(Poul henningsen，1894—1967)出生于丹麦的奥德拉普，曾就读于哥本哈根技术学校和丹麦的科技学院，1920 年成为哥本哈根的独立建筑师。汉宁森一生涉及的领域很宽，他甚至曾为多家报纸和期刊撰写文章，为歌剧院编写滑稽剧，创作诗歌。他被誉为丹麦最杰出的设计理论家，同时也是丹麦历史上最著名的设计师之一。

汉宁森在他三岁的时候就拥有了一个自己的木制工作台，这件儿时玩具对他产生了巨大的影响。正如一些评论家所说：正是由于这件礼物的出现，为下世纪的丹麦文化培养了一位天才艺术家。虽有些夸张，但这种影响确是无可厚非的。汉宁森是世界上第一位强调科学、人性化照明的设计师，早在 20 世纪 20 年代就提出了要提供一种无眩光的光线，并创造出舒适的氛围（图 3 - 91）。其 PH 系列灯具设计是对其思想的有力体现，也成为丹麦设计最主要的代表作品之一，以至于人们提到丹麦设计的时候最多想到的是汉宁森的 PH 灯（图 3 - 92）。

汉宁森提出了丹麦现代设计的原则：丹麦设计应该是为丹麦社会、经济、技术促进现代化的文化而服务的。他的主张具有明确的社会目的性和经济目的性，从而打破了现代设计早期那种精英文化的躯壳，走向市民文化方向，设计是为全民的，不是为少数权贵的。这点是丹麦设计乃至整个斯堪的纳维亚设计最突出的意识形态要点（图 3 - 93）。

汉宁森是世界上第一位强调在照明设计中讲究科学性并在设计实践中深入思考以人为中心的设计准则的设计师，从其成名作品 1925 年在巴黎国际博览会上展出的 PH 灯开始，便开始研究灯具设计的科学性因素，而且在其成名之初便开始从事专门的灯光设计领域工作，对灯光的设计有着自己独到的见解和看法。正因为如此，他成为世界上最早一批的灯光设计师之一，也是灯光设计领域的先行者，为灯光设计的科学性与人性化探索提供了范例。

"PH"灯具设计作为斯堪的纳维亚地区最具代表性的作品，体现了艺术设计的根本原则：科学与技术的完美统一。其作为与著名建筑师勒·柯布西耶的世纪性建筑"新精神馆"齐名的杰出设计作品而获得了金牌，时间过去了大半个世纪还要多，并且至今仍在国际市场上享有盛誉，真正做到了没有时间限制，也成为诠释丹麦设计"没有时间限制的风格"的最佳设计作品。

汉宁森是一位极具天赋和个性的设计师，作为灯光设计师，他辉煌的成就直到今天都对丹麦乃至整个灯具设计界有着超乎寻常的影响。在汉宁森的建筑空间照明的相关理论中，公共性和整体意识的观点贯穿始终，这样的理论形态近似于标准型的规范，形成了他的整个照明建设和灯光设计的理论基础。简单地说，就是照明应当遮住直接从光源发射的强光，进而创造出一种柔和的效果。在他的理论基础上，他成功地设计了几幢住宅、工厂和两个剧院的室内，并获得很高评价，也为汉宁森探索新的光源效果提供了基础。

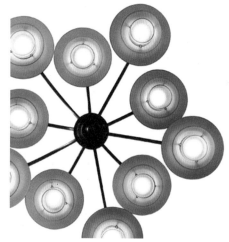

图 3 - 93　吊灯　汉宁森

汉宁森的灯具设计被认为是"反光机械"，他的设计特点集中在采用不同的形状、不同质材的反光片环绕灯泡，他一直坚持这个观点，多少年来反复地探索和设计，因此他设计的灯具往往在构思上是一致的，但是在形式上却出现了千变万化的结果。1958 年设计的著名的松果吊灯也是其经典之做（图 3 - 94）。汉宁森的这种灯具设计获得了"巴黎灯"的美誉，他的灯具设计作品几乎都遵循了"巴黎灯"的设计原则（图 3 - 95）。

汉宁森共设计了四十余款"PH"灯具，用以满足不同的照明要求。虽然这些灯具的造型各不相同，但他们都是以良好的照明和朴素优美的造型与现代室内环境相协调一致，相得益彰。"PH"灯科学地诠释"以人为本"的设计思想，而且灯罩优美典雅的造型设计，柔和而丰富的光色使整个设计洋溢出浓郁的艺术气息（图 3 - 96）。同时，其造型设计适合于用经济的材料来满足必要的功能，从而使它们有利于进行批量生产。20 世纪 50 年代后期，汉宁森开始尝试把钢管材料应用到家具中，丰富了汉宁森设计的内容，也通过表现人性化和科学性的主体，丰富了自己的设计思想。

图 3 - 94　松果吊灯　汉宁森　1958 年

科学与艺术的完美结合促进了"PH"灯具在世界范围的经久不衰，其成功充分说明了：真正好的设计是艺术与科学的联合体。艺术与科学从分离到靠近，进而实现优势互补不仅是时代的需要，同样是两个学科各自发展的需要。对于科学的理解和把握是设计师应该做到的，只有对科学的运用和对于艺术的欣赏才可以成就一名伟大的设计师。

图 3 - 95　吊灯　汉宁森　1925 年

图 3 - 96　玻璃吊灯　汉宁森

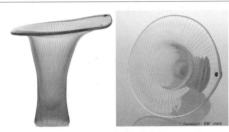

图 3-97　"坎塔瑞丽"花瓶　维卡拉　1946 年

图 3-98　桦树叶托盘碗　维卡拉

图 3-99　"PUUKO"餐刀　维卡拉

塔皮奥·维卡拉（Tapio Wirkkala，1915—1985）出生于芬兰的赫尔辛基，北欧著名的设计师，其设计表现力强，尤其是在玻璃制品上成就卓越。为芬兰设计的发展做出了巨大贡献，成为战后为芬兰现代设计赢得国际声誉的主要设计师之一。阿尔托作为现代主义设计的主要代表，对维卡拉的设计产生了影响，维卡拉的设计理念在吸收阿尔托思想的基础上，表现出了自己在设计上的独特天分。

1933～1936 年，维卡拉在赫尔辛基工艺学院学习雕塑，1947 年开始为玻璃器皿公司进行玻璃器皿的设计工作，在塔皮奥·维卡拉一系列的作品中，最著名和影响范围最广的是 1946 年设计的"坎塔瑞丽"花瓶（图 3-97），这个花瓶的造型采用流行的流动型造型，工艺是仿制蘑菇形状并用细绳蚀刻而成的。这种造型的加工难度非常大，无法进行大规模生产，经过塔皮奥的研究和改进，最终解决了技术和造型等方面的问题。

在维卡拉的系列设计中，他在 20 世纪 40 年代设计的一张桦木胶合板台面和金属腿的椅子表现了玻璃以外的和谐，而他的"LEAF"碗和通过酸蚀而成的"Lichen"碗，都是向人们证明了他在玻璃制作工艺上表现出来的独特视觉效果。

维卡拉在玻璃制品上富有雕塑般的表现力以及多样的处理方法，为芬兰手工艺传统和现代设计的拓展，提供了更为宽广的视野和发展方式。他的设计提倡自然形态的流露和坚固的美观的形式，这不仅和北欧的设计传统相关也是芬兰设计的重要特点。

维卡拉是在设计上倡导设计即是"民主"思想的重要设计师之一。芬兰工业产品设计在 1951 年和 1954 年的"米兰三年展"上的成功展出，让芬兰设计在国际舞台上更惹人注目。他在 20 世纪 50 年代初期便成为世界知名的设计师，维卡拉不仅是一位非常具有才华的艺术家，更重要的是他对于设计的态度不受规模、材料或是惯例的束缚，独树一帜。由于他的杰出表现，1961 年他成为英国皇家艺术协会的名誉会员，1964 年获得伦敦皇家设计师头衔。

维卡拉也是战后国际上最杰出的设计改革家之一，他于 1951 年设计的桦树叶形木托盘碗在木质设计上达到了一个新的高度（图 3-98）。从 20 世纪 60 年代初期，维卡拉开始工业产品的研究和设计，并于 1956 年开始为德国的制造企业罗森塔尔公司设计作品，期间设计出了大量的陶瓷制品和一些瓷器产品等，他的瓷器设计很有雕塑的感觉。

维卡拉还为阿斯科家具公司设计了桌子，他的设计中最有纪念意义的应该是为当时一家金属公司设计的餐刀（PUUKO），产生了很大的影响（图3－99）。

1954～1956年，维卡拉设计的高脚杯优雅而有特色，有着优雅的曲线和收腰，由无色的玻璃吹制而成，其中最大的特色是每一个杯子底部都有一个气泡，这类作品是有机设计的典型表现。他每年都会花费很多的时间到拉普兰岛北部感受拉普兰文化，他赫赫有名的抽象设计，无论是玻璃器皿、家具、珠宝，还是餐具，都反映了拉普兰岛动人的美丽风景和传统拉普兰文化的精髓。他的著名作品树叶形木托盘就是有机现代主义设计的典型代表。他对于设计孜孜不倦，不断追求完美，设计出了大量的优秀的玻璃制品（图3－100、图3－101）。

图3－100　玻璃花瓶　维卡拉

大约是在20世纪70年代后，他开始转向为雕塑品进行设计，但仍然保留着对于芬兰传统文化的兴趣，例如，他在1981年通过用传统的工艺采用木头螺钉链接制造的一个带有三个抽屉的柜子，其中一个是专门为他妻子设计的，剩下的两个是为他儿子和女儿设计的。他的设计作品范围很广，除了设计玻璃制品之外，还包括邮票、巨大的景观纪念碑甚至还有未来的景观城市。在他的设计作品中，不仅具有自然景观一样的震撼力，而且对于他本人似乎充满灵感。他认为设计本身不仅是提供美的外形，更重要的是要来自于生活。

对于维卡拉而言，设计就像是一种信念，不仅是对于审美和文化传统的追求，更是对于生活的热爱。他将自己对生活的热爱投入到自己的艺术创作中，并将这热爱传递给了千千万万的家庭（图3－102、图3－103）。

图3－101　器皿设计　维卡拉

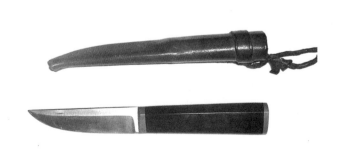

图3－102　芬兰刀　维卡拉

图3－103　玻璃花瓶　维卡拉

图 3 - 104　奥迪 A8 中的扬声器　B&O 公司

图 3 - 105　扬声器　B&O 公司

图 3 - 106　人造树脂收音机　B&O 公司

　　B&O（Bang&Olufsen）是全球知名的以生产影音设备为主的家电企业。作为丹麦最知名的企业之一，成为人们心目中可以像安徒生童话和乐高积木一样可以代表丹麦的象征。B&O 公司以高品质和新颖优质的设计著称，其产品有着自己独特的设计理念和管理原则，正是这种贯穿于企业血脉中的文化，让 B&O 公司逐步发展并为人们所熟知。

　　B&O 公司成立于 1925 年，最初是由两名年轻丹麦工程师 Peer Bang 和 Svend Olufsen 创立。B&O 公司诞生于丹麦的一个不太知名的小镇，最初只有一间非常小的工作室，至今 B&O 品牌已经成为了丹麦最有影响、最有价值的品牌之一。在公司产品线产生之初，他们就明确了公司产品的服务对象，不向廉价和低级趣味低头，以服务追求品味和质量的消费阶层为中心。

　　公司成立之后，不断研发新的产品，1934 年推出的产品是将收音机、留声机、扬声器整合于一体的名为 Hyperbo 的产品，并于 1939 年推出首台 Beolit 收音机。比较有影响力的是 1950 年 B&O 公司在霍朗举行的展览会上推出的首部电视机原型，引起了很大的反响，并使丹麦迎来了第一波的电视潮。在 1952 年进入生产阶段的第一台电视机，便是当时被喻为顶尖的影音产品的 508S（图 3 - 104、图 3 - 105）。

　　1964 年，B&O 公司在斯特鲁尔开发了首台以新晶体管技术为基础的收音机，但是最早可以表现出 B&O 公司现在独特风格的产品设计于 1967 年，是由著名设计师 Jacob Jensen 设计的 Beolab5000 立体声收音机。根据设计任务书的理解，B&O 公司给 Jensen 的设计任务是要求他"创造一种欧洲的 Hi-fi 模式，能传达出强劲、精密和可识性特征"。Jensen 创造性地设计了一种全新的线性调谐面板，其精致、简练的设计语言和方便、直观的操作方式确立了 B&O 经典的设计风格，自此之后 B&O 公司的这种风格开始广泛的体现在其后的一系列的产品设计之中。Jensen 认为："设计是一种语言，它可以为所有人所理解"（图 3 - 106）。

　　继 Beolab5000 立体声收音机取得成功之后，Beogram4000 直角唱臂唱机进一步树立了 B&O 公司在行业内的地位。该唱机首创的线性直角拾音系统，使唱针和唱纹在拾音过程中始终保持相切，正是这种类似于录音的技术，使得唱片可以达到真正的高保真的效果。此外，该产品采用扁平、流畅、简洁的设计语言，并且实现了更为方便的操作方式，进一步奠定了 B&O 公司的领导地位。

　　1991 年，B&O 公司推出了 Beosystem2500 音响系统，标志着

B&O 公司开始与通行的黑色和毫无个性的黑色盒子组合系统告别，开创了一种立式一体化系统，并且采用更活泼的色彩来迎合后工业时代高技术和高情趣的发展趋势。

B&O 这场变革的灵魂是著名工业设计师大卫·李维斯 (David Lewis)，他和他的设计小组为音响系统创造了一种革命性的新模式：音响的不同功能被整合成一体，正中雅致的玻璃门后是竖放的 CD，使人们在欣赏音乐的同时，可以看见 CD 的运动，"好听看得见！"Beosystem2500 成了 B&O 重生的标志，并使 B&O 的设计再次走到了时代的潮头。

Beosound Century 壁挂式音响系统是一款小巧、精致的全新一体化设计，它的红外线遥感装置可以探测到手的运动，并控制玻璃门的侧向启闭。Beosound9000 则把这一理念推向了极致，该机可以实现 6 碟连放，轻巧、透明的机体可以平放、竖放，也可以垂直或水平地挂在墙上。人们一边欣赏音乐，一边观赏 CD 上多彩的平面设计以及激光拾音器的精确运动。

图 3 - 107　电话　B&O 公司

同时 B&O 的电视机、电话机也一改先前的黑白灰色调，以丰富的色彩来满足消费者的个性要求（图 3 - 107）。1995 年，B&O 推出的 BeoSound9000，是外形超凡独特并内置收音机的六碟 CD 播放机，在世界各地创下了杰出的销售业绩。1997 年，为迎接新千年，B&O 推出 BeoCenterAV5，这也是整合全部音频与视频功能于一体的影音产品的第一炮。2000 年踏入新千年之际，Bang&Olufsen 庆祝公司成立 75 周年。2002 年，B&O 推出首台彻底应用全新等离子显示屏科技的平面电视机。2003 年 BeoLab5 被认为是一项声学突破。2005 年，B&O 推出全整合的 BeoVision7 液晶电视机概念。

通过设计这个有效的产品媒介，B&O 公司将自身的理念、内涵和功能表达出来。经过几十年的发展，B&O 公司在产品形态上始终沿袭质量优异、造型高雅、操作方便的一贯硬边特色，而且具有精致、简练的设计语言和方便、直观的操作方式，表现出独特的设计风格和与众不同的贵族气质。B&O 公司的产品以简洁、创新、梦幻称雄于世界并体现出一种对于品质、技术以及情趣的独特追求（图 3 - 108）。

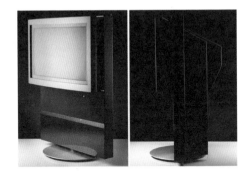

图 3 - 108　旅行车电视　B&O 公司

除了设计上的高追求，B&O 公司的产品还力求让产品与居住环境相融合，正是 B&O 公司的这种永恒追求，让 B&O 公司在人们心中享有盛誉，而且公司的很多产品被多家博物馆收藏，例如美国纽约现代艺术博物馆。

49. 米兰三年展

图 3 - 109 米兰三年展作品 1

米兰三年展是欧洲最具影响力的三大展览之一，其历史可以追溯到 20 世纪初。米兰三年展记录了意大利工业设计与艺术和建筑领域的每一次发展进步和创新，它不仅是米兰和欧洲作展示自己设计的最佳平台，也在不同的时期回答了意大利制造和设计的问题，而且作为欧洲最重要的设计展览之一，也为欧洲设计在世界上的传播和相互学习奠定了基础。

在 20 世纪 20 年代，其前身的展览便开始定期举办，在当时主要为意大利和欧洲的部分国家提供了一个展示和交流的平台，随后影响不断扩大成为世界性的展览。1933 年之前一共举办了四届展览，地址是在米兰东北的蒙扎皇宫。这座新古典皇宫建筑是由 18 世纪意大利建筑史上非常有影响的建筑师吉塞普·皮尔马里尼设计的，起初的展览两年一届，也就是"蒙扎"双年展，其展品集中在装饰和工业设计领域，这是米兰三年展的前身。1930 年，这个展览会被命名为"国际现代装饰及工艺美术三年展"，成为了聚集欧洲先锋派的一个展示的平台。

直到 1933 年，展览第一次在乔瓦尼设计建造的一座建成的新古典样式的现代风格艺术的宫殿中举行了，并迁址米兰，确定展览周期为三年，名为"米兰三年展"，并通过国际展览委员会注册认可。此后至第二次世界大战期间表现出了浓重的法西斯色彩，因此在一定程度上失去了米兰三年展应有的作用和光彩。意大利建筑师吉奥·庞帝（Gio Ponti）在 1928 年创办多姆斯（Domus）杂志，此后他极力推动米兰三年展成为意大利设计和建筑的展览平台，1933 年到 1940年间，他先后三次策划三年展，自己也曾参加三年展，吉奥·庞蒂曾为意大利的 Krupp 公司设计出了一套不锈钢扁平餐具，并在第六届的米兰三年展上展出，这一系列活动使得米兰三年展在成形之初就成长为意大利设计和建筑展览的主要阵地。在战后的日子里，米兰三年展因为使现代设计领域新的运动大放光彩而颇具盛名，也吸引了来自世界各地的设计师们锁定米兰，一探世界设计的风采，以求从新鲜的事物中索取新的设计思路和设计方法。

米兰三年展截至 2014 年年底，一共经历了 24 届。展览主题一直在变，1923 年第一届主题是迈向现代，1925 年第二届主题为超越民俗，1927 年第三届主题为极简形式，1930 年第四届主题"装饰与艺术"，一直到后来的"设计与建筑"，再到 80 年代后更多的是融合城市与社会的议题。进入 21 世纪后，三年展场馆逐渐转型成一

图 3 - 110 米兰三年展作品 2

座设计和建筑的博物馆，向公众长期开放，成为城市永久性的地标和展览平台。而米兰三年展这一名称则被保留下来，被视为米兰城市的一张名片，成为新一代设计师向往的地方（图 3 - 109 ~ 图 3 - 112）。

在"100 件米兰三年展永久收藏作品"展中，米兰三年展主席奥古斯特·莫莱罗在这个展览的前言中写道："意大利设计的首要特征在于它的形式和材料的组合方面前所未有的创新，从整体上看，意大利设计的历史主要是充满了不断的誓言，这是它被称为永久实验室的合法理由"。米兰三年展为欧洲设计推向世界做出了巨大贡献，后期也起到了展示世界优秀设计和设计思想的作用，在"1951 ~ 1954年"的三年展中，芬兰的伊塔拉玻璃制品公司展出了大量的精美器皿，几乎得到了所有参展者和参观者的赞美，奠定了芬兰设计的国际地位。意识到设计中实用加美观重要性的意大利设计师，在 1951 年的米兰三年展，不仅向世界展示了米兰开始了自己的设计运动，"艺术的生产"也同时成为了意大利设计师的新口号。1957 年，第 11 届米兰展上由雅各布森等参与设计的大会空间，其室内的照明，进一步发展了卡斯特罗尼兄弟第九届的部分设计思想。

图 3 - 111　米兰三年展作品 3

米兰三年展经过了近一个世纪的风雨历程，从意大利本土设计展发展到国际性的大型展览，它为各国优秀设计师的设计作品提供了一个很好的展示空间，同时，各国著名设计大师的参展也让米兰三年展颇具盛名，也成为了各国设计师们的朝圣地。它的存在和发展也为世界设计史添上了浓墨重彩的一笔，也奠定了其在设计史上的重要历史地位。每一次展览，世界各地的设计相关媒体都会争相报道三年展的消息，这也为米兰三年展的声名远播和民众对它的深入了解起到了重要作用。

米兰三年展的核心以设计和建筑为中心，而且在建筑设计展上的参展作者很多都是普利兹克奖获得者，这也是米兰三年展的一个重要特点。曾参加过米兰三年展的建筑设计大师很多，吉奥·庞蒂、弗兰克·盖里、让·努维尔、日本设计师安藤忠雄等。随着我国设计产业的发展，越来越受到世界的关注，米兰三年展也越来越多的展现中国设计的身影，近年来与中国设计相关的展厅一直就备受关注，这是中国设计走向设计的开始。

图 3 - 112　米兰三年展作品 4

50. 吉奥·庞蒂

图 3 - 113　长腿椅　庞蒂

图 3 - 114　椅子　庞蒂　1951 年

图 3 - 115　餐具设计　庞蒂

吉奥·庞蒂（Gio Ponti，1891—1979）出生于意大利米兰，是意大利伟大的现代主义设计大师，也是国际主义设计风格的代表人物之一。

庞蒂憎恨繁琐，倡导"艺术的生产"，使"实用加美观"成为意大利设计的主导原则。他的设计内容包罗万象，既包括公共建筑、室内装潢，也包括家具、陶瓷、灯具、金属及玻璃制品等（图 3 - 113、图 3 - 114）。他还创办了著名的设计杂志《多姆斯》和《风格》，发起组织了意大利蒙扎设计双年展和米兰设计三年展。庞蒂的设计思想影响了与他同时代的和年轻一代的设计师们，也极大地推动了意大利现代设计风格的形象，意大利的现代设计运动与他有不解之缘，他同时又是形成意大利设计路线的重要领导之一。

1918 ~ 1921 年，庞蒂在米兰的工艺学校学习建筑，并接受了系统的建筑教育。尽管庞蒂接受的是建筑教育，但是他设计的项目非常广泛，范围包括建筑、室内设计、家具、工业产品等，他的作品常常具有实用的、完美造型，尤其是在陶瓷、玻璃以及家具和金属制品上表现明显，以至于这些优秀的设计作品中的一部分在 20 世纪 80 年代又重新投入生产。他从毕业就作为意大利一家陶瓷厂家的艺术总监，展示了非凡的才能，今天看他为厂家设计的陶瓷制品，特别是这些产品上绘制的陶瓷画，其个人风格之明确和画风所具有的独创性，就像我们欣赏希腊的瓶画一样，可以获得美的享受。他在多西亚瓷器的基础上，在 1923 ~ 1930 年间为这个公司设计了多种产品。

庞蒂可谓是一个真正的文艺复兴式的人物，他对古典的具有神话色彩的雕刻用一种崭新的现代精神来重新创作，他的这些丰富的装饰产品在 1925 年的巴黎展览上获得了大奖。

1928 年创办《多姆斯》杂志，被作为宣传现代设计的阵地。《多姆斯》是对意大利设计影响最大的杂志，成为意大利介绍国外优秀设计以及向外国同行介绍意大利设计的重要窗口，一直到今天，《多姆斯》都是意大利设计最重要的论坛，为世界设计的交流和信息的传播起到了很大的作用。1940 年，他创办了另一本新的杂志《阶梯》，作为一本艺术和文化的大众杂志，它以设计类文章为特色。庞蒂在担任《多姆斯》杂志主编的时候，主要提倡现代设计的新语言，这种新语言并不仅仅来自建筑。而且他还是一个设计理论家，还长期担任米兰理工学院的教学工作。

庞蒂曾声明"我们的'好生活'"的理想和我们的住房以及生

活方式所表达的品位和思想上所达到的程度都是相同的。这一声明反映了1946～1950年的意大利的设计意识形态发生了很大变化，也反映了当时政治气候的变化，这些变化也对以后的设计产生了深刻的影响。庞蒂一路伴随意大利设计的成长，对意大利设计的发展进步起到了关键性的作用，庞蒂一生做了很多革命性的工作，《多姆斯》杂志的创办、米兰三年展的兴盛甚至意大利设计在世界范围的传播，里面都有庞蒂的辛苦。

庞蒂是一个高产的设计师，他不仅组织米兰三年展，还多次参展。在1930年第四届米兰三年展上，他为Fontana Arte设计了一张大桌子，带有黑色的水晶的桌面和被切割的水晶桌腿。在1936年第六届米兰三年展上，他重新再现了他自己家的室内，并把它描述为"一个说明性的住宅"，显示了他工作的许多不同方面都是那么成功地结合在一起（图3－115～图3－117）。

1949年，庞蒂为拉·帕尼沃公司设计蒸汽加压咖啡机。20世纪50年代，庞蒂设计的黑檀色的梯背椅是当时乡村椅子的一个现代版本，木制的框架和灯芯草座面属于过去的东西，但是那尖锐角状的靠背以及锥形的椅子腿显示出当时庞蒂对他工作的那个时期的审美观。

庞蒂最有代表性的产品设计则是在1957年设计，至今仍在生产和使用的"超轻椅"（Superleggera）（图3－118）。该椅子的最大特色是轻，总重量还不到1.7千克。可以说是第二次世界大战后设计的优秀代表作品。"超轻椅"是意大利设计经典，也是战后意大利家具设计的经典之作。这是基于家庭用"奇维利椅"的样式而设计的，由硬木和藤条编织的坐垫组成，在1957年获得了"金圆规"奖。

庞蒂在建筑设计上的杰作是1956年与纳尔维等合作设计的高层建筑皮瑞丽大厦，这个设计被称为与密斯的西格莱姆大厦具有同样重要意义的现代主义里程碑式的建筑。憎恨繁琐的吉奥·庞蒂的设计思想也极大地影响了意大利现代设计风格的形成，同时也给后来的设计师的成长带来了很多积极影响。

庞蒂从20世纪20年代开始到70年代为止，以米兰为据点在极其广泛的范围成为活跃的建筑家、设计师、画家和编辑家，被称为"意大利现代主义设计之父"，由于他精力旺盛的创作活动，得以让我们享受到众多的珍贵遗产。

图3－116　洁具　庞蒂　1953～1954年

图3－117　带瓶塞的瓶子　庞蒂　1949年

图3－118　超轻椅　庞蒂　1957年

图 3－119　2+7 电话机　尼佐里　1958 年

图 3－120　计算器 MC 24　尼佐里　1956 年

图 3－121　打字机　尼佐里

　　意大利的设计与其他欧美国家相比，永远显得那么特立独行，它对于本民族文化的体现以及与众不同的设计哲学，让意大利设计如一朵奇葩，在设计史上耀眼夺目。

　　意大利的工业产品设计之所以可以在第二次世界大战后的一段时期内就很快的奠定了自己的设计地位，是离不开意大利第一代设计师的努力的，正是他们的努力才使得意大利的工业产品具有世界最高水平。马赛罗·尼佐里 (Macello Nizzoli, 1887—1969) 和意大利的其他多数设计大师一样，没有接受过正规的工业设计教育，都是在设计发展大潮中从建筑设计转入产品设计的。

　　尼佐里作为意大利的第一代设计师，和美国的工业设计师一样，设计范围广泛，大到建筑规划设计，小到生活产品设计，无所不能。作为是意大利著名的艺术家，建筑师、工业和平面设计师，尼佐里一生中创作了很多经典的作品，在商业化的背景下，也为市场推出了很多优秀的产品（图 3－119～图 3－121）。

　　尼佐里出生于 1887 年，于 1913 年从帕尔玛美术学院毕业，从毕业到第一次世界大战爆发的这段时间里，他在米兰做一名平面设计师。马赛罗·尼佐里在上学期间学习过建筑学、材料学、平面设计、绘画等课程，1910 年左右他在自己的学习之余开始进行设计的实践，来拓宽自己的技术和视野，并注重培养自己的兴趣。在设计界由于经验丰富而广受称赞，成为他人生的众多荣誉之一。

　　尼佐里后来受到未来主义思想的影响，尤其受福尔图纳托·德佩罗的影响，对于他的思想的形成起到了至关重要的作用。他设计的风格是多种多样的。装饰风格、立体画派、新古典主义风格均有所涉及。他所信奉的信仰是实践出真知，在实践中获取更新的知识。

　　在尼佐里参加的众多展览中，每一次他的展览面前都会聚集众多的观众。在尼佐里的平面设计作品中更容易看到他的思想起源，20 世纪 20 年代，马赛罗·尼佐里的第一个作品是为纺织品做的插图设计和为米兰的时装杂志做的插图设计，在他的作品里体现出的几何造型，具有抽象、生动以及简洁的特点，可以看出他的作品中的装饰风格和意大利未来主义画家的深刻影响。后来的 1925 年和 1927 年的招贴画，不再是装饰风格，而是体现出对新古典主义的强烈兴趣。而且在 1925～1926 年间，尼佐里为堪培利公司设计的两幅招贴海报又汲取了当时立体派风格的元素。

　　1930 年，尼佐里对在建筑和设计方面受法国和德国现代主义运

动影响的意大利 "理性主义运动"很感兴趣，与发起人在米兰一起设计了很多作品，作品后来都曾在"米兰三年展"上出现，并得到了很好的反响。同时他也是奥利维蒂公司最重要的设计师之一，有一次尼佐里受到奥利维蒂办公用具制造公司阿得里安诺·奥利维蒂之请，设计了一个位于威尼斯的专卖店，这是一次很重要的合作。1936年，阿得里安诺·奥利维蒂聘请他是想让他为公司通过产品外观的设计来拓展企业的形象，马赛罗·尼佐里很顺利地完成了这次挑战。20世纪50年代，还为奥利维蒂公司和NECCH缝纫机公司设计了缝纫机，"LETTERA"打字机、汽油泵等。1950年为奥利维蒂公司设计了"LETTERA"便携打字机，确立了奥利维蒂公司在战后现代设计上的领先地位。它简洁的金属外壳及中性的色彩，具有典型的现代设计的功能主义特点，很快地风靡了全球，成为在国际上销量最好的产品之一（图3－122）。

图3－122 LETTERA 22打字机 尼佐里 1950年

尼佐里生平创作了很多具有影响力的设计。他设计的系列计算器summa40（1940）、elettrosumma14（1946）、divisnmna(1948)和打字机lexicon（1948），以优良结构和简单造型奠定了他在现代设计界的地位。他设计的两部缝纫机supernova（1954）和mirella(1957)更具体体现了其独特的设计哲学思想（图3－123）。

尼佐里不仅在产品设计方面表现出了优秀的才华，在平面、展示以及建筑等方面也表现突出，建筑师出身的他对整个村庄的规划设计项目显示出了他对设计的巨大掌控力，同时也体现出其设计的广泛性以及对知识和实践的领悟的广泛性。以平面招贴设计起家，经过实践,在众多平面设计中脱颖而出成为了由先锋派向立体派转型的代表，又参与产品的外观设计来提升企业的知名度，为奥利维蒂公司创造了许多设计精品，是意大利设计界对商业设计理解和把握最好的设计师之一。

意大利设计地位的确立与马塞罗·尼佐里、吉奥·庞蒂等设计师设计的产品，奥利维蒂等公司以及《多姆斯》杂志的实践和宣传是分不开的。在第二次世界大战后的一段时间里，意大利经济社会的发展是靠美国在后面的有力助推发展起来的，因此推理美国对于意大利的设计发展应该会产生巨大的影响，但是意大利设计依然保持了自己独特而鲜明的形象，被称为意大利路线，而尼佐里就为这条意大利线的奠定做出了巨大的贡献。

图3－123 MC 24 DIVISUMMA计算器 尼佐里 1956年

52. 奥利维蒂公司

图 3 - 124　情人节打字机　埃托尔·索特萨斯与佩里·金
1969 年

图 3 - 125　LETTERA 35 打字机　尼佐里　1974 年

图 3 - 126　字母 22 型便携式打字机　奥利维蒂公司
1949 年

奥利维蒂（Olivetti）是意大利著名的电子品牌，具有明确而独特的设计流程与方法，素来以设计的前卫和企业统一的视觉识别形象著称。在意大利，设计的工作被看作是精彩缤纷、嘈杂热闹而又与官僚无关的一项工作，每个人对于美的感受和设计的想法不同，因此会产生出无数的新鲜事物，看似嘈杂的设计氛围却是在寻找严肃、严谨甚至威严的设计理想。奥利维蒂公司的企业识别是世界上做的最早的公司之一 ，正是奥利维蒂公司的标识作用，极大地推动了企业识别设计的发展。

奥利维蒂公司向来以企业识别上的成功为人们所熟悉，虽然美国的可口可乐公司、福特汽车以及荷兰的飞利浦公司等在这方面做得也很成功，但它们之间却有着非常大的差别。正如基舍尔在其著作《奥利维蒂》一书中所说，奥利维蒂公司设计的一个很大的特点可以称为意大利戏剧。也是有意识的在公司内部的设计部门中制造混乱和接受混乱，而这种混乱是通过不同的角度，不同的着手点的冲击造成的。公司认为设计部门中的混乱不但没有损害反而可以很好地刺激设计师的灵感的产生。因为出现近乎混乱的各种思想的冲突，设计师们的个人看法就可以比较容易地反映过来，灵感也容易发挥出来，而不至于被德国、荷兰式的刻板的设计规范所压抑和消灭。

奥利维蒂公司的设计传统是离不开意大利的经济、社会以及文化背景的。意大利设计常常伴随着一种社会的、文化的甚至族群的目的，正如著名设计师王受之先生所说：意大利设计常常被用来解决或者企图解决社会的、政治的、艺术的、建筑的、电影的、音乐等方面的问题，或者利用这些因素的混合来找寻新的社会答案。奥利维蒂公司作为世界最大的电子、办公设备设计与生产企业之一，具有很明确的设计程序和设计规范，在实验设计阶段，奥利维蒂公司也引进了美国的批量流水线生产模式，目的是提高企业的生产效率。这一改革措施的实行，使奥利维蒂公司在 1929 年的产量比 1925 年高出了 63 个百分点，效果十分显著。此后，为了进一步提高产品的设计水准，该公司还聘用马塞罗·尼佐里、埃托尔·索特萨斯等一批优秀设计师为公司开发新产品。该公司生产的打字机曾一度成为这一时期最畅销的产品类型，为公司赢得了丰厚的商业利润。

奥利维蒂公司的现代化改革不仅是生产体系的改革，也是企业形象和产品形象的改革。公司创始人之子阿德里亚诺·奥利维蒂（Adriano Olivetti）在公司内部设立了平面设计部、建筑设计部和工业设计部这三个重要设计部门，期望能从企业形象、建筑外观和产品造型方面提高公司的整体形象。除了尼佐里外，公司还雇佣了一些来自魏玛包豪斯的德国设计人员从事产品和平面设计工作，其中较有影响力的是沙文斯基（Alexander Schawinsky），他们对奥利维蒂公司品牌形象的树立同样做出了有益的贡献。

索特萨斯可能是最早为奥利维蒂公司服务的设计师，并为其设计了著名的情人节打字机（图3－124）。但是尼佐里是为公司产品形象和设计特点做出贡献最大的产品设计师。由尼佐里在1932年设计的MP-1型打字机在设计上取得了很大的进步，其外形更加简化，操作性也显著提升。尼佐里为奥利维蒂公司的产品带来了外观上的革命性变化，他的设计思想也随着产品的畅销而受到国际设计界的广泛关注（图3－125）。

1945年，由他设计的MC-45型计算机进一步为公司奠定了讲究产品外形风格的形象基础。1940～1941年，奥利维奇公司的产品设计师尼佐里设计了一款名叫Summa的计算机，标志着该企业卓越业绩的起点。1948年，他为公司设计的Lexikon 80打字机，以其流畅的外观和一体化的曲线面板闻名于世，具有抽象雕塑般的平滑质感，成为自己设计的早期典范。1949年，尼佐里为公司设计了更为成功的"字母22型"（Lettera22），便携式打字机，机身小巧扁平、按键清晰、外形美观，获得了1954年的意大利设计"金圆规"大奖（图3－126）。后来IBM公司的打字机设计也明显受到了它的启发。1952年，纽约现代艺术博物馆举办了一场"奥利维蒂"产品设计展，引起美国和国际设计届的极大关注。奥利维蒂公司由此成为第一家被这座知名博物馆邀请并展示其优秀产品的欧洲企业（图3－127～图3－130）。

奥利维蒂公司通过稳定的经营，营造了稳定的企业发展背景，也为公司产生前卫和优秀的设计打下了基础。奥利维蒂公司的这种设计精神，不仅让公司的设计收益，也为公司在寻找新的设计方向和在设计突围中创造新的可能提供了可能性。

图3－127　TES 50155 文字处理器　埃托尔·索特萨斯　1976年

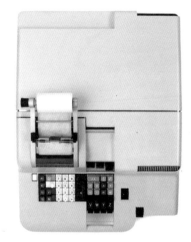

图3－128　PROGRAMMA 101 电脑　奥利维蒂公司　1965～1971年

图3－130　DIVISUMMA 18 便携式计算器　尼佐里　1973年

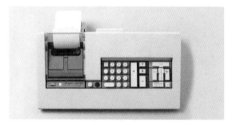

图3－129　桌面计算器　尼佐里　1974年

53. 意大利的交通工具

图 3 - 131 Darracq Italiana 罗密欧 1908 年

图 3 - 132 A.L.F.A 24 hp 罗密欧 1910 年

图 3 - 133 6C2500S 罗密欧

意大利的汽车行业的发展大致可以分为第二次世界大战前和第二次世界大战后两个时期，这绝不是简单的以事件作为分割点，期间有着国际和国内双重因素的影响。其中第二次世界大战后是意大利汽车产业发展最快的时期也是对意大利设计产生巨大影响的时期。在第二次世界大战后，意大利的汽车设计的突飞猛进的发展，在阻止日本汽车全面占领欧洲汽车市场的过程中扮演了十分关键的角色。在这之中，乌戈·扎加托（Ugo Zagato，1890—1968）、平尼法里纳、博通（Bertone）等意大利车身制造商，对本国以及其他汽车制造国的汽车文化都产生了巨大影响，成为这一时期世界汽车设计行业中的领军者。

意大利汽车产业的真正发展，大致是在 20 世纪 20 年代左右，正值墨索里尼的上台，他的上台对工业的影响有两个方面，一是大批量的生产方式。发展自己的生产机构，改进自己，在很短的时间内，便将意大利落后的产业发展为先进的结构。其中一个比较先进的代表就是菲亚特汽车公司。除了美国的生活方式外，美国的设计，特别是美国的汽车的样式设计深刻地影响着意大利的汽车样式的设计。20 年代初期，菲亚特在林戈托市效仿美国福特公司在高原市的工厂厂房设计，建立新的厂房。意大利早期的亚菲特汽车受美国这家公司的影响，并受到亨利·福特和社会哲学的影响。菲亚特 1935 年推出了 1500 型号的小汽车，这与福特 T 型车相似，汽车车身流线型，车体很小，经济适用，适合大众选购的低价位经济型款汽车。

20 世纪 30 年代，意大利的汽车设想走出一条自己独特的路线，这条路线摆脱了之前的底层大众的品味，而是走出一条豪华而具有意大利性格的高端车系列。在当时，生产高端汽车的工厂有两个：阿尔法汽车公司和兰西亚汽车公司。30 年代，兰西亚公司开始生产由平尼法里纳设计的流线型轿车，平尼法里纳车身制造公司是一个家族企业，在第二次世界大战前就已经取得了辉煌的成就。与美国相比，意大利流线型汽车的流线型设计更长，车体也更加轻盈舒展，装饰简单明了。这也正是平尼法里纳所追求的设计风格。意大利发达的汽车工业也为设计师们提供了绝好的展示机会，众多优秀的汽车设计师纷纷涌现。

1919 年，扎加托创立了自己的汽车设计公司，依照自己的姓氏来命名，他将自己在第一次世界大战期间学到的飞机制造经验，尤其是新的构造技术材料和造型方面的知识，应用到了自己的汽车设计当中。在汽车设计中，他关注跑车设计，客户包括阿尔法·罗密欧、菲亚特、兰西亚等意大利知名汽车品牌（图3－131～图3－133）。在当时所举办的诸多赛车比赛中，扎加托公司的汽车所向披靡，为公司带来了极高的声誉。他参与设计的著名车型包括1937年的阿尔法·罗密欧8C 2900B Spider Carenato（图3－134）、1938年的菲亚特1500 Spider MM以及同年的兰西亚"阿普利亚"流线型跑车（Aprilia Sport Aerodinamica）。直到今天，扎加托依然是意大利著名的车身制造公司，坚持为世界顶级汽车品牌提供优秀的跑车设计。

图3－134 2900B 跑车 罗密欧 1937年

阿尔法·罗密欧是意大利著名的轿车和跑车的制造商，创建于1910年，总部设在米兰。公司原名为阿尔法·伦巴第汽车制造厂。1916年，尼古拉·罗密欧入主该厂，并将自己的姓氏融入到车厂的名称中。从而成为今日的阿尔法·罗密欧。该公司一开始就是专门生产运动车和赛车，这些车是由意大利著名设计师设计的，有浓烈的意大利风采、优雅的造型和超群的性能，在世界车坛上一直享有很高的声誉。现在虽然是菲亚特的子公司，但仍保留它的商标。罗密欧光辉的发展历史，同时也是汽车、赛车及发动机的发展史。无论在汽车技术还是在汽车运动领域，阿尔法·罗密欧都做出了不可磨灭的贡献。

第二次世界大战后，意大利汽车工业迎来了新的发展机遇，大批量生产成为工业生产的一个重要特色，菲亚特成为主要代表。20世纪50年代以来，菲亚特设计师特·吉奥科萨在1957年重新设计了菲亚特500型诺瓦小汽车，以取代战前的500型。而且为了市场的需求，菲亚特在1955年开始设计并准备推出600型，以取代原来的500系列。此外菲亚特也有过走豪华车路线的努力，但是没有产生大的影响。相反阿尔法·罗密欧和兰西亚则以阿法尼亚为核心，生产豪华车，且在战后一直保持领先优势，并逐步在国际上引导豪华车的发展，直至今天法拉利、玛莎拉蒂等豪华车也领冠全球。在Maranello的法拉利特别车间及其周围的博洛尼亚汽车区，到处可见拥有高性能的，集美学与高科技含量于一身的设计产品（图3－135、图1－136）。

图3－135 1500 S 敞篷跑车 菲亚特 1963年

意大利的汽车设计在全球范围内有巨大影响，不仅在于在世界范围内有较大影响的大众化汽车品牌，更在于其在豪华车设计上的国际领先地位。第二次世界大战后，日本汽车在世界范围内发展迅速，迅速占领世界市场，美欧传统汽车企业，面对日本汽车的迅猛攻击，市场迅速扭转，意大利汽车是为数不多的在这场战役中保持优势并不断发展的国家之一。

图3－136 Hear 501 菲亚特 1919年

图 3 - 137　675 椅　罗宾　1952 年

图 3 - 138　西街的椅子　罗宾

图 3 - 139　聚丙烯椅　罗宾　1965 年

在英国现代设计史上，具有世界影响力的设计师很少，而英国设计师罗宾·戴（Robin Day, 1915—2010）却丝毫不逊色于欧洲其他的家具设计大师，被誉为英国家具设计之父，是英国第二次世界大战之后世界最具有影响力的家具设计师之一，对当代家具设计有着巨大的影响。

1915 年罗宾出生于英格兰的海威科姆，这是英国白金汉郡最大的城镇，也是英国生产和销售传统家具的中心。罗宾幼时在当地的艺术学院接受艺术教育，后在家具制作工厂任绘图员，这期间的工作经历为他以后从事家具设计事业打下了实践基础。经过几年的工作之后，罗宾来到伦敦，在英国最高艺术学府——皇家艺术学院学习家具和室内设计，也在这期间结识了他的妻子——从事纺织品设计的吕西安娜·康拉迪（Lucienne Conradi）。

罗宾开始形成自己的设计特色始于第二次世界大战时期的英国，战后的英国社会百废待兴，人们急需廉价的、实用的工业产品，罗宾敏锐地观察到这一需求，他利用塑料、金属、胶合板、聚丙烯等材料制作出物美价廉且实用的生活物品，极大地满足了战后人们的物资需求。1949 年，罗宾又与家具设计师克利夫·拉蒂麦（Clive Latimer）合作，参加了纽约现代艺术博物馆所举办的低成本家具设计大赛，他所设计的胶合板加铝合金框架所构成的模数储藏柜，采用新型材料，加入模数化概念，一举获得储藏类家具的一等奖，罗宾的设计开始受到世界的关注。

1951 年的英国艺术节是罗宾夫妇在英国一举成名的重要转折点，也是罗宾最为人称道的作品问世的一年。他为本土品牌 Hille 设计的现代主义胶合板椅子问世，这把椅子带有强烈的现代主义色彩，设计优美而又价格低廉，易于加工和搬运，在庆典中的每个角落你都可以看到这把胶合椅。这件作品强烈反映出罗宾的设计带有"新现代主义"的特征。

新现代主义是在现代主义由盛转衰后，对现代主义的继承、发展和完善。是对现代主义的"再加工"，也可以看作是现代主义的延伸。新现代主义依然秉持着理性主义、功能主义、减少主义方式所进行设计，继现代主义之后仍影响巨大。罗宾的新现代主义设计与包豪斯的现代主义设计有异曲同工之妙，也被世人称为"新包豪斯"设计。罗宾在家具设计中喜欢以金属和塑料为主的新型材料。他深入探索新材料如何运用才能达到既廉价又能发挥产品功能性的目的。我们可以在他所设计的作品中随处看到镀铬钢管的影子，这种材料易于加工且价格便宜，是罗宾惯用的材料。在产品形态上罗宾强调机械化和几何化，又在设计中加入人文理念，这使他的家具既拥有强烈的了工业化的特征，又与包豪斯冷静、严肃的风格区分开，包含了浓烈的人文主义的气息（图 3 - 137、图 3 - 138）。

更为人称道的是他产品低廉的价格，几乎是低成本的流水线生产的产物。当时，几乎所有设计师都喜爱设计昂贵的限量版奢侈品，而罗宾为大众服务的设计理念使罗宾从众多设计师中脱颖而出。他说："我相信设计应该让生活变得更美好"。在这一理念的指引下，罗宾致力于设计出让普通家庭能够买得起的产品。这一理念也将他与英国家具品牌 Hille 紧密联系在一起，自罗宾赢得 MOMA 设计竞赛之后，两者开始了长期的合作，直至 1982 年 Hille 转手他人。在他们长达 30 多年的合作关系中，罗宾共为 Hille 设计了超过 150 款产品。

多年之后，罗宾再次设计出可载入设计史册的作品，这就是与 Hille 合作生产的那款在邮票上可以看到的可叠放聚丙烯椅（图 3 - 139）。聚丙烯由诺贝尔化学奖获得者——意大利化学家纳塔（Giulio Natta）在 1954 年发明出来的，但罗宾使聚丙烯走下高贵的实验室，走入人们的日常生活之中并发扬光大。当时，罗宾敏锐地发现这种材料轻便、耐用，可塑性强等优点并迅速地尝试将它应用到自己的家具设计中，很快就设计出最初为红色的聚丙烯椅子。这种椅子每件售价不到 3 英镑，轻便易存放、价格低廉、功能性极强。自诞生以来，这款椅子已经在全球 40 多个国家生产和销售出了 2000 多万把，现在仍在继续生产中，由此可见一个好的设计所带来的影响是承前启后的。

聚丙烯椅的成功让罗宾对椅子的设计更加痴迷，随后设计了著名的 Poly 椅（图 3 - 140）。此外，他对于公共场所的座椅尤为着迷。1969 ~ 1973 年间，罗宾任伦敦巴比肯艺术中心（Barbican Arts Centre）的设计顾问，为艺术中心的酒吧、休息室和会议厅设计了一系列座椅（图 3 - 141、图 3 - 142）；1984 年，为英国国家医疗服务系统（NHS）的候诊室设计了用于等待的座椅。

罗宾对于设计的喜爱无与伦比，直至他 80 岁高龄仍然坚守着设计岗位。在他辞世前不久，还为意大利的家具品牌 Magis 设计了一款 Sussex 户外座椅。在 2011 年的春天，齐切斯特的 Pallant House 画廊举办了罗宾·戴夫妇的回顾展，名为 "Robin and Lucienne Day：Design and the Modern Interior"，以此纪念他们对现代设计所做出的贡献，纪念这位伟大的家具设计大师。

图 3 - 140　Poly 椅　罗宾　1976 年

图 3 - 141　办公椅　罗宾　1976 年

图 3 - 142　Polo 椅　罗宾　1972 年

55. 索尼公司

图 3 - 143　世界第一代晶体管小型录像机 pv-100
Sony 公司　1967 年

图 3 - 144　世界第一代晶体管电视机 yv8-301　Sony 公司　1864 年

图 3 - 145　便携式电视机　Sony 公司　1959 年

索尼 (Sony) 是日本最具代表性的产品品牌之一。在整个亚洲，甚至世界范围内，知名度都非常高，几乎可以是日本设计的代表。尤其对于年轻一代，索尼知名度甚高，作为日本象征之一，索尼代表了日本的科技发展、工业发展、经济发展和设计发展。

索尼公司原名为东京通信工业株式会社，成立于 1946 年 5 月，其创始人是盛田昭夫与井深大。井深大生于 1908 年，1933 年毕业于早稻田大学科学工程学院，学生时期，他就凭借自己设计的"动态霓虹灯"荣获巴黎万国博览会优秀发明奖。1946 年 5 月，他与盛田绍夫筹集 19 万日元在日本东京创立了东京通信工业株式会社，又名"东通工"。

公司由起步开始短短几年间发展势头良好，于是盛田绍夫对于公司本名开始产生意见，他认为企业名称与企业的发展不太相符，也不适合时代的发展，更加不利于人们的识记，经过大量尝试，盛田与井深创造了"SONY"一词，创造一个在字典里找不到的单词作为企业名字，被后来证实是先见之明。1958 年，他们将原有的"东京通信工业"更名为"SONY 公司"。

索尼创建初期提出的口号：永远争第一，永远不模仿他人。公司依照这种理念对于员工的选择有着苛刻的又富有人性化的五大招工标准。首先是好奇心，员工是否能够对一个新生事物的出现报以极大热情和兴趣，并且是否能对这一新鲜事物产生极大的探求心理。其次是恒心，对于疑难问题是否能够持之以恒地研究下去，反对虎头蛇尾。第三是交流性，一个产品的诞生是由公司各部门之间通力合作所产生的结果。索尼公司对于部门的划分与合作十分重视。同时，公司也非常重视新产品的研发，每年都有许多项目进行研发，但并不是每一个都可以被市场认可的，所以第四点要求员工有很好的心理素质，能接受失败，承受压力，重新再来。第五点就是乐观，为某个环节的失败放弃全部是最大的失败，对我们来说，员工只要接受经验教训，把下一件事情做好就可以了。

索尼公司的管理理念是把企业社会责任纳入管理，索尼认为一个企业是否成功关键不是看它有多大的名声，有多少的盈利，而是为社会为国家做出多少贡献，全球管理对于索尼来说，CSR 的核心主题是"为了下一代"(For the Next Generation)。这个理念的具体含义是指，对于整个社会来说，最重要的是下一代的健康成长，因此需要让社会有一个健康的环境。索尼所有的社会公益活动其实都是围绕着这个基本理念展开；按照索尼的说法，公司自 2002 年 3 月起在全球展开"绿色合作伙伴"（Green Partner）体系，目的就是要求其合作供货商同步执行，共同合作生产开发符合环境保护规范之产品，检查及确认每件产品各个零件、装置及原物料不会对环境造成影响；索尼新的领导人才培育方式的一大特点是，从过去进行研修之类的所谓"坐学"转变为有计划的岗位配备。

作为日本引以为傲的跨国公司，索尼凭借优秀的管理机制和前卫的创新精神在短短几年中就获得了巨大成就，它于 20 世纪 50 年代创建索尼 SONY 商标，取代了公司自 1946 年开始使用的繁复日语商标；开发出小型晶体管收音机（图 3 - 143）。60 年代通过激烈的品牌、质量和技术竞争，在电视机行业建立世界级地位，例如，晶体管电视机和单枪三束彩色显象管技术（图 3 - 144、图 3 - 145）。70年代连续以超过年销售额 6% 的资金投入产品的研究与开发，开发出包括随身听和计算机 3.5 英寸硬盘等新型电子产品（图 3 - 146）。90 年代被誉为多媒体行业的领导者（图 3 - 147、图 3 - 148），有可能发展成 21 世纪最具价值品牌。

图 3 - 146　随身听 sonyTPS-L2　Sony 公司

然而近几年来，随着亚洲尤其是中国的大型电子公司的崛起，"SONY"四个字母的品牌价值在电子业务上呈现弱势，依据 2005年美国 Interbrand 公布"2005 品牌价值排行"中，"SONY"价值105 亿美元，比 2004 年的 131.5 亿美元衰退了 14%，由 20 名滑落到 28 名。而福布斯在 2005 年 2 月 28 日公布的"2005 全球 2000 大企业排行"中，索尼排名由 2004 年的第 82 名滑落至第 123 名。但索尼过去所创造出神话般的辉煌历史，仍然没有因为消费性电子业务低迷而失去消费者的青睐，在 2005 年 08 月 31 日，Asian Integrated Media 委托国际调查机构 Syn-ovate 在亚洲多个国家和地区进行的"2005 亚洲 1000 名最佳品牌"中，索尼第 2 年蝉联第一品牌。在Harris Interactive 于 2006 年 7 月 12 日所发布的调查显示，索尼第 7 年蝉联美国第一最佳知名品牌，而 Sony 也是华人地区的中国大陆、中国台湾、中国香港，新加坡心中最具代表性的理想品牌。

图 3 - 147　日本第一代磁带录音机 G 型　Sony 公司
1950 年

尽管近年来，索尼公司整体业务出现低迷的形势，但是索尼公司对于设计的追求，却依然具有引领作用，这和索尼的企业文化是密切相关的，一个优秀的企业，一个优秀的设计团队，或许真的不能完全用商业和市场的标准进行衡量，我们相信索尼会重塑辉煌。

图 3 - 148　walkman　Sony 公司　1981 年

56．日本摄影设备

图 3 - 149　Nikon F3　尼康

图 3 - 150　Nikon Pronea 600i　尼康

图 3 - 151　Nikon 28ti　尼康

图 3 - 152　Nikon_F_FTN　尼康

日本摄影设备的发展是伴随着日本国内对经济发展的有力引导下快速发展起来的，日本摄影设备在短暂的时间内，迅速成为世界设备生产的佼佼者，在摄影设备的发展中起着重要作用。在日本设备走入国际市场的几十年里，一直处于国际领先的地位。日本摄影设备的快速发展，离不开当时的社会背景，同时与当时世界摄影设备的发展和消费群体的迅速扩展有很大的关系。因此为了更好地认识日本摄影设备的发展，我们需要简要地了解日本当时的社会现状以及日本在当时的世界经济社会大潮中的地位。

第二次世界大战后，日本借助美国强有力的支援，在美国经济、技术等方面的资助下，经济快速发展，20 世纪 60 年代经济进入黄金期，一些工业产品已经跃居世界前列，同时日本在设计上开始有意识地去摆脱对于欧美设计的模仿，探索自己的设计发展之路，建立并发展属于自己的设计文化，这在一定程度上为日本摄影设备的进步并占领世界市场做好了准备。20 世纪 60 年代后，日本的电子工业、造船工业、汽车工业以及其他制造业迅速发展，并在世界市场上产生了较大的影响力，其中就包括日本摄影器材的发展，日本在最初的对西方的学习过程中，迅速发展并探索出了自己的设计之路，不仅在技术上不断创新，其工业设计也足以引以为傲，因此其世界市场的表现也非常卓越。

日本摄影设备的发展中涌现了一批优秀的品牌，其中最著名的当属尼康、佳能和索尼。一个品牌的迅速发展，除了其技术的推力之外，最重要的方面就当属其工业设计和品牌战略。日本摄影设备的快速走向世界，让一部分人看到了日本摄影设备与西方国家的差距。因此他们在继续追求技术创新的基础上，不断追求与世界接轨并引进国外的设计资源，以此来改进摄影设备的综合性能。尼康公司在 1996 年开发的由乔治亚罗设计的 F5 相机，就得到了消费者很大的认可（图 3 - 149 ~图 3 - 152）。

日本摄影设备中，照相机及其配套产品是最有影响力的一项。在今天提起相机，人们最先想到的几乎全是日本设计，日本相机在全球的影响力之大最直接的证明就是其在市场份额中的比例。日本在 20 世纪 60 年代，逐渐从模仿的制造模式中走出来，走上自己在技术、设计等方面的创新之路，日本相机在利用新技术上一直很努力，当人们将五棱镜的发明应用于单反相机解决了平视取景的问题时，日本生产商就利用这种技术进行了大量尝试，并在定焦镜头的设计上取得了很大成就。正是日本的这种探索精神和当时政府的积极推进，让日本制造业快速发展，让日本的摄影设备在国际市场取得重要成就，奠定了时至今天的国际领先地位。同时，佳能和尼康多个系列的相机设备销量在全球连续多次摘得桂冠，由此，日本的设计开始被世界认可，与德国和美国并列世界三大设计中心（图 3 - 153、图 3 - 154）。在摄影设备的生产上影响力最大的除了尼康、佳能、索尼还有奥林巴斯，奥林巴斯在相机的设计与制造上自成一体，生产运营模式也不同于尼康等巨型企业，但也在市场上表现出卓越的影响力，赢得了很多忠实的消费者。日本在相机上的成就几乎达到了家喻户晓的程度，其他摄影器材、零部件以及配套设施等方面也做得非常优秀，这也是支持日本摄影器材发展的重要方面，在这一方面做得比较好的是索尼公司、理光、富士以及美能达等公司。这些公司在摄影设备的设计与生产上做出了很大的贡献，但却不被很多行外人士所熟知，这也正是他们不同于佳能、尼康等公司之处。

值得一提的是日本摄像器材不同于日本经济的发展，它与日本经济的快速发展同步，但却在日本经济在 20 世纪 80 年代后的经济低迷的情况下表现出非常好的市场活力，并在欧美市场近饱和的状态下不断创造奇迹，赢得巨大的市场。在 1996 年佳能的爱克萨斯相机被认为是当时的经典机型（图 3 - 155），今天看来依然很具美感。爱克萨斯相机尺寸紧凑，造型简洁圆滑，金属机身的使用极大地吸引了消费者。而且它在新技术 APS 系统上的使用，也成为其取得市场成功的主要因素之一。这种全新的胶片不需要底片，而且使得用户在拍照和洗印照片上具有更灵活的选择（图 3 - 156）。

日本摄影设备在设计上的创新离不开技术，技术的进步给了设计更大的发挥空间，工业设计的发展和受重视，也给了日本摄影设备更大的市场活力和竞争力。正是那个时期，日本设计的长足发展，奠定了日本一个产业在今天世界市场的领导地位。

图 3 - 153　佳能 G 系列

图 3 - 154　佳能 S 系列

图 3 - 155　佳能 IXUS 系列

图 3 - 156　佳能 PowerShot A 系列

57. 日产汽车

图 3 - 157　达喀尔拉力赛上的丰田　1922 年

图 3 - 158　尼桑汽车　1937 年

图 3 - 159　本田汽车

图 3 - 160　本田汽车　1997 年

日产汽车作为世界汽车产业中重要的组成部分之一，其在设计与制造上有很多创新之处值得我们去认真研读。日产汽车在世界市场上的领先地位，不仅在于日本在技术上持续不断的投入和日本大和民族严谨钻研的民族性格，还在于第二次世界大战后日本设计在成长之初，就开始探索属于自己的发展之路，走自己的创造而不是模仿之路（图 3 - 157）。

日本汽车产业发展相对较晚，而且在发展过程中经历过多次巨大的变革，在一定程度上打击了日本汽车产业的发展，同样日本汽车产业也在一次次的机遇和挑战中逐步站稳脚跟。在日本经济发展过程中，尼桑、丰田、本田和三菱等企业为日本汽车产业的发展起到了巨大的推动作用（图 3 - 158）。

日本汽车产业的发展最早可以追溯到 20 世纪 20~30 年代，但是日本汽车产业发展的黄金期仍然是第二次世界大战后的几十年。日本丰田公司是日本第一家汽车工业制造公司，其在经历过第二次世界大战前的低迷状态后，在第二次世界大战后美国对日本经济发展的支援下，获得了长足的发展。其生产的车型紧凑实用，在进军世界市场后获得较高的评价并逐步占领世界市场。

在进入 21 世纪后的不久，丰田汽车制造公司就成为世界排名第一的汽车制造公司，而且丰田公司的经营范围涉及多个领域。在继丰田之后同一时期崛起的日本汽车制造企业还有尼桑、本田以及马自达等汽车公司。马自达汽车公司在汽车的制造上率先采用流水线作业，这是受到美国福特汽车的影响下的结果。

本田公司最初是生产摩托车及其配件的，其在 1959 年以后便是世界上最大的摩托车制造上，也是世界上最大的内燃式发动机制造商。20 世纪 60 年代后日本本田汽车公司开始拓展汽车业务，并在日本汽车发展的黄金期抓住机遇，迅速成为跨国汽车制造商，并创造了像雅阁这样的畅销车型，成为日本汽车良好质量的代表（图 3 - 159、图 3 - 160）。

日本汽车产业在这一时期的快速发展一方面离不开日本政府在战后重建时期积极引进世界先进的设计思想，举办设计大会，开展对外设计交流的影响。先进的设计思想和对外交流打开了日本设计的思路，也促进了日本的汽车设计与世界接轨。正是这种对于设计的重视和有效交流，使日本汽车生产企业在看到自己不足学习欧美的同时，开始思考自身的发展之路（图 3 - 161）。

日本汽车产业的快速发展也得益于美国对于日本的支援，例如，在朝鲜战争时期，美国就向日本采购过大量的汽车，对日本的汽车发展起到了很大的促进作用。同时日本政府积极鼓励民族汽车产业的发展，日本汽车工业起步的时候，欧美汽车工业已经很发达，如美国的福特和通用公司在那个时期已经是世界上顶尖的汽车制造企业，无论是技术还是汽车产量，都绝非日本可以想象。

图 3 - 161　Fairlady 敞篷跑车　1962 年

早在 1951 年，受当时日本政府机构的委托，以丰田为首的数家公司便开始研制四轮驱动车。陆地巡洋舰的开山鼻祖——丰田越野车 BJ 便走上了历史舞台。日本在落后于世界的情况下开发出这款在越野性和耐久性上都表现不错的车型，在当时获得了很大的认可，成为丰田越野车的开山鼻祖。日本在那个时期实行开放的对外政策鼓励学习欧美，并通过政府行为实行"双轨制"，极大地促进了日本制造业的健康发展。日本汽车在设计上追求紧凑实用以及较高的性能，再加上技术上的创新很快就取得了成功，真正实现了赶超欧美的汽车制造业发展初衷（图 3 - 162、图 3 - 163）。

图 3 - 162　丰田汽车　1955 年

在进入 20 世纪 70 年代后的 1973 年，第四次中东战争爆发，世界经济赶上第一次的石油危机，对于像日本这样的能源严重依靠进口的国家而言，整个经济遭受巨大的影响。遭受影响最大的产业就包括汽车行业。人们对于汽车的需求跌至冰点，作为汽车制造大国的日本开始寻求新的生存之路，开发节约能源的车型。同时从汽车的设计上着手，在节约能源的基础上，尽可能地提供舒适的空间和配套设施，这样的设计为日本汽车的发展打开了一条新的发展之路，也就有了现在人们眼中的日本设计经济适用、舒适高性能的基本方向。

图 3 - 163　AA 轿车　1936 年

同时期，这次石油危机和接下来的石油危机极大地改变了美国对于汽车的消费结构，也正是这种改变给了有准备的日本设计尤其是丰田和本田公司。由于石油危机的影响，人们开始重新思考自己座驾的特点，不再单纯地倾向于宽敞、豪华大马力的车型，逐步向节能经济实用的车型转变，日本丰田公司在第一次石油危机时就开始研制小型车，正是这种敏锐的眼光和创新精神给了日本汽车设计再次快速发展的机会，这个时期即后来畅销的丰田佳美系列和本田雅阁系列在美国的畅销和对美国传统汽车制造业的巨大冲击就证明了这一点（图 3 - 164）。

图 3 - 164　丰田汽车

图 3 - 165 cleansui 三菱净水器 GK

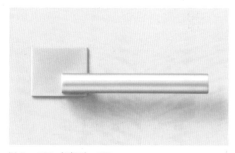

图 3 - 166 门把手 GK

图 3 - 167 可折叠自行车 GK

20 世纪 50 年代的日本，开始努力走出战争的阴霾，但是当时的情况依然是经济萧条，人民生活困苦。当时的人们渴望从战争的破坏中恢复自己的生活，东京国立美术音乐大学（现东京艺术大学）的一群想学习工业设计而不是传统工艺的学生，开始了自己的实践工作，探索工业设计在新的领域中的应用，后来这群人将自己的团队命名"Koike Group"，简称 GK，其从 1953 年成立，经过十几年的发展壮大，取得了丰硕的成果，为世界所认可。

进入 20 世纪 50 年代后，日本政府积极促进经济发展，并积极举办国际性的大会，在此期间设计在商品中的作用日益凸显。面对当时日本手工艺的现状和人民对于生活用品的急剧增加，东京艺术大学的一些学生敏锐地发现要恢复日本的国民经济，工业设计的发展是不可或缺的重要途径。于是他们尝试在学校里组成了工业设计小组，提倡"把日本的工艺文化转化成工业产品设计"。"每日工业设计大赛"始于 1952 年，是第二次世界大战后日本国内第一个工业设计大赛，在每日新闻社的赞助下开展并由其主办，在日本国内产生了较高的影响力。

GK 小组在第三届每日工业设计大赛上获得了三等奖，当年的大赛的主题是"塑料家居用品"。他们从第四届大赛开始以 GK 集团的名义参加比赛，这从某种意义上来讲，是 GK 设计真正快速发展并逐步取得较大影响的开始。GK 在后来的第五届比赛上，凭借"35mm 相机的设计"获得比赛二等奖。此后 GK 设计的"便携式电视"获得第六届大赛的三等奖，家庭缝纫机获得第七届大赛的一等奖。GK 设计集团在这段时间里不断探索、创新设计的形式与内涵，直到 20 世纪 60 年代末，成为 GK 设计的发展的重要时期，恰恰是日本经济快速发展并逐步走向世界的时期（图 3 - 165 ～图 3 - 167）。

名为"世界设计大会"（简称 WoDeCo）的国际设计会议于 1960 年首次在东京举行，这也是亚洲国家首次举办这种国际性的大会议。会议的主题是"本世纪的总形象——设计师可以对人类未来的社会作出贡献。"会议邀请许多著名设计师和建筑师作为大会的特约演讲嘉宾。此次大会的举办给日本设计的发展注入了新的思想，也产生了巨大的积极作用。GK 设计集团的成员作为此次大会的兼职工作人员参与了进来，积极沟通不同的设计领域，希望每个设计领域都建立起有效的联系。此后 GK 集团还参与了多次日本举办的世界级设计大会，例如，第一届日本工业设计大会、第八届国际工业设计大会、第十六届国际设计大会等。

进入 20 世纪 60 年代后，日本国内的一些设计师发起了一场新陈代谢运动，正是这场积极的设计运动，使得 GK 设计集团走向世界。这场运动希望积极的方式推动人类社会发展的新陈代谢，并把技术和艺术当作人类能量的延伸，探索设计的形式，更像是一种基于文化的设计运动，而这种文化在走向世界之前的最初形式正是民族性的文化思考。GK 元老、任 GK 公关部长的手冢功指出"日本文化是我们设计的原点，京都有很多既有的日本设计，能让我们反复咀嚼思考"。

GK 设计集团的设计目标是"真善美"，认为产品不仅仅是能够提供人们方便的实物，还必须体现人的精神意志和思想，设计就是将对所有人造物质赋予人的精神意志并加以实现，好的设计是真善美的体现，更是人强烈的精神意志的体现（图 3 - 168、图 3 - 169）。

图 3 - 168　儿童椅　GK

GK 设计集团自成立以来，对"Dougu"的定义与相关理论进行了不断的探索与实践，这也是其取得的重要成就之一。"Dougu"一词对于日本人民而言，是生活性的，GK 集团将那些积累的"Dougu 理论"的研究和提案进行编著，并将其主题定位于"关于生活空间现有风格和适应新社会新风格的发展的研究"。这是一个研究计划旨在从构建 Dougu 社会的立足点出发，探索一种新的生活空间形式。后来的研究结果被授予考夫曼国际设计奖。

GK 设计在几十年的发展过程中成就非凡，例如，JR 的视觉规划、爱知博览会的外观与环境设计、龟甲万酱油瓶等（图 3 - 170）。这款酱油瓶自 1961 年诞生以来的 42 年中已成为日本最畅销产品之一，深受广大日本家庭主妇的推崇，产品也远销亚洲和欧洲的其他国家，这就是好的设计所带来的影响，一个小小的酱油瓶，包含了很多当时的先进设计理念，在形态的设计上采用人机工程学设计，使酱油瓶的整体更加适合人手部的抓握，握感舒适，瓶盖两头的滴嘴方便控制酱油的倒出量，倒椭圆柱的瓶盖设计更不易漏油。GK 公司所提出的"餐桌用瓶装酱油"不仅仅只是将酱油瓶从厨房搬进了餐桌，更创造了"餐桌用瓶装酱油"这一新的生活概念和使用方式。这款酱油如今以生产2 亿 5 千万瓶。1993 年，GK 公司凭借这一项目荣获"G-Mark"大奖。

图 3 - 169　自行车儿童安全座椅　GK

GK 设计经历过早期日本的商业设计，通过不断的发展取得重大成果，并在活跃的世界市场崭露头角，参与重大设计活动，承担社会责任，发展自己的品牌，从这一系列的活动中，我们可以清晰地看到，GK 并不是一味地顺应着时代的潮流，而是作为潮流的生产者和推动者，积极地参与到时代和潮流的创造中去。

图 3 - 170　龟甲万酱油瓶　GK

59. 柳宗理

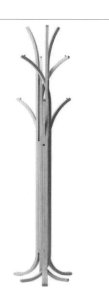

图 3 - 171　24 个挂钩的树木衣帽架　柳宗理

图 3 - 172　水壶　柳宗理　1953 年

图 3 - 173　蝴蝶凳　柳宗理　1956 年

柳宗理出生于 1915 年，其父柳宗悦是日本知名民间工艺家，是奠定日本民艺理论与审美基础的日本手工艺术制品大师。

成年之前的家庭教育对于后期柳宗理走上现代工业设计起到了一定的启蒙和引导作用，尤其是其在传统民间工艺上受到的熏陶奠定了其日后的设计作品在平衡传统与现代之间的关系上的基础。柳宗理于 1936 ～ 1940 年在东京艺术大学学习期间，柳宗理走过日本的很多地方，深入民间生活，对于民间的传统文化有着深刻、细致的理解。第二次世界大战期间日本作为法西斯的主要成员发动战争的同时，本土也经历过战争的洗礼，这对于日本产生了巨大的打击，而正是此后的一段时期，日本对于经济发展的需要，设计受到重视，在此机遇下，柳宗理凭借自己对于设计的热爱和深入的理解成为日本公认的工业设计第一人。

柳宗理于 1942 年后，便开始担任柯布西埃工作室派来日本进行工业设计工作的夏洛特·佩利安的助手，担任助手的这段时间，给柳宗理提供了学习世界设计方法和了解世界先进设计的机会，正是这种对于现代设计直观的认识对于柳宗理设计思想的形成产生了积极影响。其于 1954 年开始担任金泽工艺美术大学教授，这也成为其职业生涯重要的经历。

对于现代设计和传统民艺的理解，使他认识到现代设计只是完善了产品的物质形态。而对于产品的意识形态却没有触及，柳宗理虽受到包豪斯、柯布西埃和夏洛特的影响，但他却赋予了作品人文价值，他将作品的重点放在日本传统文化上，将日本民艺的诸多表现手法使用在自己的作品当中。柳宗理认为，只有本土艺术才是设计的灵魂，因为所谓本土艺术是生长在这片土地上的人们所创造和延续下来的最初的美好，这很容易使人们与产品产生共鸣和莫名的亲切感，促使人们反思现代化的真正意义，这就是他对于现代设计的独到理解。同时柳宗理认为好的设计不应该脱离传统文化的根基，传统本身就是前人智慧的结晶（图 3 - 171、图 3 - 172）。

在日本工业设计发展的黄金时期，柳宗理用陶器、金属器械设计的日用餐具、生活用品，是传统工艺与现代设计的结合。柳宗理的这一尝试，树立了独特的样式，获得了国际性的赞誉，堪称日本设计的典范。1956 年，柳宗理设计的弯曲胶合板加金属配件的蝴蝶凳，就是柳宗理深入理解传统与现代的关系的重要作品，也是日本设计史上的里程碑式的作品（图 3 - 173）。蝴蝶凳在第 11 届米兰设计三年展上获金罗盘奖，成为日本工业设计首次在国际设计界崭露头角的

里程碑事件。此外，柳宗理还设计了著名的鸟型趣味酱油壶（图 3 －
174）、象椅（图 3 － 175）、贝壳椅等优秀的设计作品。

自 1950 年柳宗理成立 Yanagi 设计机构以来，该机构所设计的
家具、家用工具器皿等不断获得包括日本工业设计竞赛首奖、意大利
米兰金奖以及日本工业设计界最高荣誉 good design 奖等国际奖项。
自 1977 年持续担任日本民间工艺博物馆总监以来，柳宗理对日本民
艺的发展做出了很大贡献，同时也对柳宗理更加深入地研究民间艺术
提供了很多机会，为其思想和设计实践的丰富与深入提供了莫大的帮
助。柳宗理的作品及其思想之所以产生如此大的影响，其原因便在于
其设计哲学中现代与传统的结合。日本传统民间艺术和西方现代主义
设计，有着截然不同的背景和起因，但两者也有共同之处，即对于事
物细节和整体的高度统一。

西方现代主义设计兴起于 20 世纪初期，在 20 ～ 30 年代以后，成
为引领世界的主流设计风格。现代主义设计强调去除无用累赘的装饰，
强调事物的功能美，无论是建筑、家具还是日常用品，不能因片面追
求形态美而扩大形态在整体设计中的地位，对于物品的形态，应该由
物品的功能、材料、结构等来决定。而日本民艺，则指的是为一般日
常实用用途而制造的器物用具，没有经过特殊的渲染，为生活的最基
本的形态而制造。而传统民艺之美，正在于这几乎没有刻意的修饰与
造作，故而能够真正紧密贴近人的需求与真实生活。因此，对于民艺
与现代设计，前者是追求来自于功能与理性的美，后者是自然与朴实
的美，看似差别很大，却可以感受到二者对于美的追求都是发自事物
自身的本质的美。正是这种共同之处，成就了柳宗理，一个深刻理解
民艺又可以平衡它与现代设计的关系的工业设计家（图 3 － 176）。

柳宗理的设计经历了日本工业发展的整个时期，从日本战后工
业的粗制滥造到世界优良设计的代表。其作品简约细腻，充满细节，
简洁而又丰富，充满韵味，这些弯曲、转折、小细节的处理恰到好处，
只有对事物充分的理解才能做出这样的作品。即使商品化之后，柳宗
理的作品仍旧不是工业制品，而是艺术品。柳宗理的器物之美，不仅
只是形式与视觉上的表象之美，而是要做到融入生活。柳宗理在设计
的过程中提倡设计是使用的，设计的本质是创造，传统本身也是创造，
好的设计不能脱离传统，并在自己的设计实践中证明好的设计不仅可
以提供审美和时尚的潮流，更是结合现代设计的发展的，也就是设计
要面对现实。

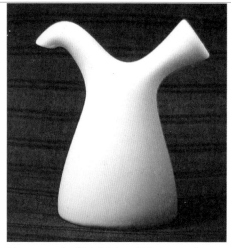

图 3 － 174　鸟型趣味酱油壶　柳宗理　1958 年

图 3 － 175　象椅　柳宗理　1954 年

图 3 － 176　厨房用品　柳宗理

四

波普与抗拒
（约 1960 ～ 1970 年）

对于美国艺坛，20世纪60年代是一个风起云涌、激动人心的时代，一个精神自由、艺术宽容的时代。充满挑战和探索的艺术形式在这里发生、交汇、流变，形成一个又一个高潮，其革命性对人类艺术进程产生深刻的影响，其创造的活力令以往和之后的年代难以相比。如果要用一个名词来形容这个时期的设计风格，"波普"最恰当不过，这个词来自英语的大众化（popular），但是，当它与这个年代的文化、艺术、思想、设计建立起密切的联系以后，它就不仅仅是指大众享有的文化，而更加具有反叛正统的意义，是60年代的最大特征。

20世纪60年代中后期，资本主义的物质与政治危机渐浮表面，战后的黄金时代接近尾声。与此同时，作为波普时代主角的年轻人掀起席卷全球的反文化运动，这一时期发生了许多重大事件，例如越战，古巴英雄切·格瓦拉遇害、黑人解放运动领袖马丁·路德·金遇刺、苏联的赤化捷克等。所有这一切，显示了反文化运动摧毁一切的力量，这场运动在1968年巴黎的五月事件中推演至顶点。主导反文化运动的中产阶级年轻人渴望挣脱一切传统桎梏，通常被称为嬉皮士。意大利设计在反文化运动中扮演着重要的角色。首先是出现一批充满创造力的天才设计师，以激动人心的方式参与和推动波普艺术与设计浪潮。但更重要的是，一些意大利前卫设计师和设计团体领导了一场反理性的设计运动，其作品充满激进色彩，明确提倡"坏品味"，而通过历史风格的复兴，折衷主义与波普风格的糅合，破坏和颠覆与现代主义设计风格相适应的美学和道德标准以及所谓的"好品味"。一般将其设计实践统称为"激进设计"或"反设计"。这场运动所包含的革命性意义已经远远超过一般风格上的创新，是延绵至今的后现代主义全球性设计浪潮的一部分。

波普运动是一个典型的知识分子运动，从本质上来讲，"波普"设计运动是一个反现代主义设计运动，其目的是反对自从1920年以来的、以德国包豪斯为中心发展起来的现代主义设计传统。在西方国家中，最集中反映"波普"设计风格的是英国。英国在20世纪50年代由于政策失误，造成设计远远落后于国际先进水准，几乎完全失去19世纪中期发起"工艺美术"运动时的那种先驱的地位和作用。但是，在这场"波普"运动中，英国设计却奋起直追，有很大的成就。特别是在针对国内市场的消费产品的设计，出现了非常明显的突破，引起了世界各国的注意。

波普运动中的英国设计师大部分是刚刚从艺术学院毕业的学生，他们对于传统，包括现代主义的传统没有多少依赖和感情，更加重视自己这一代人的习惯与喜爱。因此，他们最具有打破传统束缚的动机。他们是从产品设计、服装设计和平面设计三个主要方面开始突破，从而创造了这三个基本领域内的"波普"设计风格。"波普"产品设计、"波普"服装设计和"波普"平面设计都非常有特色。这些设计师的努力方向，是要找到代表自己的视觉符号特征、自己的风格，代表自己这一代，而明确表明自己所站的是非父母那代人的立场。因此，各种各样奇怪的产品造型、各种各样特殊的表面装饰、特殊的图案设计、反常规的设计观念都涌现出来，一时的确热闹异常，旗帜鲜明。这种反常规的设计发展迅速且广大，不但广为英国和欧洲各国青年喜爱，同时，连正式的英国设计机构，例如，英国的设计协会也不得不正视它，因为它已不仅仅是一个少数青年知识分子的个人表现探索，"波普"已经成为一种文化、商业、经济现象。

波普艺术作为一种对发达的工业文明所带来的消费社会的能动反应，所反映的清一色是与都市大众文化合拍的时尚、风俗和流行趣味。整个20世纪60年代，风景画几乎从人们的艺术趣味中淡出——人们不关心自然，只关心技术社会的"奇技淫巧"。百货店精致橱窗里的陈列或超级市场货架上的物件，成了波普艺术家们灵感的源泉。因此，尽管一些波普艺术作品看上去带有一定的讽刺意味，但其出发点还是要讴歌、拥抱一个大众消费社会。美国艺术评论家露西·史密斯说："波普艺术是赞美性的。艺术家真的喜欢他们运用的材料，他们喜欢这些材料本身，也因为这些材料是他们享受的文化之象征：速度、能量、色情和对于新的激情。"

波普艺术的出现标志着现代主义在理论上的终结。

60. 宇航时代

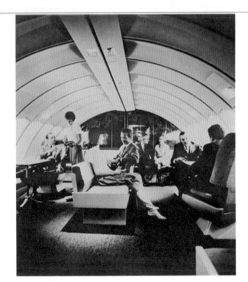

图 4 - 1 泛美航空波音 747 旧照

图 4 - 2 20 世纪 60 ~ 70 年代的波音 747 内饰

图 4 - 3 "诺莫斯"桌子 诺曼福斯特 1986 年

　　嫦娥奔月或许是人类最早的太空梦想，探索人类之外的世界，一直是先人们的梦想，但是人类真正开始探索地球之外，还是近几十年的事情。人类探索外太空的奥秘从前苏联发射第一颗人造卫星到人类在月球上第一次留下自己的脚印，逐渐达到高峰，在今天随着人类外太空探索技术的进步，人类的视野开始逐步扩大走出太阳系其至走出银河系。第二次世界大战后随着苏联和美国在太空探索上的投入不断加大，创造了很多人类历史上的辉煌时刻，这种影响在当时扩展到了人们的生活当中，成为那个时代的一个特点，主要表现在人们对于这种太空视觉元素在生活用品设计上的运用（图 4 - 1、图 4 - 2）。

　　1957 年 10 月 4 日，也就是在美国预定发射卫星以前的两个多月，前苏联发射了世界上第一颗人造卫星，正是这次事件引起了美国的震惊，也正是第一颗人造地球卫星的发射成功，标志着人类的航天技术已进入到一个崭新的时期。1958 年，美国宇航局 NASA 正式成立，并于 1969 年将人类的第一个脚印留在月球之上，这标志着人类宇航时代的到来，而且人类对于月球的了解自哥白尼、伽利略时代迈向了新的高度。人类第一次站在地球以外的视角观察我们的星球，举世震惊，在美国引起了人们对于太空的极大兴趣和对这一成果的极大自豪。正是这一重大事件产生的影响，人们试图将对于宇宙中所看到的美带入到地球的每一个可见的事物中去，宇航时代的美学由此开始逐渐形成。宇航时代的太空美学源于人们对于太空技术、材料以及视觉形象的兴趣，正是这种兴趣决定了宇航时代设计的特点。

　　这种时代美学对人们在生活用品的设计上产生了巨大的影响，他改变了以往事物的形态和内容，加入了航空时代的各种因素表现出一种很强的时代感的同时满足人们的太空情节。此风格应该属于未来主义的一种，并受当时的现代主义等时代性的设计风格的影响，表现在极具现代感的设计上，作品多采用玻璃、不锈钢等现代材料，并使用了更先进的加工技术。产品设计师开始热衷于将太空时代的视觉元素运用到汽车、日用品、桌椅等产品当中。其中最为人称道的应该数 1986 年英国著名建筑大师诺尔曼·福特斯设计的"诺莫斯"桌子（图 4 - 3）。在太空美学热潮的影响下，本款系列桌子设计灵活性强，有大量零部件可供选择和替换，由消费者自己组装成喜爱的样式。例如，你可以根据你的喜好或你的用途选择长方形的、圆形的，或者是绘图用的倾斜角度可调的桌面。这张外形可以改变的由玻璃和金属构造的桌子巧妙地运用了 X 型为桌子的支撑，这种 X 的造型和玻璃的表面，表现出一种超前的高科技风格，让人们从这张桌子上看到某种航天器的感觉。

在人们生活的很多方面都可以看到太空美学运用的痕迹，意大利著名品牌 Alessi 旗下有一款 Aldo Rossi 设计的名为 La Conica 的锥形 Espresso 咖啡壶（图 4 - 4），这款咖啡壶的结构和材质特殊，设计上也颇受 NASA 登月舱造型的影响，体现了某种太空时代下的风格，这种影响还深入到了人们的居室与建筑设计上（图 4 - 5、图 4 - 6）。在美国那个时期及后来的很多电影的场景设计中都表现出了很强的航空时代的感觉。大众文化当中的视觉审美趣味也受到这种全新的宇宙时空观的影响，在流行文化中得到最明显的体现。库布里克的《2001 太空漫游》很好地为太空时代人们对于自己和宇宙之间关系的思考做了注解。在这部影片主题涵盖人类进化、技术、人工智能和外星生命等多个方面，在电影屏幕上为人们创造了关于宇宙时空的全新想象空间，成为对太空美学的完美诠释。在这部巨作中库布里克苦心营造未来感和太空感，影片的布景、设计、特效等各方面都充分体现了太空时代人们的审美态度。

太空时代的历史背景也给了基于这种审美趣味的设计实现的可能性，一方面世界经济蓬勃发展，人们的消费能力和消费欲望的膨胀给了这类设计走向生活的机会。同时，由于 20 世纪 60 ~ 70 年代，现代设计的风格多样，人们积极地去探索新的设计形式，并渴望用这种新的类型的设计方式改变人们的生活。这种基于太空时代对于新技术新材料和新的形态的设计成为一种"有趣"的东西且进入人们的生活。太空时代的出现是具有一定政治因素的，表面是人类探索地球之外的一种欲望，实质是在冷战背景下，苏联和美国在争取更多权益和影响力的努力下实现的，很多时候我们避而不谈这种最初的意愿，是为了表达人类在发展进步过程中自身努力在其中的积极因素。但是只有我们更全面的了解那个时代，才能理解这种设计风格的产生所具有的社会意义，以及这种风格的产生在设计大潮中真实的地位和影响力。

图 4 - 4　La Conica 咖啡壶　阿莱西　1980 ~ 1983 年

图 4 - 5　Djinn 椅子　奥立维·莫尔古　1965 年

图 4 - 6　桌子　罗恩·阿拉德

61．新技术新材料

图 4 - 7 录音机 贝里尼

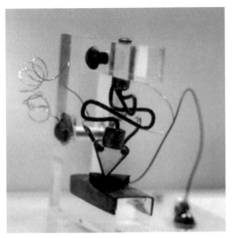

图 4 - 8 第一枚晶体管模型 1947 年

图 4 - 9 一体化电话机 马克·扎努索 1968 年

技术与材料的进步，为设计师们更好地设计提供了更多的可能性，同样也使设计师面临更大的挑战。社会的进步的重要体现就是技术革命的出现，最直接的说明便是发生在 19 世纪后的三大技术革命。自古以来，新的技术与新的材料，都会对人们的生活方式产生很大的影响，炼铁技术与陶瓷技术的进步，对人们的生活方式产生了变革性的影响。第一次工业革命之后，新的制造方式和机械化大生产给中下层阶级提供了更多的享受世界进步成果的机会。对人们生活方式的变革最直接的体现便表现在生活用品的制造与设计上，技术与材料的进步增加了设计实现的可能性，让人们在更好的设计中体味生活，也让设计在人们的生活方式变革中发挥更大的作用。早在 20 世纪初期，很多设计运动主张设计要积极利用新技术与新材料，例如，包豪斯时期的新材料加工工作室以及装饰艺术运动时期提倡使用钢铁和玻璃等。

第二次世界大战后，伴随第三次技术革命的展开，新技术与新材料在人们生活中的大量使用，使设计发生了巨大的变化，现代设计的革新运动也随之在各国开展，人们大胆的创造率先开始在工业设计和建筑设计领域展开，涌现出一批勇于将新技术和新材料运用到设计中来的设计师。他们提倡产品应该以实用为主，提倡功能主义设计，提出设计应该更科学更理性，因此怎样的设计才能符合当下时代大潮是设计师们首要解决的问题。新的加工技术给了传统材料更多的表现形式，通过新技术制造的新材料也给了设计更多的选择。

材料是设计的物质基础和载体，传统意义上的任何产品功能目标的实现都是通过可感知的材料等表达出来的，设计的重要原则之一就是能够正确地掌握材料的应用。1870 年之后，科学技术的发展突飞猛进，各种新技术、新发明层出不穷，第二次世界大战之后更是材料发展的黄金时期，技术和材料的进步几乎让设计师不知所措。提到新材料，在 20 世纪，最重要的一种材料便是塑料的使用，这种在新的提炼和加工技术下催生的材料，被广泛地应用于工业生产中，成为产品的主要材料之一。例如，20 世纪 60 年代开始，各种塑料被广泛运用，这些材料在家居用品、办公用品以及各种包装上发挥了巨大作用（图 4 - 7）。早在 50 年代初期，丹麦著名设计师维尔纳·潘顿便开始对玻璃纤维增强塑料和化纤等新材料进行了研究和实践，并于 1959 ~ 1960 年间，研制出了著名的潘顿椅，这是世界上第一把一次模压成型的玻璃纤维增强塑料椅。这款拥有流畅的曲线、充分考虑人机因素而又极具雕塑感的椅子，成为现代家具设计史上革命性的突破。

同样因为塑料在这个时代的特殊表现，有人将20世纪60年代称作"塑料时代"。在那个时期，利用新材料和新技术在家具设计上创造了很多经典产品，20世纪50年代，雅各布森设计的"蚂蚁"椅和"天鹅"椅，都是利用新的加工技术产生的经典之作。查尔斯·伊姆斯夫妇更是把对新技术和新材料的运用带到了生产实践中，使家具与现实生活紧密地联系起来。

材料对设计的影响或许更直观，但是技术才是推进设计不断发展和丰富的根源，以扎努索设计的电话机为例，1947年，晶体管被发明出来（图4-8）。这一发明竟然能够引起20世纪60~70年代来势汹汹的小型化浪潮，晶体管的发明使许多产品可以以更小的形态存在，这就使得产品的外形设计具有更多的可能性。这种变化就是由新技术革新所带来的。1968年，马克·扎努索利用集成化电路和按键拨号的新技术设计出一部新型电话机。这部电话机使用方便，造型简洁，并开创性地将话机与听筒融为一体。新的技术使得新兴的电子工业产品在设计方面取得了重大成功（图4-9）。这个时期的索尼公司，通过新技术带来的便利，通过优秀的产品给人们的生活带来了巨大改变，例如索尼1958年设计的TR-610收音机。1971年，因特尔公司发明的第一部微型处理机，开启了计算机的小型化时代的到来，深刻地影响了人们的生活（图4-10）。

图4-10　新技术新材料铸就的酷睿I7处理器

技术的革新，对于工业设计的发展同样产生了革命性的影响，我们几乎可以把新材料的出现归为新技术，新材料的出现在很大程度上是技术进步的结果，例如，各式各样的塑料的产生，显然技术的进步不同于材料的进步，20世纪40年代的晶体管技术以及后来的计算机技术和影像技术的产生与发展。就工业设计学科的性质而言，其本身就和新技术和新材料有着紧密的关系。新材料的出现，加大了大量新产品出现的可能性，新技术的产生为新材料和新的制造方式产生提供了可能性。例如1986年，瑞士手表率先将高科技陶瓷材质运用于制表业，产生了巨大反响，成为风靡全球的产品。新技术与新材料几乎影响了我们生活的各个方面，大到出行用的空客A380的表面材料，小到我们的牙刷。在未来的发展中，工业设计始终会与前沿的技术和材料联系在一起，不得不承认人们生活的发展进步将与工业设计的发展息息相关，工业设计也将会成为变革人们生活方式的一种主要力量（图4-11）。

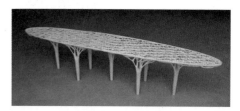

图4-11　树形椭圆桌　荷兰自由创新公司

62. 新兴的消费群体

图 4 - 12　20 世纪 70 年代中期美国的汽车产业

图 4 - 13　苹果ⅡC型计算机　1984 年

图 4 - 14　计算机

随着经济的发展，社会的进步，不断成长起来的消费群体，成为那个时代的主要消费群体。20 世纪 60 ～ 70 年代之后，被称为新兴的消费群体的主要有三类人，一类是第二次世界大战后从战后婴儿爆炸期成长起来的年轻消费群体，这类群体的特点鲜明，成长在社会快速发展、物质生活丰富的时期。另一类是从第二次世界大战前工业生产需要走上工作岗位的妇女，以及在后来妇女上班不断流行的时期加入这个队伍的妇女，这类妇女有个特点是有自己的工作岗位也就是有独立的消费能力，这是之前任何时期都极为少有的现象。此外还有一类就是从压迫中解放出来的黑人同胞。就新兴的消费群体而言主要存在于发达的工业国家也就是欧美的一些国家之中。

战争在人类的发展过程中始终扮演着变革的作用，我们都反对战争带来的灾难性，但是在仔细研究后发现在人类或者某个民族的发展历史上，战争似乎充当了极其重要的作用。在工业革命之前，对于妇女而言，相夫教子可以概括当时一名普通女性的一生。但是这种情况随着战争的爆发和扩大，开始发生转变。

最明显的是 1941 年 12 月 7 日发生的"珍珠港事件"，几乎彻底改变了美国当时女性的生活状态。美国被珍珠港事件这场突如其来的袭击卷入到第二次世界大战的浪潮之中，多数男性被迫抛家弃子登上第二次世界大战前线，社会生产力大幅减弱，工厂几乎瘫痪，无法生产出战争所需的物资和能源。能够充当社会劳动力的只剩家庭主妇。于是，我们看到了这样一个场景，妇女们纷纷走进工厂，填补了男子们留下的空缺，无论是工厂还是其他地方，随处可见妇女劳动的身影，这种妇女劳动力也成为当时社会生产力的强大支柱。为了战争的需要和国内生活秩序的稳定，美国政府发出号召，各类媒体也进行舆论引导，大量宣传妇女形象的海报如雪片般布满美国的大街小巷，号召"越多的妇女工作，我们就越快地赢得战争。"

随着战争情况转变，舆论的导向开始发生转变，战争取得胜利，原来在战场上的男人也从战场上回到了自己的家园，原有的社会主要劳动力回到原位。此后，报纸杂志的宣传导向从宣传妇女在工业生产中的巨大力量，转变为鼓励妇女们回到家中，继续做一名家庭主妇而回到原本的社会秩序中来。此时，习惯了工作和在工作中感到乐趣的妇女不愿回到原来纯粹相夫教子的生活中，只有一小部分妇女回到家中。根据当时的民意调查显示，80% 以上的军工厂女工，不愿意离开她们的工作岗位。这种情况致使美国政府出面干预，以至于大部分"铆工罗西"被从工作岗位上解雇，坚持留下来的人，只好去做一些收入较低的工作，但是此时对于妇女而言，工作却成了时尚的状态，这就出现了妇女工作的潮流，称为美国战后职业妇女。

战后新的消费群体的另一个主力就是从战后的婴儿潮时期成长起来的年轻人，婴儿潮这个词的本意是 Baby-Boom，它的产生最早可以追溯到 20 世纪 50 年代的美国，主要指的是美国在第二次世界大战后的出现的"4664"现象，即从 1946～1964 年，这 18 年间战后婴儿的出生人数高达 7800 万人。战后新生婴儿激增，使美国迎来了"战后婴儿爆炸"时期。有三分之一的人口属于这个时期出生的人，人口比例大，受教育程度更高，没有经历过战争的洗礼，传统价值观淡漠，喜欢追求新鲜事物，与此同时美国战后经济也在迅速发展，使得这些人群对当时美国社会的各个方面都带来了巨大的压力。因此，在 20 世纪 50 年代后半期，大众文化在美国形成并迅速涌入西方其他国家，这一文化能够迅速占领西方各国的原因是这种文化具有强大的社会阶层的支持也就是在战后出生的未成年少年阶层，他们逐渐成为非常重要的消费阶层。

图 4 - 15　宝丽来相机　1948 年

正是这种新兴的消费观念导致新的设计风格的产生，这一阶层急需一种设计风格来表现他们这一时代的特征和态度。20 世纪 70 年代后，他们自然成为了西方社会变化和改革的主力军。新的设计，新的产品，新的文化形式也都纷纷涌现，因此，美国的物质文化和大众通俗文化在西方盛极一时，同时引发了一系列的设计浪潮（图 4 - 12～图 4 - 16）。自从黑人解放开始，黑人在世界经济政治等领域的作用逐渐凸显，但是黑人的地位获得相对较高的认可是从第二次世界大战开始的，需要说明的是这里所提到的黑人其实是以美国黑人为主的，黑人在美国总人口中占有一定比例，这包括黑白混血人，美国黑人大部分混有白人血统。

由于黑人在社会中表现出的特殊才能，其地位在慢慢提高，个人经济情况也较为可观，因此这一部分人也成为具有一定历史背景的新的消费群体。在美国，黑人在音乐和体育甚至舞蹈等方面的较大影响力，很大程度地影响了美国的社会，相关的行业也发展得风风火火，而且出现了很多这方面的设计，丰富和改变了人们的生活，当然由于黑人特殊历史背景和长期以来民族性格也产生了很多的负面影响。

图 4 - 16　日本东京 20 世纪 70 年代地铁宣传怀古海报

63. 非主流文化

图 4 - 17　草坪椅子

图 4 - 18　朋克

图 4 - 19　嬉皮士

　　第二次世界大战后经济快速发展,社会的商业化程度越来越高。此时,新兴的消费力量已经不再满足于传统的制度和价值,因此,针对传统制度、价值观等发起挑战,这种对于主流文化的反抗就诞生了强调个性和自我价值的实现的非主流文化。

　　战后逐渐发展起来的新兴消费群体成为这场非主流运动的主要力量。随着新的消费群体的形成,一些边缘群体或者小众活动,开始向传统发起攻击,强调自我价值和意义。有人认为,新观念的形成源于小众文化的努力,这类群体包括走上工作岗位的妇女,获得新的地位的黑人以及其他的小众群体等,他们促使人们在对待差异性和个性满足方面采取更为宽容的态度。正是这样的一种社会氛围,成就了更为多元和包容的社会文化。

　　这场对主流文化发起的挑战,随后在世界的其他国家和地区扩展开来,英国的年轻一代,成长在物质丰裕的社会中,并且深受美国商业文化和消费主义的生活方式所影响,也在音乐、舞蹈、服饰以及设计等方面表现出嘻哈的生活方式。那个时代的劳伦斯·科兰就曾指出,当人们开始不再满足于基本生活需求时,人们在生活中便倾向于消费而非需求,此时设计师设计的也就是"消费"而不是"需求"。商业文化在这一代人心中发生巨大改变,而这场运动表现在设计上就是消费性商品而非实用性、耐久性等为标准的传统"良品"开始流行(图 4 - 17)。

　　非主流文化的一个主要表现形式就是嘻哈文化,是美国精神文化的一种,是前卫、时尚、潮流的总称。在当时,美国是世界当之无愧的中心,尤其是其商业性和消费性的文化,影响了世界上很多国家。正如这场在美国最先流行的嘻哈文化,很快就为其他国家的很多年轻人所接受,并产生极大的影响。嘻哈文化源自于美国的黑人社区,嘻哈即"Hip-Hop",是一种由多种元素构成的街头文化的总称,它包括音乐、舞蹈、说唱、DJ 技术、服饰、涂鸦等。Hip-Hop 是街头的文化,是一种生活态度。它与同是街头文化的滑板、小轮车、街舞等极限运动有着密切的关系。 嘻哈一族具有共同的行为方式,即使互不相识,你也能从他的外表准确地判断。

　　嘻哈文化影响广泛,看似不为所知,却在我们的生活中无处不在,例如,各式奇装异服,甚至在街头舞动奔跑做着各式奇异的动作都可以称作嘻哈风格。同时与嘻哈相关的设计包括海报、服饰、舞蹈、行为以及相关设计,都是嘻哈文化的一种。

通俗地讲，非主流文化的出现就是为了适应新的消费群体，这类群体的共同点就是强调个性和自我实现。在当时的非主流文化的体现除了嘻哈文化还有朋克文化、嬉皮士文化等。在设计上还表现为充满荒诞不经和讽刺的工业设计等。

朋克（punk）文化最早源起于音乐界，但逐渐转换成一种整合音乐、服装与个人意识主张的广义文化风格。英国的工业革命后，它的辉煌在第二次世界大战中似乎逐渐暗淡。整个英国经济萧条，失业率日创新高。在这样一个背景下，一团废墟中出现了当时连垃圾都不如的闪耀的文化复兴。它就是大家耳熟能详的朋克复兴。在英国经济不景气的情况下，社会上的青年抱着极大的不满，用赤裸的方式表达自己内心的不满。最早的朋克，完全是贬义词。是上流社会或者普通人对荒诞、不务正业的人的蔑称。这并没有错，因为掀起巨浪的青年正是这样一个群体，20 世纪 60 ～ 70 年代的英国谁也想不到这样一群"punk"竟然创造了今天的奇迹（图 4 - 18）。

图 4 - 20　嬉皮士

嬉皮士本来被用来描写西方国家 20 世纪 60 ～ 70 年代反抗传统和当时政治的年轻人。嬉皮士这个名称是通过《旧金山纪事》的记者赫柏·凯恩普及的。嬉皮士不是一个统一的文化运动，它没有宣言或领导人物。嬉皮士用公社式的和流浪的生活方式来反映出他们对民族主义和越南战争的反对，他们提倡非传统的宗教文化，批评西方国家中层阶级的价值观。嬉皮士后来也被贬义使用，用来描写长发的、肮脏的吸毒者。保守派人士依然使用嬉皮士一词作为对年轻的自由主义人士的侮辱（图 4 - 19、图 4 - 20）。

图 4 - 21　霓虹灯

非主流文化同样在设计上也有很大的表现，出于对当时一贯的高科技、工业化风格的冷嘲热讽、戏谑、调侃的表现，具有更高的个人表现特征，批量化生产几乎是不可能的事情，因此影响相对较小。这种风格设计充满了荒诞不经的细节处理，表现出对当时设计的一贯风格的厌恶和反感，这种设计明显地表现了朋克文化和霓虹灯文化的影响（图 4 - 21）。例如 20 世纪 60 年代发生在意大利的反主流的设计，设计师们的眼光更多的是关注设计为上层服务，而在当时新兴年轻的消费群体对此却非常反感，因此诞生了各式各样新的、具有反叛动机的设计，但是这种在非主流文化影响下的设计运动在 20 世纪 70 年代就逐步消退了。非主流文化的产生和发展，影响了生活的各个方面，成为那个时代的印记，在后来生活中时常可以感受到非主流文化的影响（图 4 - 22）。

图 4 - 22　流行音乐的代表——迈克·杰克逊

64 . 波普

图 4 - 23　到底是什么使今日的家变得如此不同，如此吸引人呢？　理查德·汉密尔顿　1956 年

波普设计源于波普艺术的影响，波普设计打破了现代主义设计在第二次世界大战后工业设计局限于过于单一、严肃、冷漠的面貌，代之以诙谐、夸张、个性和多元化的设计，它是对现代主义风格具有戏谑性的挑战，也是在 20 世纪 60 年代最具特点的设计类型，它代表着 20 世纪 60 年代工业设计追求形式上的异化及娱乐化的表现主义倾向，严格的来讲波普设计不是一种单纯的、一致性的设计风格。

波普设计起源于英国，并且在英国取得了巨大发展，影响了很多国家，但是主要的活动范围是英美在第二次世界大战后成长起来的年轻一代。20 世纪 60 年代前后，英国波普运动产生，运动起初所产生的起因是战后新成长的青年一代厌倦了现代主义风格单调、冷漠、毫无情感的设计，渴望有新的富有生活情趣的事物出现。新兴的大众文化正在赶超传统的高雅文化。这些战后青年们追求日常生活中最为通俗的形式、色彩、结构，形成大众化、市民化的、有象征意义的风格，追求雅俗共赏的目的，用最直接的色彩和形态表达对现代工业冷漠且毫无人情味的强烈不满，这种情绪在设计上的表现就是它追求大众的、通俗的趣味，在设计中着重表现新奇、个性元素等并且在色彩的运用上大胆采用鲜艳的色彩。波普运动所产生的宏观背景是第一次世界大战后世界的经济和设计中心逐渐转移到美国，同时英国在政策上出现的失误，造成设计远远落后于国际先进水准，几乎完全失去 19 世纪中期发起"工艺美术"运动时的那种先驱的地位和作用。

波普设计努力挣脱传统的束缚，具有鲜明的时代特征，这种针对年轻群体的设计一时极受欢迎，正是现代主义设计这种风格单调、冷漠和缺乏人情味的特点，抓住了战后出生的年轻人的桀骜不驯和玩世不恭的心态。但是它终究是一场"投机取巧"的运动，也缺乏实证主义的探索，更没有社会文化坚实的依据，因此其发展也注定是短暂的。

波普设计源自于对大众文化的理解，却不同于大众文化。波普设计从波普艺术中借鉴了很多元素，但是人们常常对"波普"运动有一个普遍的误解。其实，大众文化是大众的文化，"波普"文化是知识分子的文化，不过借用了大众文化的某些形式而已。这场运动思想的根源来自于美国的大众消费文化，当时的英国青少年深受美国的这种大众的流行文化的影响，以至于他们认为美国消费文化、美国大众文化才是最好的，而这种大众文化却与主流的设计思想背道而驰。但是英国的设计界和企业界看到了英国年轻人的这种特点，这成了波普

图 4 - 24　丝网版画 玛丽莲·梦露　安迪·沃霍尔

设计快速发展并取得较大影响力的基石。

最早出现具有波普色彩的作品，大约在 20 世纪 50 年代中期，其中最有名的是具有波普艺术之父之称的理查德·汉密尔顿（图 4-23），此外还有爱德华多·包罗兹、雷奈·班汉（Reyner Ranham，1917—？）、约翰·麦卡尔、劳伦斯·阿劳威（Lawrence Alloway）、阿利逊·史密森（Alison Smithson）和彼得·史密森（Peter Smithson）等人，他们是最早一批进行波普艺术探索的人。

汉密尔顿在 1956 年利用美国大众文化的一些特别内容，比如美国电影明星玛丽莲·梦露的肖像（图 4-24）、电视机、录音机、通俗海报、美国家具、起居室、健美先生、网球拍等的照片，拼合成作品，称为《到底是什么使今日的家变得如此不同，如此吸引人呢？》，通过这张照片拼贴作品，把美国大众文化的内涵淋漓尽致地渲染出来，对于英国年轻一代艺术家和设计师影响很大，也正是这幅画成为波普艺术开始的真正的开端。

随后波普运动从艺术领域扩大到设计领域，在此后的一段时间出现了一大批利用波普的形式表现产品设计，去表达新的社会观念和消费观念。用这种形式去反对现代主义设计的垄断，由于这类设计师中多数是刚从艺术学院毕业的学生，对于新观念和新的形式有自己独特的要求，正是这些原因使他们成为反对现代主义设计运动的主力军。波普设计主要在产品设计、服装设计和平面设计等领域表现卓越，且取得了很大的发展。波普设计借鉴了波普艺术的很多元素，在设计上的一个重要表现就是图案的运用。

在这方面比较有影响力的是贾斯柏·詹斯、维克多·瓦沙里利、布里吉特·莱利。产品设计方面主要表现宇航技术、高科技和表达纯粹的儿童式的天真。在 20 世纪 60 年代波普设计在家具设计上取得重大突破，出现了很多优秀的作品，例如罗杰·斯和他的吹塑椅子、杜尔比诺的充气沙发、鲍里尼的袋状沙发（图 4-25）、艾伦·琼斯和他的人体家具。艾伦·琼斯是最有成就的波普艺术家和设计师，被艺术评论家们称为玩弄"情色"的大师。

波普设计是年轻人在追求新的消费观念和价值过程中的一次尝试，究其本身存在着诸多缺陷，违背了工业生产中的经济法则，更有甚是太多无用之用，与人类本身的发展相违背，因此它注定是短命的，但是波普设计在探索新的设计形式上做出了巨大贡献，成为一个时代的设计印记，影响非常广泛（图 4-26）。

图 4-25　袋状沙发　盖蒂、鲍里尼与泰奥多罗 1969 年

图 4-26　斑点儿童椅　1963 年

65. 艾伦·琼斯

图 4 - 27 图腾 琼斯 1986 ~ 1989 年

艾伦·琼斯（Allen Jones，1937—　）出生在南安普顿，是英国最有名的波谱艺术家和设计师，一生创作了大量的绘画作品和家具设计作品，画风极具现代感，家具设计展现了时尚前卫的雕塑感。其从 1955 年开始在弘赛艺术学院学习，但是在 1960 年被英国皇家艺术学院开除。他是迄今为止，鲜有引起如此巨大争议的艺术家。其中由于琼斯设计了一系列的女人体的家具，而在设计史上留下光辉一笔，成为波普设计的重要代表人物，其作品也成为广为人知的经典波普家具设计案例。

琼斯是一位古怪的艺术家，他的艺术职业生涯从 20 世纪 60 年代跨越到当今。琼斯向来对女性身体这类主题很感兴趣，一直迷恋于流行文化和不同的女性身体描绘从色情到诱惑和魅力的探讨。是传统艺术和波普艺术的集大成者，由于作品古怪、表现情色而极富盛名，但早期的名气多为批评和谩骂。正如他初期创作的 "两性人"系列作品一经推出就轰动了英国艺术界，非议之声漫天而来，原因是他此系列的部分作品带有一定的情色意味，为当时的艺术家群体所反感。后来艾伦·琼斯为 20 世纪 40 ~ 50 年代的偶像杂志设计了女性形象，但是这种设计依然充满争议，原因仍然是其在该形象设计上表现出的对情色和女性身体的着迷（图 4 - 27）。

琼斯在 1969 年设计了一件三联作品《桌子、椅子、衣帽架》（图 4 - 28、图 4 - 29），此作品使用了可以以假乱真的裸体女性充气模型作为桌椅的支撑结构，充气女模型或跪或趴的姿势，极具情色意味，正是这种极具情色诱惑的感觉，是一件艺术家以家具的名义最为直接地将身体作为消费品呈现在公众视野面前的作品，让男士们有一种想要与其互动的冲动。这些家具将某些羞于用语言表达的事物用最直接的方式表达出来，这种赤裸纯粹的方式让人不知所措。正是这件设计作品，让艾伦·琼斯名声大噪，引起越来越多的人的关注和评论。

他的作品受到美国消费文化，以及当时著名波普艺术大师安迪·沃霍尔和利希滕斯坦的影响，具有典型的波普艺术特征。美国大众文化对于琼斯的创作产生了极大的影响，在最初阶段，也就是 1964 年，琼斯抵达美国之前，他的作品很少有波普艺术这种放荡不羁的特点。正是这次美国之行，给了琼斯新的灵感和想法，他说"实际上，我们不需要那一类支持，我们只需要将图像直接呈现出来就可以了。现在回首往昔，20 世纪 60 年代晚期，我开始寻找一种全然不同的艺术语言，这种语言不需要依赖旧有的传统就能够获得自身的合

图 4 - 28 帽架 琼斯 1969 年

法性"。正是这种感悟，深刻影响了他后期的创作，也使波普设计达到新的高度。观念上的转变直接影响到琼斯之后的设计风格，这就是《桌子、椅子、衣帽架》所产生的动因。这些直接反映出琼斯设计思想的改变。

在琼斯的眼里，对于艺术的表现，不一定要用绘画的方式，而可以直接做出来，像雕塑一样做出来，这样可以更直观地表达自己的思想。对于这样的作品，琼斯也曾问过自己，这样的作品会是艺术吗？后来他意识到，既然自己是一名艺术家，这件作品当然可以算是艺术，就像杜尚对待艺术的态度一样。琼斯对女性裸体的偏爱引起舆论的一片哗然，首先它触碰了艺术的禁地，给了很多人借口打击他的理由，其次他的作品完全颠覆了人们对于艺术应该去追求美的表达的原始认知，最重要的应该是他对于女性身体的使用，引起社会很大的不满，很多女权主义者认为他这是对女性身体的亵渎。

图 4 - 29　椅子　琼斯　1969 年

此外琼斯还创作了大量的表现情色的绘画和雕塑作品，这些作品以庆典般的、讽刺的和具有大胆的创造性和挑逗性而著称，情色主题一直以来都伴随有不断的争议，并且受到一些女权主义者的反对。他的作品拥抱了波普文化，同时影响到设计、时尚和电影等领域。美国著名电影导演库布里克曾经在拍摄《发条橙子》时，邀请琼斯免费为电影设计布景，遭到他的拒绝，但是在经过琼斯允许的情况下，最终电影里还是采用了受到他作品启发的家具，以至于很多人认为里面的家具都是艾伦·琼斯设计的。

琼斯的作品影响广泛，在中国也有他的设计作品，例如1997年，他为香港太古广场设计了两尊人形雕塑。艾伦对于女性的身体如何成为艺术品的探索已达到癫狂的状态，他能够用女性的身体表现出任何物品（图 4 - 30、图 4 - 31）。

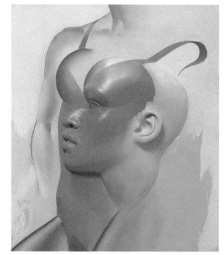

图 4 - 30　以女性身体为主题的情色作品　琼斯

今天的我们是否该去反思呢？今天我们对于消费身体是怎样的一种态度，是消极还是审美，是真诚还是亵渎？波普艺术带来的不同之处就在于，人们开始把身体作为消费品，消费身体这类特殊产品，成为一种异化的艺术形态。表现在工业设计上就是表达非理性，追求异化、夸张的设计形态，抛开现代主义设计理性和客观的设计标准。在琼斯这里可以看出，无论是设计还是艺术表达，其都明确反对包含隐喻、矜持等表达手法的现代主义表达方式，偏好用赤裸和纯粹的方法阐述自己的思想。

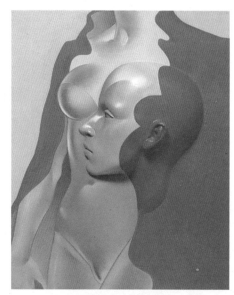

图 4 - 31　以女性身体为主题的情色作品　琼斯

66．盖当罗·比希

图 4 - 32　UP 5 号躺椅　比希　1969 年

图 4 - 33　UP 椅　比希　1969 年

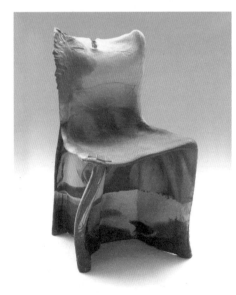

图 4 - 34　Pratt 椅 3 号　比希　1984 年

　　盖当罗·比希(Gaetano Pesce，1939—　)生于意大利斯塔西亚，是意大利杰出的多才多艺的家具大师。

　　1958 年，比希在威尼斯建筑学院读书，1959 年，就读于威尼斯高等工业设计学院。同年，比希成为帕瓦多"N 小组"的创始人之一。通过这个小组，比希又与德国"零"小组、法国"视觉艺术研究小组"和米兰的"T 小组"取得了联系。他有多学科的工作背景，包括工艺制作和艺术表现，他的出版物和展览一直是人们关注的焦点和谈论的话题。他在威尼斯学习和工作一直到 1964 年。

　　1962 年，比希开始做自己的设计，像很多意大利设计师一样，比希收缩了他的目光，专门为特定的客户设计，为很多小企业设计小型产品。同时，他又根据意大利的主流设计，采用新材料、新工艺创造新的家具形态。1969 年，他和 B&B 公司的技术人员合作，推出了他的第一组家具设计作品——"up"系列坐具系统，在这一系列中，他构想了全新的家具概念，即座椅内部无钢性构架，全部用织物包裹的聚氨酯类泡沫塑料，填满在真空乙烯基容器内。

　　"up"系列坐具的造型非常丰满，带有柔和的曲线和对女性人体美的欣赏的审美趣味。其深坑似的座位设计，在人坐下后可以深陷在其中，成为一种特别流行的、柔软的人性化的家具设计，是 20 世纪 60 ~ 70 年代 POP 家具的典型代表，被称为柔软的避难所。"up"坐具系列共 6 件，它们与其他无硬结构家具最大的不同之处，是出于包装和运输考虑而采用的可塑技术，当泡沫椅子完全成形了之后，它们被压扁和抽走泡沫中的空气，很大程度上方便了包装和运输(图 4 - 32、图 4 - 33)。

　　比希对新材料、新技术有很大的热情，这从他的设计中完全体现了出来，比希还设计制作了另一件"后现代主义"代表作"纽约景观"家具系列，作品中充满柔性的曲线，比希热爱有机的形状，喜欢曲线以及表面凹凸的空间，他把用塑料泡沫做成的形体看成是这个世界在 20 世纪的设计的语言，在设计中注入了更深刻的文化和艺术含义，此家具成为了城市景观的缩影。

　　1983 年，比希设计的 Pratt 椅子系列，检测不同密度的聚乙尿素纤维所形成的结构强度的结果，集中体现了他对生产与艺术制作过程之间的关系的关注程度(图 4 - 34)。1987 年，比希推出了Feltri 椅子系列，这是他对新材料的进一步发展和运用，在此，他使用树脂浸泡过的布料作为支撑材料，从而产生了另一种面貌的"自撑式家具构造"（图 4 - 35）。

　　比希为意大利家具公司 Meritalia 设计的沙发，冰山瀑布，天文
景象，这些以前以为跟沙发没什么关系的东西都被他运用上了，只有
想不到的，没有做不到的，这是对自然新的诠释，作品很少有棱角，
多用圆滑的曲线，将大自然赋予的流线型应用于繁重的工业设计中，
呈现出天地的智慧，一系列灵感来源于冰川、草甸，凡是自然中可以
看到的，都出现在沙发上，让人感觉身处大自然中一样，作品气势磅
礴，却又稳重安静，与大城市的浮躁、浮华、混凝土、金属等城市元
素形成了鲜明的对比，似乎在暗讽当今社会所带来的慵懒浮躁的社会
现状。

　　比希是意大利设计师中极具天赋的设计师，在 20 世纪 80 年代的
意大利设计界，他出色的才华使他成为意大利最不寻常的设计师和艺
术家之一。他的很多作品被法国、芬兰、意大利、葡萄牙、美国和英
国等国家的博物馆永久收藏。1993 年，获得非常有影响力的克莱斯勒
的创新和设计奖，他也是著名的孟菲斯小组成员之一（图 4 - 36）。

　　比希作为 20 世纪 60 年代的一批激进设计师之一，其设计思想
对当时的国际主义风格起到了有效的抗衡作用。他反对现代主义及其
倡导的理性设计思潮，反对 20 世纪 50 年代后期意大利产品设计追求
豪华奢侈、讲究装饰的设计趋势，反对只为消费者使用，而忽略了对
社会、经济、环境以及大众文化的影响的设计艺术思潮。因此，在他
的影响下，掀起了一场反对大规模生产，反"技术时尚"风的被称为
反主流设计或反叛设计，是 20 世纪 60 年代世界上非常重要且具有时
代特点的设计艺术浪潮，也是后现代主义设计的重要组成部分，直至
20 世纪 70 年代才逐渐消退（图 4 - 37、图 4 - 38）。

图 4 - 35　Feltri 椅子　比希　1987 年

图 4 - 36　低背扶手椅　比希　1975 年

图 4 - 37　摩洛落地灯　比希　1970~1971 年

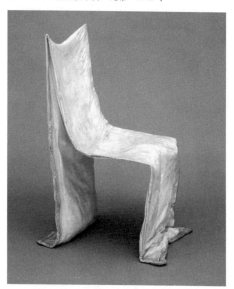

图 4 - 38　各各他椅子　比希　1972 年

67. 维托·潘顿

图 4 - 39　Topan VP6 限量版吊灯　潘顿

图 4 - 40　潘顿椅　潘顿

图 4 - 41　布面休闲椅　潘顿

维托·潘顿(Verner Panton，1926—1998)生于丹麦，是丹麦极富盛名的建筑师和设计师。

20世纪50年代中后期，他来到瑞士生活和工作，那些年自我放逐的生活，使他设计出了大量的作品，并且这些新颖的设计作品没有一点国家的特征，作品中既没有表现出丹麦人对传统工艺的热爱，也没有瑞士人严谨的理性主义设计风格。如果说有国家特征存在的话，那么就是他与美国和意大利有一些联系。那时美国和意大利的战后设计师通过现代设计运动，呼吁应用新材料和新的设计形式。1947～1951年，潘顿在丹麦皇家艺术学院学习，曾在雅各布森的事务所工作过。20世纪60年代，维托·潘顿是国际上提倡采用新技术和合成材料的人物之一。1955年他开办了自己的设计工作室，打破了北欧传统工艺的束缚，运用鲜艳的色彩和崭新的素材，开发出充满想象力的家具和灯饰。

在他看来，材料的限制并不是设计的阻碍，他的设计灵感来源于他丰富和与众不同的想象力，并因此而成为"丹麦黄金时代"的最佳设计师。从20世纪50年代末起，他就开始了对玻璃纤维增强塑料和化纤等新材料的试验研究。60年代，他与美国米勒公司合作进行整体成型玻璃纤维增强塑料椅的研制工作，于1968年定型。这种椅子可一次压膜成形，具有强烈的雕塑感，色彩也十分艳丽，至今仍享有盛誉，被世界许多博物馆收藏。潘顿还擅长利用新材料来设计灯具，例如1970年设计的潘特拉灯具，1975年用有机玻璃设计的VP球形吊灯（图4-39）。同时，他还是一位色彩大师，他发展的所谓平行色彩理论，即通过几何图案，将色谱中相互靠近的颜色融为一体，为他创造性的利用新材料中丰富的色彩打下了基础。

潘顿椅外观时尚大方，线条简洁利落，一体成型、造型完美，让人为之一亮，有种流畅大气的曲线美，潘顿椅的成功成为现代家具史上革命性的突破，是世界上第一把一次模压成型的玻璃纤维增强塑料椅（图4-40）。早在哥本哈根的皇家艺术学院学习的时候，潘顿就开始了对无后腿座椅的构思。1955年，他造出了一把呈S造型的木复合椅子，而后来又发现了一种新型的塑料材料，于是他重新来审视他的这个"椅子"的主题，重新回到S造型的构思上，并对它进行了修改。这个构思最具特色的地方就在于它的"无后腿构思"：椅子下部弯曲，构成了S型的底座，并由此营造出作者所期望的腿部空间。这把椅子的出现是革命性的，它不仅改造了椅子千百年来形成的功能性结构,也在材料工艺和形式感上取得了突破性的成就。这一设计的创举是潘顿通过对塑料性能的深入研究和不断实验所取得的。这把在1960年创出的丹麦椅子,没过多久就被列入了古典家具大典。这可以说是现代家具史上的一次革命性突破,潘顿借此得到了全世界的赞誉。在新世纪的今天看来,潘顿椅依然时尚前卫,至今仍有许多新设计的椅子是由这把潘顿椅变化和引申而来(图4－41)。

图4－42　心形椅　潘顿

1959年潘顿设计了一款心型椅子,内置玻璃钢材质,并以海绵材质包裹,不仅增加了安全性,也使产品富有时尚感,且保暖而舒适(图4－42)。外面是羊毛绒布,背面、靠背与座垫等部位平坦,表面光滑不起皱。独特的心型外观设计,结构简单,是一款后现代倾向、时尚、端庄、实用的椅子,精心设计的靠背,两边对称,更具有人性化,使人感觉非常舒适典雅。他还设计过其他物品,例如,图4－43这个储物盒,我们今天经常能看到相类似的设计。

他还设计过盘子,样子十分像揉过的纸片,但却是玻璃制材,和他设计的椅子一样简单随性又充满弧线。

巴塞尔有国际著名的家具制造商米勒公司的生产基地,同时也是著名的"维特拉家具博物馆"所在地。在巴塞尔,潘顿先后为欧美许多著名公司设计家具、灯具和其他产品,其中包括米勒公司、诺尔公司、托奈特公司、维特拉公司和意大利的巴亚尔公司。潘顿设计的"潘特拉"灯具既可用作台灯,也可用作落地灯,造型简洁明快,可以适用于不同的环境。20世纪70年代以后,潘顿也屡有惊人之举,但是他的事业黄金时代已经过去了。

图4－43　Barboy移动存储盒　潘顿　1963年

潘顿认为,当时的丹麦设计界过于保守,无法为他提供满意的工作环境。他曾说:"我无法忍受进入一个客厅,里头摆着沙发、咖啡桌和两张扶手椅,然后我整晚就要困在这地方。"他致力于各种实验,为空间创造意想不到的家具、装潢,甚至布料(图4－44)。

今天,设计对于塑料等新材料的盲目崇拜随着人们环保意识的提高已经日趋隐退。但是,潘顿的"新有机设计"因其在设计观念上的大胆探索和对人类前途所抱有的乐观态度仍然在设计史上留下了浓重的一笔。在潘顿的创作生涯中,他始终保持着革命性的、创造性的态度,创作了许多具有反叛精神的、富有情趣的设计,这些设计同时又是完美的划时代的生活用品。通过它们,潘顿营造出了一个充满乐观精神的未来生活空间。潘顿打破传统的勇气和成功的设计经验也非常值得当代中国设计师借鉴和学习。

图4－44　变形虫椅　潘顿

68.Zanotta 公司

图 4 - 45 办公椅 Zanotta 公司

奥雷里奥·扎诺塔于 1954 年在米兰创建了 Zanotta 公司。其设计的产品造型独特，展现了创新的设计工艺技术，即使是成立已达 50 年之久，意大利知名品牌 Zanotta，仿佛有用不完的创意，每推出一新的产品，总是令人惊奇，跳脱陈腐过时的设计手法，展现出超越潮流的创新，使得 Zanotta 公司的许多创作已经被列入设计史丛书，并陈列在世界各大主要美术馆，成为意大利设计界极受瞩目的领导品牌。Zanotta 的历史可以被称为意大利当代家具发展历史的一个缩影。这个伴随意大利设计在 20 世纪 50 年代崛起而创建的公司，在意大利设计走向世界的过程中，发挥了不可磨灭的作用。Zanotta 公司的产品销往欧洲各地以及美国、加拿大、南美、澳大利亚、日本，出口占总销量的百分之四十。

Zanotta 刚成立的时候，产品仅限于传统工艺方法制作的整套软垫家具。1961 ~ 1971 年，在从流行设计走向先锋设计的 10 年里，Zanotta 的设计和产品都发生了重大的变化。一方面，这与新材料、新技术的开发是分不开的。1961 年，沙发开始引进模制胶合板技术；1965 年，将软性聚氨酯泡沫的使用引入了意大利家具制造业；1966 年，Zanotta 制造了第一件不锈钢管结构的家具模型——夏洛特椅。同年，Zanotta 公司设计了透明有机玻璃家具；1969 年，马克·扎努索(Marco Zanuso) 设计了"马儿库索"桌，这种家具模型将直接"焊接"玻璃和钢的技术引入了家具领域。

1972 ~ 1982 年，又一个 10 年，Zanotta 推出了层出不穷的新产品，一批包括索特萨斯在内的设计大师又加入了与 Zanotta 的合作行列，Zanotta 公司的路越走越宽。1983 年以来，Zanotta 公司加强了生产的集中化，以及瞄准国际市场的对外形象传达。至 1984 年，Zanotta 的生产制造活动全部集中到米兰的诺瓦工厂，所有材料都可以在那里得到处理：热塑性和热固性树脂、金属、木材、大理石、皮革和织物。

在注重提高产品设计质量的同时，Zanotta 公司也清楚地看到形象传达对于市场开拓的作用。因此，Zanotta 积极举办展览，加入各种学会委员会等，并以出版物形式推广 Zanotta 的设计文化。1984 年出版了《家具作为建筑：Zanotta 的产品与设计》，1988 年此书再版，并出英文版。另外，各国博物馆争相举办 Zanotta 产品的展览并收藏其产品，这无疑也促进了 Zanotta 的形象传达，帮助其产品打开了国外市场。Zanotta 公司几乎每年都有新产品领导家具设计潮流，无怪乎它在意大利家具设计乃至世界家具设计史上占有独特的地位了

图 4 - 46 凳子 Zanotta 公司 1975 年

（图 4 - 45 ～图 4 - 49）。

ARABESCO 桌是意大利建筑师、设计师莫里诺设计的首款家具，具有一定的独立性，虽然以后他又被重新制造，但每件都稍有不同。莫里诺设计的许多家具都借以赞美人体的曲线美。莫里诺的所有家具像是在空间中形成的：庞大丰满，无物质感强，明显有偏爱体积的审美情趣。但是它的酝酿没有考虑到工业生产的需要，只是在 1997 年，它才由 Zanotta 公司投产而成为一件工业产品。

Zanotta 生产的充气椅是 20 世纪 60 年代大批量生产的一次性生活用品的缩影，同时也对传统工艺的持久、昂贵等特点提出了挑战（图 4 - 50）。它的设计者 DDL 是一家米兰的设计工作室，由意大利设计师德·帕斯（De Pas）、乌比诺（Donato Durbino）和拉马齐（Paolo Lomazzi）合作设计的具有波普风格的充气椅。尽管使用寿命不长，但它们轻巧便于搬运，价格便宜，新颖的塑料的充气式外形体现出了随意、幽默的特点，无论摆在室内室外，这件用便宜的 PVC 塑料做成的充气椅子都显得那么有趣。这把椅子并非生活必需品，设计者也没想过要把它做得多么牢固，甚至还附送了配套的修补工具来处理跑气的问题。

尽管这个好像米其林轮胎人一样的家伙长着一副极不严肃的面孔，但是他在商业上的成功表现却是毋庸置疑的。一直到今天，这把椅子还在不断地被重新生产，并且还衍生出一大批各式各样的复制品。

图 4 - 47　咖啡桌　Zanotta 公司　1997 年

图 4 - 48　凳子　阿希尔·尼卡斯迪扬　1970 年

图 4 - 49　Allunaggio　Zanotta 公司　1965 年

图 4 - 50　充气椅　德·帕斯、乌比诺与拉马齐

69．卡西纳公司

图 4 - 51　298 号椅　卡西纳公司

图 4 - 52　LC1 椅　卡西纳公司

图 4 - 53　桌子　卡西纳公司

卡西纳公司是一家家具制造企业，它在现代的意大利设计中起到了非常重要的作用，曾有一大批顶尖设计师在该公司工作，他们不仅为自己赢得了很好的声誉，也确定了战后意大利家具设计在国际市场上的地位。

卡西纳公司的历史可以追溯到 18 世纪，卡西纳家族的家具制造厂坐落在米兰北部的一个小镇，起初他们为当地的居民加工传统的木质家具。到了 20 世纪早期，开始制造本土设计的小型工作台。1927 年，著名的卡西纳公司在意大利的米兰正式成立，由西沙瑞·卡西纳和安布托·卡西纳两个兄弟所创立。

卡西纳公司在创立初期以生产一些小型单件的木制家具为主，如茶几、客厅用的小矮桌，渐渐地再加入扶手椅、画室工作桌等产品。卡西纳公司特别重视作品背后的设计理念，有些作品在初期可能不为世人所重视，若干年后这些作品有很多已成为 20 世纪设计作品的主流。

1945 年以后，卡西纳公司的家具生产和设计方式发生了重大的转变。当时公司雇佣了 30 名员工，到 1955 年增加到了 40 人。但是由于制造程序和生产规模的不断扩大，工作人员数量的增加远不能满足生产的需求，所以卡西纳公司转变为大批量的生产方式，并进入了国际市场，生产的家具款式明显带有那个时代的特征。卡西纳公司产品蕴含了不同的文化和语言，并在风格和材料方面进行了广泛而大胆的试验。现如今，卡西纳已成为与诺尔和米勒并驾齐驱的、具有国际声望的大公司，它的产品 70% 销往了世界各地（图 4 - 51 ～图 4 - 55）。

在意大利家具设计的潮流中，卡西纳公司始终像是一面旗帜，并迎来了以米兰为中心的意大利家具设计和制造的高潮时代。一批才华横溢的世界顶级建筑师、设计师加入了卡西纳公司设计行列，由此诞生了一大批堪称意大利现代家具的巅峰作品，并为包括纽约现代艺术馆(MOMA)在内的世界各地博物馆争相收藏。

1950 年，卡西纳也吉奥·旁蒂合作设计制造的 Superleggera 椅，这把椅子为战后卡西纳公司的家具生产确立了新的方向。在 1950 ～ 1956 年间，这把椅子只是一个方案，直到卡西纳公司能够将它批量生产，它才得以由纸上方案变成真正的产品。

Cab 椅是 1977 年由设计师马里奥·贝里尼 (Mario Bellini) 所设计出的具有其自身概念的椅子，该椅子由一个灵活的钢架覆盖着一个由豪华的马鞍皮革构成的"皮肤"（图 4 - 56）。拉链的运用使 Cab 本身完成了一个跨越了多个环境永恒的设计。Cab 椅是马里奥与卡西纳家具公司合作设计完成，秉承了卡西纳家具公司一贯的结实耐用，环境耐候性良好的理念，使 Cab 获得了 1979 年的 ASID & ROSCOE 奖项，并包含在现代艺术博物馆和大都会艺术博物馆的 20 世纪设计和建筑设计的集合里。可用 9 个颜色替换（磨砂象牙色、自然色、俄罗斯红、哑光桃木、哑光棕色、空军蓝、深灰、粗面黑或黑色亮光）。

图 4 - 54　LC2 沙发　卡西纳公司

伊奥椅（Aeo Chair，1973）是由阿基佐姆事务所创建者之一的德加内罗（Paolo Deganello）与卡西纳公司于 1973 年设计制作的椅子，当 AEO 被看作是一种新的功能主义美学的典范，他的创新不仅体现在外表上，也体现在组装标准，对普遍认为是不相容的材料的一视同仁和只需要改变椅背就能更新形象的简单性上。其又写道："换一下面料就能彻底改变产品的外表。它所需的时间就像换一件衬衫那么短。"

Feltri 毡椅是盖当罗·比希于 1987 年设计的，并由卡西纳公司生产制造。卡西纳公司与这位极具创新精神的设计师合作了 20 多年，生产了大量他设计的家具作品。这款造型的扶手椅设计遵循了实验主义的传统。椅子上柔软的织物，浸泡过的树脂，以确保布料的硬度。

Atra 和 Tobia Scarpa 夫妇于 1963 年开始与卡西纳公司合作。1970 年他们设计了一款 Sonana 休闲椅，使用胶合板做椅座基板，镀铬钢质座椅框架。椅身用泡沫塑料填充，表面用织物或皮革进行适当的装饰。

图 4 - 55　椅子　卡西纳公司　1959 年

卡西纳品牌具有强大的全球性零售网络，在米兰、伦敦、巴黎和纽约设有直营店。从 2005 年起，卡西纳公司加入 Poltrona Frau 集团，该集团是高端家具行业的全球领先者和意大利最佳设计的国际代言者。

许多卡西纳公司的产品在问世之初由于过于前卫而受到业界的质疑。然而，随着时间的推移，这些产品最终都为人们所接受，并成为设计的经典之作，与其他产品浑然一体。这也充分体现了卡西纳在作品选择上的大胆和高瞻远瞩。卡西纳的成就是因为它给了众多优秀设计师一个施展才能的平台，给予他们自由的设计空间，对于意大利乃至世界现代设计的发展有着巨大的推动作用。

图 4 - 56　Cab 椅　卡西纳公司　1976 年

70. 卡斯迪利奥尼兄弟

图 4 - 57 Mezzadro 凳子 卡斯迪利奥尼兄弟 1957 年

卡斯迪利奥尼由三兄弟组成：利维奥、皮埃尔和阿切勒。利维奥在卡斯迪利奥尼兄弟中排行老大，1936 年在米兰理工建筑学院毕业。1938 年，利维奥和他的弟弟皮埃尔在米兰都灵的 Piazza Castello 开始共同经营他们的第一家实验室，后来其三弟阿切勒于 1944 年加入。卡斯迪利奥尼兄弟的设计主要集中在设计日常使用的实用对象，包括家具和电器。1939 年，他们共同设计的 "Phonola" 为当时的首个胶木收音机，其材料用的是胶木而并非原木。

卡斯迪利奥尼兄弟在意大利的设计环境中非常活跃，并在 1956 年时，创立了 Associazione per il Disegno Industriale(ADI：意大利工业设计协会)，且获得了令人垂涎的重要大奖 Compasso d'oro（金圆规）。在 1959 ～ 1960 年，利维奥开始成为 ADI 的领袖人物。而阿切勒在三兄弟中最具世界影响力。

阿切勒学建筑出身，同样跨界建筑和产品两大设计领域，所以从他的很多家居产品设计上都能看到建筑观念的影子，一生永不断地对设计的追求和思考，让阿切勒一生获奖无数，让人们对他的设计记忆犹新，使他的作品到现在还是一样辉煌。阿切勒曾经服务的阿莱西、FLOS、MOROSO 等家居制造商现在已经成为世界最为顶级的生产制造商，阿切勒是陪伴着这些品牌成长起来的，现如今阿切勒的设计还在生产，已经生产销售了几十年，成为经典。

阿切勒在意大利设计艺术的黄金时代扮演了举足轻重的角色。一生创作了 150 多件杰出作品，其中一些关于现代主义的作品设计可以说是精巧至极。先后九次获得意大利著名设计奖——金罗盘奖。通过教育实践，他影响了工业设计、装饰项目、大众对设计的理解等方方面面。他在米兰的工作室已被改为 Achille Castiglioni 博物馆，从 2006 年 1 月起向公众开放。"他的作品，不仅对 21 世纪的应用设计产生了重大的影响，也教导了新一代设计师何谓'好的设计'，并且对'设计'为何能够成为最能表现世纪性创意的方式之一提供了清楚的轮廓。"著名的 MOMA 博物馆在举办阿切勒个人回顾展时，对卡斯迪利奥尼兄弟为 Flos 所作的各种灯具表达了最为恰当的赞美之词。

"设计，正是这个时代创造力的最高级的表达方式。阿切勒·卡斯迪利奥尼，世界上著名的设计大师之一，他以严谨的手法、娴熟的技巧，丰富的才干和高超的智慧，在理性与感性的设计创作中融合了独特的思维入点。他所有的作品都见证了他的成功。"纽约著名的

图 4 - 58 Sella 凳子 卡斯迪利奥尼兄弟 1957 年

MOMA 博物馆对他的另一番赞美也让人为之信服。

1957 年，阿切勒和皮埃尔在科莫的 Olmo 公关设计了"Colori e forme nella casa d'oggi"展览，第一次展出他们在 1957 年做的"现成"设计，即用拖拉机座椅制作的 Mezzadro 凳子（图 4 - 57）和用自行车座制作的 Sella 凳子（图 4 - 58）。

1983 年，利维奥和皮埃尔合作设计了落地灯与调光器——Taccia 灯（图 4 - 59）。

图 4 - 59　Taccia 台灯　卡斯迪利奥尼兄弟　1962 年

阿切勒设计的蒲公英（TARAXACUM 88S - Flos）有着直射光和折射光的吊灯，是 Flos 产品目录中的经典产品。其灵感已包含在名字"蒲公英"中：一个球体固定着透明的雄蕊，这些雄蕊不太牢固地集中在核心上，等待着在风第一次时间吹起时飞走。一些属于天空的轻盈缥缈的东西：20 块发亮的三角形镀铬铝合金板，组成了一个坚固的核心，每块铝合金板上装配了 3 个照明球体，形成了总共 60 个球形灯泡的大灯具。一个多重复合球体，虽然体积很大却十分轻盈，在灯光熄灭时也同样迷人，而灯光亮起时则十分绚烂。适用于开阔空间和重要场合的照明。

由阿切勒设计 Alessi 公司制造的 Fruttiera Scolatoio，它由两部分构成：网状沥水篮和高脚杯状水果盘，这使得它可以有两种不同的用途。这款产品是水果盘和沥水篮的统一体。直观上你就可以轻易看出它是如何使用的：带有把手的不锈钢网沥水篮，直接用来在水龙头下冲洗水果；带有底座的水果盘可以盛放洗净的水果并摆在餐桌上。另外，表面金属抛光加工使它看上去更加高雅。阿切勒这一巧妙的设计阐明了平凡餐桌日常生活中也可以有着无限的创意。Alessi 公司通过与众多大师级的设计师合作，将意大利的经典设计带入了家庭用品的领域。阿切勒设计的这款产品还获得了巴黎国家烹饪艺术委员会奖颁发的青年设计师奖，但实际上那时的阿切勒已经 77 岁了。

图 4 - 60　RR126 音响系统　卡斯迪利奥尼兄弟
1983 年

设计永远是充满魅力的，因为它传达了思想。阿切勒的创作就是这样的一个典范。在他的设计中，人们能够找到不受时间限制，具有创新精神，新颖独特的、智慧的、无法预言的成分。"他的每个作品都有各自鲜明的特色，都具有永恒的魅力"这是著名的《Conran 章鱼当代照明》（*Conran Octopus Contemporary Lighting*）一书对他的评价（图 4 - 60、图 4 - 61）。

图 4 - 61　手表　卡斯迪利奥尼兄弟

图 4 – 62　女士扶手椅　扎努索　1951 年

图 4 – 63　电子厨房秤　扎努索　1969 年

图 4 – 64　黑白电视　扎努索　1964 年

　　马克·扎努索（Marco Zanuso，1916—2001）是现代意大利战后设计界的元老之一，也是现代意大利工业设计的重要设计师之一。他为人严肃且具有很高的智慧，在长久且卓著的职业生涯中，他设计了许多生命力极强的经典作品，并在意大利公共设施的设计中起到了非常重要的作用。1939 年扎努索毕业于著名的米兰理工大学建筑系，并于 1945 年在米兰开办了自己的设计事务所。1945~1986 年期间，扎努索担任了米兰综合技术学校建筑和城市规划专业的教授，并在《多姆斯》和《美屋》等一些期刊上发表文章讨论现代设计。1945 年，他在米兰 ADI（Associazioneperil Disegno Industriale）的形成中也发挥了很大作用，并且帮助组织了早期的战后米兰博览会。

　　在 20 世纪 40 年代晚期，Pirellig 公司带着对扎努索的创新设计的好奇心，委托这个年轻的米兰设计师使用他所新开发的橡胶发泡来设计家具。他的作品的成功促使了 Pirellig 公司旗下的 Arflex 公司的形成，这是一家专门制造家具垫料的工厂，它的工业前提引发出非同寻常的设计经验，工业程序和新材料的使用刺激了新形式的发明。

　　扎努索为 Arflex 公司设计的第一批产品是 1951 年在米兰三年展上获得金牌的"女士扶手椅"（图 4 – 62）。泡沫软垫扶手椅的一个早期的例子在《意大利设计》中也出现过，设计很简单：四片厚厚的泡沫塑料，下面有四条细细的钢管支架腿，舒适、精致，他的创新使得沙发椅被拆卸成椅背、椅座、两侧扶手等四部分，可以进行随意安装。扎努索的"女士扶手椅"这项创意使填塞垫料的家具改变了过去在木质织布机上织造垫料的旧工艺，它是意大利战后第一个设计高潮，在 1952 年"米兰设计三年展"上面展示的这把椅子，横切开来，让人看见整个结构如何简单，很多设计史著作在谈战后现代设计的时候，几乎没有不提及这把椅子的，Arflex 公司自然也就随着这把椅子出了名。

　　扎努索的整个设计生涯都充满着他对技术的迷恋。当传统行业及手工艺仍掌控着多数意大利生产商的同时，他以无误的现代设计利用大量工业产品的潜能建立了庞大的产品系列。对于扎努索而言设计的目的不是对产品进行修饰，而是为了设计出实用功能明确的产品。此理念反映出这个事实：那就是他是个真正的工业设计师。扎努索喜欢使用塑料，但由于技术生产对塑料的限制，在很多新颖的设计作品中，他运用了大量的曲线造型，而这些曲线造型正是扎努索的许多设计作品的共同特征（图 4 – 63、图 4 – 64）。

扎努索在 1955 年为 Arflex 公司设计的沙发床，利用了一个新的机械装置，通过它能够将沙发转换成床。获得了 medaglia d'oro triennale 大奖。这款设计是为了满足 20 世纪 50 年代生活条件所需而设计的沙发床，价格低廉，节省空间且时尚十足。

1963 年扎努索设计的"CUBE" TS-502 收音机，一问世，就以精致可爱的方块但不死板的小巧轻便设计赢得设计赞誉。它里面有两个接收器与共享的音频电路，无线电看起来像一个双立方体的形式，通过两个 ABS 塑料盒实现连接，高频部分的接收机在里面的右框中，然后与扬声器的音频部分位于左侧。扬声器是由意大利 IREL 一起参与精心设计的音频放大器，它提供了"温暖"和真正愉快的声音。

图 4-65 便携式记录播放器 扎努索 1964 年

1966 年扎努索和里查德·萨帕（Richard Sapper）设计了一款可折叠"grillo"电话。扎努索对它这样描述："基本情况相当清楚：排除固定性，解放话筒与话机之间的连接线给予限制的移动性。它的样子新颖和随意，这决定了它形状中的个人的、隐私的、秘密的、悄悄话的成分，可以说它颇为性感。"

扎努索在 1964 年设计了著名的儿童椅，这款椅子可多个叠落在一起，儿童椅是用一次压模成型聚丙烯生产的第一件椅子设计（图 4-66）。

终其一生，扎努索最主要的成就是通过对新材料和新技术的不断试验从而设计出时髦而富有功能的工业化产品，有效地发掘了现代设计语言更多的潜力。1945 年后，扎努索推动了新现代主义设计运动在意大利的发展，20 世纪 50～60 年代，扎努索与领先的产品制造商合作并做出了重要的贡献，在现代意大利设计国际化意识的形成过程中，他也是重要的教育和组织力量。20 世纪 60 年代扎努索一直保持严谨的态度和创新精神，为战后国际化设计做出了巨大贡献，使扎努索成为专业领域中最受尊重的人之一（图 4-65～图 4-67）。

图 4-66 儿童椅 扎努索 1964 年

图 4-67 灯 275-1 扎努索

72. 维克·马基斯特雷蒂

图 4 - 68　月神椅　马基斯特列蒂

图 4 - 69　"含羞台灯"　马基斯特列蒂　1967 年

维克·马基斯特蕾蒂（Vico Magistretti, 1920—2006）是意大利建筑师和家具设计师，他在出生地米兰开办了一间很小的工作室，只有一个助理绘图员。在过去的 50 年中，马基斯特蕾蒂表现了战后意大利设计理性的一面，对于技术和形式问题不断寻求永恒的解决方法。然而，在实施这些解决方法的过程中，他创作出了令人吃惊且新颖的设计作品，这对于提高现代意大利设计运动的国际地位起到了促进作用。马基斯特蕾蒂清楚地阐述了工业与设计者合作的重要性。在意大利，设计是在设计师和制造者之间产生的。这种方法促使他与各种各样的公司合作，设计了 120 多种产品，其中 80 种产品仍在生产。1946 年，他为米兰三年展设计了金属钢管制作的书架和一个简洁的板椅。他的类似鸟巢的桌子和极度理性的梯形书架，与扎努索、阿尔比尼等人的作品一道，在 1949 年由 Fede Cheti 组织的一次展览中展出。

作为 20 世纪最早的设计师之一，马基斯特蕾蒂获得了无数奖项，包括米兰三年展的金奖和大奖，两次金罗盘奖和工业设计艺术家与设计师奖。1983 年他在米兰的多姆斯学院任教，并成为伦敦皇家艺术学会的荣誉会员。在他的设计生涯中，无论是用传统材料还是艺术级的材料，马基斯特蕾蒂都能把创新性的技术与雕塑的优美性妥善结合，创造出具有整一性的、永恒的现代设计作品。他认为设计与潮流具有互补性，实用与美是高品质的产品设计共有的特性。他敦促人们运用设计手段创造耐久的产品，以改变"用后即弃"的这种文化倾向。

他最著名的椅子——世界上第一把全塑料整体坐椅，叫"月神椅"（图 4 - 68）。尽管这种椅子现在非常常见，但对于 20 世纪 60 年代的人们来说，这却代表了一场革命。它们造型简洁，坐上去也相当舒适，塑料材质让它们便宜、轻便、易清洗，可以堆叠起来放置以节省空间。由于只需一次压制就能成型，这种椅子制作工艺简单，生产成本也很低。1967 年，马基斯特蕾蒂拿到月神椅的专利，并且完全用一整张 3 毫米厚的玻璃钢材料制成，设计和制作过程中大师还解决了椅子腿部 S 形的加工难题。

1967 年，马基斯特蕾蒂设计了一款"含羞台灯"（Eclisse lamp，图 4 - 69），其光源位于可被旋转的如同小雕塑般的球体内部，有一边作为一个手动调光器是可以打开的自由旋转的半球，这种设计可返回到初级形状的范围：半球形的电气元件，扩散器也是球形但相连的两个领域，独立旋转的垂直轴上创建一个可变孔径。球体是手工制作的，有一个特殊的环转动的内球。这款可调灯的创意令人惊叹，感叹马基斯特蕾蒂的大胆创新和创造力，这是别人所没有的。

Atollo（蘑菇，图4 - 70）灯采用镀膜金属材料，是马基斯特蕾蒂1977年设计的作品，此款灯具有优美的尺度，简单的几何形构成，有强烈的视觉冲击力。灯体发光部位产生了有趣的光影效果，即发光体好像没有任何支撑，悬浮于半空中。Atollo灯不仅仅是一个灯，更是一个图标，一个被誉为20世纪意大利设计最著名的标志的神话。自1989以来，意大利公司Oluce便开始生产不同尺寸的"变异"蘑菇灯。1979年，蘑菇灯获得了意大利Compasso d'Oro设计奖。

图4 - 70 蘑菇灯 马基斯特列蒂 1977年

1973年，Maralunga可调节沙发（卡西纳公司）首次采用氨基甲酸酯材质来制造沙发，其特色是可调整的头枕及扶手，后背也可以上下调节，适应多种需要，强调简洁明快的设计以及创新的材质，打破以往的常识，可以说是革新的作品，这都让马基斯特蕾蒂的一件又一件作品成为经典，后卡西纳公司制造的产品大肆模仿这项设计。1979年，"Maralunga扶手沙发椅"获意大利Compasso d'Oro设计奖。

1977年，马基斯特蕾蒂设计了一款折叠书柜（Nuvola Rossa Book Shelves，图4 - 71）：天然榉木制成的书架，可以涂抹上黑漆和白漆，四中心的架子是可移动、可折叠的，结构和造型新颖，使用方便，节省空间。

马基斯特蕾蒂曾说："如果是一个好的设计，设计师应该能在一通电话里就把设计的原因和制作方法解释清楚——简洁可以赋予产品鲜明的个性。"

图4 - 71 Nuvola Rossa折叠书柜 马基斯特列蒂

马基斯特蕾蒂设计作品的一贯特征不仅是探索设计风格的结果，也是对奇特构思进行理性认识的产物，其构思简洁，同时又能完美地处理设计问题。然而，马基斯特蕾蒂对于战后意大利设计的贡献超出了他设计作品的本身。他活跃且富有热情的演讲激励了许多他教授过的学生。马基斯特蕾蒂已经成为一位有强大影响力的现代设计大师，并且始终如一，具有个性设计风格的典范。马基斯特蕾蒂的作品统治了米兰设计舞台，他一生设计过800多个产品，他设计的灯具和家具大多成为畅销品，并且长时间畅销不衰，许多现在仍在生产（图4 - 72）。他的作品在欧洲、美国和日本各大主要设计展品展厅都有陈列，并且被世界最有影响力的博物馆收录为永久展品。其中12幅作品被纽约现代艺术博物馆（MOMA）永久收藏。

图4 - 72 躺椅 马基斯特列蒂 1996年

73. 乔·科伦布

图 4 - 73　像大肠一样的沙发　科伦布

乔·科伦布 (Joe Colombo, 1930—1971) 虽然逝世时年仅 41 岁，但他却是 20 世纪 50 ~ 60 年代现代意大利设计中的关键人物。在短暂的职业生涯中，科伦布创作了无数的设计作品，并且建立了一套设计思想体系。这套思想体系将技术创新和充分考虑功能性的思维方式联系在了一起。他认为设计师不仅仅是产品的创造者，也是我们生活环境的塑造者。科伦布有句名言："具有持久生命力的生活就像是一场赛跑"。他在短暂的生命里取得了许多成就，科伦布不仅热爱设计，也非常喜欢体育运动，尤其是滑雪和驾驭快车。

科伦布曾在米兰理工学院学习建筑、在巴里拉艺术学院学习绘画，对于人们基本的居住概念进行过广泛的探索。科伦布十分擅长塑料家具的设计，他特别注意室内的空间弹性因素，认为空间应是弹性与有机的，不能由于室内设计、家具设计使之变成一块死板而凝固。因此，家具不应是孤立的、死的产品，而是环境和空间的有机构成之一。他所设计的可拆卸牌桌就体现了他的设计思想。

科伦布曾参加过先锋派的绘画和雕塑运动，1962 年，他在米兰开办了自己的设计工作室，致力于设计室内和家具设计。科伦布对当代工业设计有很大影响，其主要作品包括：为 O-Luce 公司设计的灯具、家具、塑料储藏车和一个完整的带轮的厨房、为卡特尔公司设计的 4801 扶手椅和 4860 塑料椅等。

当大多数设计师发现他们的工作被辞掉时，他们非常愤怒，这时科伦布就会说："我们只需要变得更好。"制造商并没有科伦布为自己设计项目的那般热情，科伦布不把时间浪费在争论上，而是把精力放在工作上。他提供了今天的家居设计新类型，科伦布应用新的生产工艺和现有类型的家具设计材料，对玻璃纤维、铝、ABS 甚至聚丙烯的研究利用，这些材料易于堆叠而且易于清洁（图 4 - 73）。

在 20 世纪 60 年代早期，曾做过艺术家的意大利产品设计师科伦布开始专注于研究一次成型的批量化生产椅子的制作工艺。起初他一直用铝材进行实验，不过他最终还是利用牢固而有弹性的 ABS 塑料获得了成功，多功能椅从此诞生。1967 年，科伦布设计了 4860 塑料椅（卡特尔公司），这是科伦布尝试将椅子一体化注塑成型的成果。它额外的附件是可拆分的旋转式椅腿。这种椅子腿经过调节后可以把标准高度的椅子变成一件高脚凳，是世界上第一把用 ABS 塑料注模而成的成人尺寸的椅子。

科伦布喜欢称自己为"未来环境的创造者"，而 4860 塑料椅就

图 4 - 74　变换椅　科伦布

具有这样一种太空时代的、未来世界的感觉。明亮醒目的色彩与活泼圆润的造型，令这把椅子与波普艺术之间产生了共鸣。科伦布一直关心的另一个问题是椅子的可调节性，而多功能椅那四条旋拧式椅腿是可以互相更换与调节高度的，这就进而改变了椅子的功能，使之能够适应从餐厅到酒吧的各种场合（图4－74）。

图4－75　椅子　科伦布

1969年，科伦布设计了另一款椅子，它是由两个覆盖了粗纺毛织物和填充了聚氨酯泡沫的垫子通过两个铰链的连接所构成的（图4－75）。垫子可单独使用，或在不同位置的结合。它提供了一个舒适的椅子和完全可调的11个不同位置并有它强烈的审美情趣，它拥有千变万化的轮廓，无论你在何种时刻需要何种理想的姿势，它都能提供给你最舒适的方式，无论是躺着、靠着、坐着、倚着、趴着等。无论何时何地你所做的只是一个简单的调整。

管椅是1969年科伦布设计的。这款座椅设计十分新颖，由一系列的半硬塑料管组合而成，塑料管表面又覆有塑料泡沫和织物，它可以将塑料管通过不同的方式连接在一起，组合出许多不同样式的坐具。

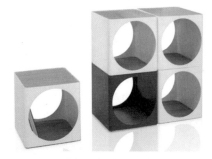

图4－76　组合模块　科伦布

"整体家具单元"是1971年科伦布设计的，他想要在这一件设计作品中设置满足人们所有基本生活需求的功能单元，主要包括四个部分：厨房、碗柜、床和浴室。这件设计作品体现了家庭行为可以被缩减成简单的功能单元的构想（图4－76～图4－78）。

Rotoliving餐饮单元的背景部分是蓬式床，是科伦布1969年设计的作品，在这个未来派室内空间中陈列的用于现代居住环境中的物品，科伦布将自己对于生活模式的研究应用到了实践当中。

同座椅设计一样，科伦布的灯具设计也具有激进的未来派设计风格。他试图用高级的工艺技术，创造出新的造型形式和照明方式。他的设计作品并不是简单的现在现有类型的家具，科伦布热衷于重塑这样的作品，流体生活方式是20世纪60年代末他的新设计理念。在他短暂而辉煌的职业生涯中，科伦布设计了一系列的创新产品，使他成为意大利最有影响力的产品设计师之一。

图4－77　软垫蒲团　科伦布

图4－78　便携式存储系统　科伦布　1969年

74. 阿基佐姆工作室

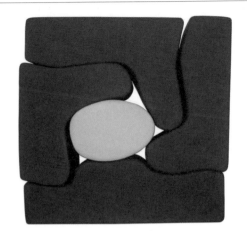

图 4 - 79　Malitte 座椅　阿基佐姆工作室

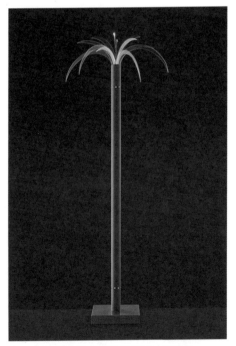

图 4 - 80　散热模　阿基佐姆工作室　1968 年

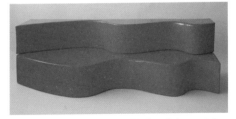

图 4 - 81　正弦曲线沙发　阿基佐姆工作室　1967 年

　　20 世纪 60 年代的意大利已经进入了经济高速发展的商品消费型社会，在物质得到满足后，人们开始出现更加多样的消费需求。战后现代主义单调的实用主义特征已经无法适应千变万化的市场需求。此时，美国波普艺术传入意大利，给意大利的设计带来了一股全新的发展浪潮，也给处于迷茫的意大利设计师们指明了一条前进的道路。

　　美国波普艺术风格的影响属于外因，而意大利国内对设计的重视以及设计师们丰富的创造力则成为意大利设计恢复繁荣的重要内因。

　　意大利的设计师们极具创造性和探索精神，同其他国家的设计师相比，这种创造力和想象力让他们一直引以为傲。从仍活跃在 20 世纪 60 ~ 70 年代的意大利第一代现代设计师吉奥·旁蒂、卡斯狄里奥内兄弟，到新生代的设计师或团体，如阿基佐姆工作室、马里奥·贝里尼等，一直为意大利的设计之路保驾护航。

　　阿基佐姆工作室是由安德烈亚·布兰奇（Andrea Branzi）和保罗·德加内洛等人于 1966 年在佛罗伦萨成立的工作室。其名称是由英国建筑小组 Archigram 和当时发行的杂志 Zoom 的名称组合而成。阿基佐姆工作室设计了"风之城"等许多激进的建筑项目，试图表现出这样的观念：当理性主义走向极端时，它就会变成不合逻辑因此也就成为反理性的了。该工作室提倡"坏品味"或者任何非正统风格，毫不避讳地宣称要避开流行的国际主义风格。安德烈·布兰奇曾说："我们把自己描绘为先锋主义者，并且探讨国际现代主义的方法，我们开始认识到使用另外的表现方法是可能的，即使庸俗的艺术也有例外表现的潜在可能性（图 4 - 79、图 4 - 80）。"

　　1966 ~ 1967 年，阿基佐姆工作室与超级工作室一起组织了两次"超级建筑"展。该团体还设计了一些著名的家具作品，包括"正弦曲线沙发"（图 4 - 81）、"梦之床"系列、"旅行组合坐具单元"、"米斯"椅等。这些家具都参考了流行文化和"畸趣"艺术，嘲弄了所谓"好设计"的作品。

　　1972 年，阿基佐姆工作室参加了由纽约现代艺术博物馆举办的具有里程碑的"Italy：The New Domestic Landscape"展览。在其家具作品中，Superonda 组合沙发和"米斯"椅可以说是阿基佐姆工作室设计理念的具体体现。Superonda 组合沙发 1967 投入生产，它是由聚胺酯泡沫塑料材料制作而成的，容易制作而且成本低廉。它是一个罩着发亮的涂塑布面的聚胺酯泡沫塑料六面体，被正弦曲线分成两半，这个曲线仿佛海浪，整件作品带有强烈的波普风格特点甚至迷幻色彩，其画面效果让人联想到幻觉艺术中经常出现的主题（图4－82）。它从最开始就不是为了功能而设计的，而是被当作一种时尚性和个性，甚至"反设计"的特征。从材料工艺角度来讲，它是真正意义上的最早的无骨骼沙发。雕塑般自由的造型手法正是对现代主义功能设计的反叛。在设计方面，它是不堪忍受并对抗主流及优美设计的最具挑衅力的范例之一：阿基佐姆事务所的年轻人（佛罗伦萨大学建筑系抗议派学生）创造了一个全新的种类，它使同一物件的两部分可以既被用作沙发，又被用作扶手椅、搁板或环境雕塑（图4－83）。

"米斯"椅是安德烈·布兰奇（Andrea Branzi）设计的，它是一把怪异的楔形钢架与涤纶布做的椅子，并不无讽刺意味地取名"米斯"椅，其意义是想表达对现代主义功能至上这一设计理念的怀疑甚至反对。它被认为是阿基佐姆工作室对理性主义设计师公然挑战的代表作品，是他们激进主义设计或"反设计"的最有力的宣言。

"Joe"沙发是由德·帕斯（De Pas, 1932—1991）、乌比诺（Donato D'urbino, 1935—　）和拉马齐（Paolo Lonmazzi, 1936—　）在1970年合作设计的，"Joe"沙发整个就是一棒球手套的造型，它很好地体现出意大利波普设计软雕塑、拟人化的特点。它在体形上含混不清，设计师们试图通过视觉上与手套之类物品的联想来强调其非功能性，即便如此，也仍无法掩盖其较好的舒适性（图4－84）。

埃托尔·索特萨斯说得很好："……他们的产品极其有效地引起了某些人的恐惧，在这个国家中，这些人只对文化、思想、组织良好的、分层的、沉淀的、千篇一律的东西感兴趣。这次，这个恐惧是由阿基佐姆引起的，他们是很棒的坏孩子，不让自己受老生常谈、复杂的事务、工作前景和也许会轻易地降临的掌声的影响。"

图4－82　意大利：当地新地景展览　阿基佐姆工作室

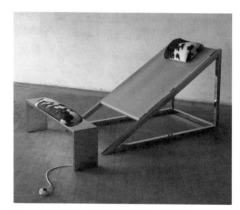

图4－83　躺椅　阿基佐姆工作室　1969年

图4－84　"Joe"沙发　德·帕斯、乌比诺与拉马齐
1970年

五

非物质社会与后现代设计的兴盛
(约 1960 ～ 1980 年)

所谓非物质社会，就是人们常说的数字化社会、信息化社会或服务型社会。在非物质社会里，主要以先进知识在消费产品和新型服务中体现的比例来衡量经济和社会价值。在物质社会中，有形的物质产品创造价值，而非物质社会主要是由无形的信息在创造价值。社会的信息化致使人们的价值观和生活方式都发生了太大的变化。设计是为人造物的艺术，非物质社会的设计趋势正从"物"的设计向"非物"的设计转变。设计不再只追求质变的创造，而是更多地考虑使用者的感受。非物质社会的设计虽然有其特有的属性，但并非与物质社会完全脱离，也需要通过物质媒介才能得以实现。

青蛙设计公司设计师特慕斯曾经说他相信顾客购买的不仅仅是商品本身，他们购买的是令人愉悦的形式、体验和自我认同。在非物质社会，设计越来越追求一种情感化的体现与感知，并以人性化为其设计理念。消费者不再是被动地接受商品，而是根据自己的喜好与需求来主动地选择商品，甚至可以根据自己的喜好随意拼装组合，赋予商品个性化的特征。以手机为例，以前人们追求的更多是手机的功能性和耐用性，而现在人们在选择手机时关注更多的则是外观造型、功能、性价比。越来越多的人更加注重产品的细节设计，尤其是产品的外观是否能够满足自身的个性化需求。因此，设计师在设计前期就需要充分考虑使用群体的审美心理，最大限度地满足消费者的情感需求。使人们享受使用产品的趣味和快感，让人们的情感更加丰富，身心更加愉悦。

20 世纪 60 年代工业设计在为人类创造了现代生活和大量物质财富的同时，对地球的生态平衡造成了巨大的破坏。设计成了鼓励人们无节制消费的重要介质。其中表现最为极端的就是"有计划的商品废止制"，因而这一现象遭到了许多批评，随后以维克多·帕帕奈克为代表的一些具有社会责任感的设计师们开始反思工业设计的职责与作用。帕帕奈克认为，设计的最大作用并不是创造巨大的商业价值，也不是在包装和风格方面的竞争，而是一种适当的社会变革过程中的元素。

20 世纪 60 年代以来，现代主义设计运动因过分强调理性和功能，导致其设计语言单一化、机械化，并与社会、文化等严重割裂，开始受到人们的质疑。随着社会经济的飞速发展以及市场需求的千变万化，现代主义设计一味追求过于单一、理性的设计风格，已无法适应市场和消费者的需求。产生于 20 世纪 60 年代中期的后现代主义设计反对设计形式单一化，主张设计形式多样化；反对过于理性，更加关注人性化设计；注重人与环境之间的和谐相处。它注重当下的生活而非如现代主义设计般倾向理想主义，它更加通俗化，使日常生活更加轻松愉快。1981 年初成立的"孟菲斯" 小组成为 20 世纪 80 年代最受人关注的后现代设计活动，使后现代主义设计运动达到了高潮。"孟菲斯" 小组的创始人埃托尔·索特萨斯认为设计没有确定性，只有可能性，并一直秉承实验高于实用的开放性思想。他是 70 年代激进设计运动的领袖人物，在 80 年代成为后现代主义设计的典型代表。他的作品既有富于诗意的唯美设计，也有色彩热烈奔放的激进设计，从中折射出这位创造者引人瞩目的特征。设计师们将后现代主义设计初期一些让人觉得不可思议的想法变成了现实，并且得到了消费者的欢迎，这极大地丰富了当代设计。由此可见后现代主义设计隐藏着巨大的市场潜能，激发了设计师们新的设计思路，促使设计向多元化倾向发展。

综上所述，非物质社会改变着我们的生活，影响着设计的全过程。设计冲破了科学和艺术界限，成为两者交集的中心。后现代主义设计必然在社会大环境的影响下，在科学和艺术的共同作用下，改变人们的世界观、生活观。正如摩格提尼所说：在第三千年的门槛上，非物质社会设计面临转型，展现出新的气象。

75. 设计的反思与设计伦理观念的提出

图 5 - 1 极度奢华的设计

图 5 - 2 极度奢华的设计

设计经历了漫长的发展历程，从少数权贵才能享受的资源逐渐进入千家万户，在这个过程中，设计师们进行了各种各样的由不同理论支撑的设计改革运动，设计风格层出不穷，有的昙花一现，而有的则流芳百世。在设计并体验着设计物带来的变化的同时，设计师们开始慢慢地发现，设计对人类长久发展所产生的一些不利的影响（图5-1、图5-2）。

第二次世界大战期间，大量来自德国、苏联等国的现代主义设计大师如格罗佩斯、密斯等人，将构成主义和包豪斯的设计理论运用到美国的设计实践中，极大地推动了美国现代主义设计的发展，并产生了著名的国际主义风格。国际主义风格以其为形式而形式的减少主义设计原则，漠视使用者的功能需求和心理需求，让设计变得冷漠，过于理性。

第二次世界大战结束以及"马歇尔计划"的实施，让美国迅速成为世界头号经济大国。经济的空前繁荣，带动了美国设计的飞速发展。而美国以追求商业效益为设计目的，再加上新兴消费群体对形式个性化的追求，让美国原本就商业气息浓郁的现代设计变得夸张不堪，完全摒弃了现代主义设计的初衷。这种迅速发展起来的，不断膨胀的设计风格和消费理念，造成了资源的巨大浪费，对于整个人类的可持续发展产生了致命的影响。就在这时，美国一些有识之士逐渐认识到这种设计现状的弊端，在进行了深刻的反思之后，提出了一些进步的设计观念，慢慢形成了现代的设计理论，并得到了进一步的发展。

拉尔夫纳德是这一活动的先驱，1965年，他在出版的《任何速度都是不安全的：美国汽车的设计性危险》一书中，严重批评了通用汽车公司仅仅是为了提高销售指数，而为小型科瓦尔汽车设计的铝合金后置发动机，他甚至称这种忽略汽车的安全性、产品的信誉以及民众的利益，而在外观造型上大量投资的汽车设计是"死亡降临"。

此外，女设计师帕特西·莫莉也通过发表文章和一系列的演讲来阐述自己对设计的不断探索与反思。通过他们的努力，越来越多的设计师开始重新审视设计本身。

就在一些人士对于现代设计目的的反思中，20世纪60年代，设计伦理出现了，它最早是由20世纪最重要的设计师、设计理论家、设计教育家之一的维克多·帕帕奈克（Victor Papanek）提出的。帕帕奈克发现，在现代社会中的设计行为往往是在追求利益最大化的资本主义体制中完成的，在这种体制下，设计作品往往只重视少数上流社会的需求，而忽视多数普通民众，甚至是贫困人口以及弱势群体对于设计的需求。设计被当作谋求利益最大化的工具，而忽略其他物种最基本的生存权利，漠视自然资源的节约与循环。

在人类逐渐进入后工业社会的今天，设计对社会生活的干预和影响发展到前所未有的程度，人们对设计师也提出了更加严格的要求。设计的目的不仅仅是为眼前的功能、形式目的服务，更主要的意义在于设计行为本身包含着形成社会体系的因素。因此，设计也必须包括对于社会的综合性思考。

图 5 - 3　新型蓝牙音箱设计

帕帕奈克认为，设计的考虑，必须包括对于社会短期和长期因素的内容。现代主义一开始就提出设计为大众，而从当代设计伦理观念来看，设计还必须考虑为第三世界、为发展中国家的人民以及为生态平衡、为保护自然资源的目的。这种考虑，极大地深化了设计思考的层面，推动了设计观念的发展。

帕帕奈克在 1971 年出版的著作《为真实世界的设计》（*Dsign for the Real World*）一书中，提出了对设计目的性的三个问题：

（1）设计应为广大人民服务，而不是为少数富裕国家服务，他强调设计应该为第三世界的人民服务。

（2）设计不但应为健康人服务，同时还必须考虑为残疾人服务。

（3）设计应该认真考虑地球的有限资源使用问题，设计应该为保护我们居住的地球的有限资源服务。

帕帕纳克非常重视边缘地区、发展中国家的设计发展问题，他特别主张在发展中国家使用低技术生产方式，利用与当地居民协作来生产产品。因此，他尤为重视当地居民朴素的、因地制宜的设计智慧。

此外，帕帕奈克关于绿色设计的理论与实践，以及他所大力提倡的设计师的社会责任感，在今天的全球设计界仍具有巨大的影响力。

设计伦理的提出反映了人自身的反省，尽管设计行为在真正实施的过程中仍不可避免地会因受到经济利益的驱动而有所偏颇，设计伦理的提出也并不意味着能够改变过去设计行为所产生的不利影响。但是，设计伦理的提出却为今后的设计发展指明了方向。在中国传统设计史中，设计伦理的实践必然也有难以实现的地方，但它反映出的伦理象征仍会像一盏灯，照亮我们前行的路（图 5 - 3、图 5 - 4）。

图 5 - 4　优化材料使用的设计

76. 人机工程学

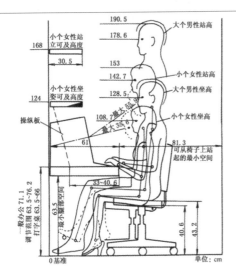

图 5 - 5　人机分析

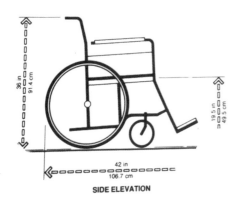

SIDE ELEVATION

图 5 - 6　电动轮椅原理图

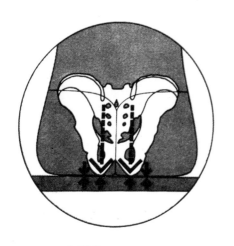

图 5 - 7　无障碍设计

人机工程学的定义是研究人、机械及其工作环境之间相互作用的学科。我们看到有越来越多的厂商将"以人为本""人体工学的设计"作为产品的特点来进行广告宣传，特别是计算机和家具等与人体直接接触的产品更为突出。

实际上，让机器及工作和生活环境的设计适合人的生理心理特点，使得人能够在舒适和便捷的条件下工作和生活，人机工程学就是为了解决这样的问题而产生的一门工程化的科学。该学科在其自身的发展过程中，逐步打破了各学科之间的界限，不断完善自身的基本概念、理论体系、研究方法及技术标准和规范，从而形成了一门研究和应用范围都极为广泛的综合性边缘学科。这门学科的研究目的是：通过把有关人的科学资料应用于设计，最大限度地提高劳动工作效率和生活质量，有助于人的身心健康、全面发展（图 5 - 5）。

提起人机工程学首先要介绍一个人物——亨利·德雷夫斯（Henry Dreyfess, 1903—1972），他是人机工程学的奠基者和创始人。他认为：人机工程学研究的是人与机器相互关系的合理方案，亦即对人的知觉显示、操作控制、人机系统的设计及其布置和作业系统的组合等进行有效的研究，其目的在于获得最高的效率及作业时感到安全和舒适。德雷夫斯起初是做舞台设计工作的，1929 年他建立了自己的工业设计事务所。1930 年，他开始与贝尔公司合作，德雷夫斯坚持设计工业产品应该考虑的是高度舒适的功能性，提出了"从内到外"（from the inside out）的设计原则，贝尔公司开始认为这种方式会使电话看来过于机械化，但经过他的反复论证，公司同意按照他的方式设计电话机。这以后德雷夫斯的一生都与贝尔电话公司有结缘，他是影响现代电话形式的最重要设计师。电话机的设计是人机工程学的发端。

人机工程学与国民经济的各部门都有密切关系。仅从工业设计这一范畴来看，大至宇航系统、城市规划、建筑设施等，小至家具、服装、文具以及杯子、碗之类的生活用品，总之为人类各种生产与生活所创造的一切"物"，在设计和制造时，都必须把"人的因素"作为一个重要的条件来考虑。人机工学研究的内容对工业设计有很大作用。人机工学为工业设计中考虑"人的因素"提供人体尺度参数，为工业设计中"物"的功能合理性提供科学依据，为工业设计中考虑"环境因素"提供设计准则，为进行人－机－环境系统设计提供理论依据，为坚持以"人"为核心的设计思想提供工作程序（图 5 - 6、图 5 - 7）。

人机关系在很大程度上也取决于心理因素。人体工程学研究色彩、形状、空间、光线、声音、气味、材质等人造物和环境因素如何对人的心理造成影响，探讨这些客观因素如何与使用者、接受者的个性气质、情感、趣味、意志、行为等主观因素相互作用。设计产品是否宜人，现实装置和操作装置是否方便有效，人机关系是否和谐，都要从心理反应上来考虑。

将生理学的角度和心理学的角度结合起来考虑人机系统仍然不够全面，因为在它们背后还有文化因素，设计还需要从文化的角度来考虑问题。服装上的准则有文化背景和习俗时尚的因素；建筑物的高度和空间大小是依据人体身高和活动范围大小而决定的，而活动范围则由文化因素参与决定的，建筑设计尺寸也必须与建筑功能、主题和它的自然、人文环境相结合，并非生理、心理的一般规律所能决定的。更高的尺度——艺术尺度，即审美规律和艺术法则对设计有着更高、更深层次的影响，设计产品时要根据这种影响来调整设计要求和标准。综合多方面的因素考虑，与各种学科发生联系。

人机的和谐共存是人体工程学关注的核心问题。生理因素包括人体尺度、心理尺度、文化尺度等，人体尺度是通过人体测量和数理统计获得的。这些数据根据不同民族的人体尺寸存在差异，侧重的是一定范围内的共同尺寸。通过制定的基本参数（身高、坐高、脚高、手足活动范围、头部转动幅度、目视距离、视域、动作频率等平均值）设计时依据这些数据，可以从一个方面保证设计产品适合大众的要求和保证产品的标准化（图5－8、图5－9）。

人体工程学从一个方面告诉设计师，不要成为只会处理产品外观美或表面装饰的专家。事实上任何一件设计产品都会与使用者或操纵者及其周围环境构成一个系统，设计师应通过不同角度使这个系统合理化。社会发展、技术进步、产品更新等，必然会导致"物"的质量观的变化，人们将会更加注重"方便""舒适""安全"等指标方面的评价。人机工程学的迅速发展和广泛应用，也必然将工业设计的水准推到人们所追求的崭新的高度（图5-10）。

图5－8　O系列剪刀　贝克斯卓木　1963年

图5－9　躺椅设计

图5－10　基于人体行为习惯的办公家具设计

77. 非物质社会的"软性设计"

图5-11　苹果手机

图5-12　百度界面

图5-13　单手厨具

所谓非物质社会，就是人们常说的数字化社会、信息社会或服务型社会。非物质是相对物质而言的。非物质首先是哲学上的理论，它涉及社会学、经济学等诸多领域。非物质的建立需要高度的物质基础，但又并不仅仅停留在物质层面，因为科技和经济的快速发展，大众媒介、远程通信和电子技术服务以及其他消费者信息的普及，使现代社会开始由"硬件形式"转向"软件形式"。"信息""服务"等这些没有物理形式的"软性"的因素，也就是我们说的"非物质"，它在我们的生活中占有越来越重要的地位，使我们必须慎重思考其存在价值。我们现在之所以特别强调这些"非物质"是因为它不仅给我们带来可视世界的变化，更主要的是给我们带来思想观念和思维方式的改变。

工业文明发展过程中出现的种种弊病，信息技术的发展和广泛应用以及消费者对物质产品需求观念的转变等，使设计开始由物质向非物质转变，即由有形向无形转变；由实物向虚拟转变；由产品向服务转变。非物质化的转变给"非物质的软性设计"的产生提供了养分，但现在的非物质设计同哲学上的非物质主义并不等同。非物质主义主要是强调物质和人之间的紧密联系，而非物质主义设计则是强调在设计活动中物质以外的因素，如情感、心理、经济、环境等，并注意到非物质因素对物质因素所产生的作用和影响。工业社会中，也就是相对于我们所说的物质社会中，非物质性的"功能"与物质性的载体是形影不离的，功能必须依附材料，材料也必然承载功能。但在现代社会，许多高技术工业产品，其材料的表面形式已经与功能相分离。非物质设计是设计领域的一场革命。因为无论从设计的功能、存在方式、还是产品形式以及设计本质都不同于我们以往所熟悉的实物化形态的设计。

非物质设计其实可以从两个层面来理解，一是相对于物质的非物质形态的设计；二是基于物质的非物质因素的设计，即基于产品对功能的表达，而更加强调情感上的设计，我们可以将后者称为"软性设计"。在信息时代，消费者更加关注产品的"个性化""人性化""环保""信息""情感""体验"等一系列"软性设计"，也可称其为"软性服务"。以后工业文明背景下人的需要为基础，服务作为一种设计，把设计中以人为本的因素更加强调，更加突出出来。

很多人非常喜欢iphone，是因为它增强了人们的存在感（图5-11）。因为当设备非常快地执行命令时，人们感到自己的"存在感或重要性"，因为有"人"在"及时地响应我们"。同理，电容屏和电阻屏两个相比，人们更喜欢前者，因为电容屏能更迅速地执行命令。当人们感知到自己的命令"受到重视"，会增强自我的存在感。人们渴望存在感，因为存在感是生存本能的一种心理映射，是个人价值的认同，但终归是一种情感上的归宿感。

为了更切合当前年轻人用户的心态，界面的设计一般多以新鲜、时尚、热门等形式为主，这样可以让用户看到界面即能产生强烈的认同感和情绪体验，用户与界面产生情感互动，引导用户积极操作。比如百度首页会采用涂鸦、动画等形式，更新一些热门事件或者节日，受到用户欢迎。这种方式不仅迎合当前用户的"热闹"心态，而且还能让用户更深层次地认同产品品牌和文化，这正是增加用户留存的必备利器（图5－12）。

对于正常人，在厨房里面做菜，是一件很平常的事情。但是残疾人想要进厨房做些可口的饭菜，就不是一件容易的事情了。（图5－13）这款单手厨具面对的应用人群是只有一只手臂的残疾人。使用这样的厨具，他们可以像正常人一样，轻松地使用各种厨具在厨房做菜，例如切菜，剥皮等。只要熟练掌握之后，做菜将变得非常轻松。

现在人性化的设计作品很多，例如：为了在公共场合便于区分自己与他人水杯的"only杯环"；专为盲人设计的"盲人概念手机"（图5－14）；深泽直人为MUJI设计的CD机（图5－15）；绚丽多彩的Imac电脑（图5－16）等。

软性设计元素还包括挑战、发现、口语化、成就感、流畅体验等，它们都能让用户在使用产品的过程中产生积极情感体验，为用户带来愉悦认知。设计师们可以将这些情感化设计元素纳入到产品的视觉层面和交互层面，让用户感受到产品的用心，更重要的是"贴心"。

在非物质社会，功能对于产品的意义就好像它们原本就是一体的，不可分割，而产品则越来越清晰地呈现出其被设计出来的本来目的，就是运用各种方法和形式去满足人们的情感需求，让人们在使用产品的过程中，情感得到满足。

随着科技的不断进步和发展，最先进的思想和理念越来越接近人类对最原始信仰和渴求的满足，情感的回归。非物质社会中的设计活动更加趋向于艺术活动，这种重视精神活动的软性设计正是设计的未来，它将使我们的未来更加人性化，并与我们人本身融为一体，实现设计自身的升华。

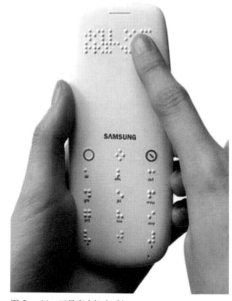

图5－14　三星盲人概念手机

图5－15　CD机　深泽直人

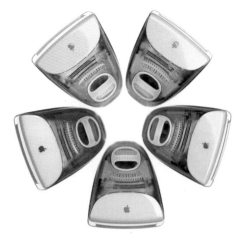

图5－16　Imac电脑　1998年

78. 后现代主义设计

图 5 - 17　博古架　埃托尔·索特萨斯　1861 年

图 5 - 18　椅子　罗伯特·文丘里　1984 年

图 5 - 19　super 灯具　马丁·伯顿　1981 年

后现代主义一词最早是在 20 世纪 50 年代出现于文学界和艺术界，而设计中的后现代主义概念是产生于 20 世纪 60 年代末的建筑设计领域，随后带动了后现代主义在其他设计领域的发展，并于 70 年代末 80 年代初达到顶峰。

20 世纪 60 年代以来，现代主义设计运动开始受到人们的质疑，现代主义设计因过分强调理性和功能，导致其设计语言单一化、机械化，并与社会、文化等严重割裂，人们逐渐开始厌倦这种千篇一律的模式。现代主义背离了资本主义经济体制追求标新立异以及鼓励消费的观念，只有热衷于现代主义的设计师才欣赏这种过于单一、理性的设计风格，社会大众对此缺乏理解和反应。随着社会经济的飞速发展以及市场需求的千变万化，这种单调的设计风格已无法适应市场和消费者的需求，工业生产自动化水平逐渐提高，促进了小批量化的生产形式，这种种因素都使现代主义设计批量化、标准化生产的统一模式受到了严重的冲击。

最早提出反现代主义设计思想的是美国理论家、建筑家罗伯特·文图里（Robert Venturi），20 世纪 60 年代中期，他提出了传统和混乱的审美趣味，成为后现代主义设计风格形成的雏形。

20 世纪 70 年代，英国建筑师和理论家查尔斯·詹克斯（Charles Jencks）使后现代主义一词广为流传，为确立建筑设计领域的后现代主义理论做出了突出贡献。

后现代主义设计思想始于 20 世纪 60 年代的建筑领域，而在 70 年代的建筑实践中更加突出地体现出来。20 世纪 60 年代末 70 年代初，一系列的后现代主义建筑的出现，极好地阐释了后现代主义理论。后现代主义设计反对设计形式单一化，主张设计形式多样化；反对过于理性，更加关注人性化设计；注重人与环境之间的和谐相处。

1976 年，一个名为"阿基米亚"的工作室在意大利米兰成立，当时的一些设计师们将他们脱离了现代主义设计束缚后自由设计创作的作品展示于该工作室。1980 年，"阿基米亚"工作室的设计师埃托尔·索特萨斯离开了"阿卡米亚"的工作室，随后于 1980 年底至 1981 年初成立了"孟菲斯"小组。该小组的成立成为 20 世纪 80 年代最受人关注的后现代设计活动，使后现代主义设计运动达到了高潮，人们也渐渐接受了这些新颖独特、后现代主义设计特征极为明显的设计作品。后现代的设计观念和美学原则渐渐深入设计师和消费者的头脑中。

索特萨斯在 1981 年设计的一件博古架是孟菲斯设计的典型。博古书架又名卡尔顿书架（图5－17），是索特萨斯最具代表性的作品。它就像小孩子玩的积木，七彩缤纷，形状也稀奇古怪，让人们眼前一亮，虽名叫书架，却放不了东西，这种与现代主义设计相悖的怪诞设计在设计界引起了轩然大波。

后现代主义设计是针对过于强调功能而使生活失去了感情色彩如机器般运转的动作而引发的一种仪式化设计倾向。后现代主义设计对于吃饭不仅仅注重吞咽这个过程，而是更加关注吃饭时的一种气氛，包括环境、餐具，食物的色、香、味，甚至包括进餐的动作，这些能够让我们感受吃饭的过程、情感以及人与物的交流，都属于仪式的一部分。后现代主义设计注重当下的生活而非如现代主义设计般倾向理想主义，它更加通俗化，使日常生活更加轻松愉快。

1984年，罗伯特·文丘里（Robert Venturi，1925— ）为诺尔家具公司设计了一套9种历史风格的桌椅子（图5－18），这套椅子一改之前单纯强调"坐"这一功能的单调设计，椅子表面的色彩和纹样奇特怪异，靠背上镂空图案的设计手法幽默诙谐。

马丁·伯顿在1981年设计了"super"灯具（图5－19），这款灯具看上去就像是一个布满灯泡的玩具车，可爱的形态，鲜艳的色彩，完全颠覆了传统灯具在人们心中的印象，给人焕然一新的感觉。

汉斯·霍兰(Hans Hollein，1934—2014)设计的沙发"Mitzi"（图5－20）和玛丽莲沙发（图5－21），是娱乐性与趣味性的结合体。尤其是"Mitzi"沙发的造型就好像是一个怪异的卡通人物的脸，圆圆的眼睛加上一张大大的嘴巴，让人忍俊不禁，给我们的生活增添了几分乐趣。

此外，索尼公司在1988年生产的"ROBO"儿童收录机借用了孟菲斯设计师迈克尔·德·卢克创作的"Hi-Fi"音响设计的草图，运用了醒目的黑、红、黄、绿四种颜色，因其造型独特新颖，色彩鲜艳，在投放市场后，立刻得到了大批年轻消费者的青睐。

设计师们将后现代主义设计初期一些让人觉得不可思议的想法变成了现实，并且得到了消费者的强烈欢迎，尤其是追求个性、时尚的年轻消费者，这极大地丰富了当代设计。后现代主义设计将设计与社会、文化很好地结合在了一起，形成了完整的统一体。它在适应小批量化生产的同时，满足了消费者标新立异的消费心理，并且激发了设计师们新的设计思路，促使设计向多元化倾向发展，给设计界带来了一股全新的浪潮（图5－22）。

图5－20 Mitzi沙发 汉斯·霍兰

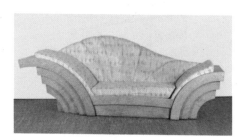

图5－21 玛丽莲沙发 汉斯·霍兰

图5－22 summa19打字机 埃托尔·索特萨斯 1969年

79.罗恩·阿拉德

图 5-23 混凝土音响 阿拉德 1980 年

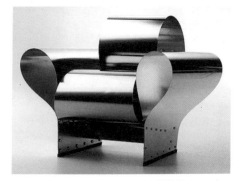

图 5-24 Well Tempered Chair 阿拉德 1986 年

图 5-25 Tom Vac 阿拉德 1997 年

图 5-26 乒乓球桌 阿拉德 1864 年

罗恩·阿拉德(Ron Arad，1951—)出生在特拉维夫，他是一名无政府主义者，曾主导 20 世纪 80 年代的设计界。1999～2006 年，任伦敦皇家艺术学院产品设计系主任，目前仍在世界各大学授课。阿拉德是当代设计的先锋，是我们这个时代最有影响力的设计师之一，很多青年艺术家的创作灵感都来自于阿拉德的设计，媒体称他为设计之父。在青年设计师眼中，他是一位英雄，更是一个神话。然而，除非你英年早逝，否则很难一直维持辉煌，因为天才也有江郎才尽的一天；即便不是这样，也会被视为过时和老土。这种情况也发生在阿拉德身上，至少旁观者会这样认为。但是，这位在以色列出生、长期生活在伦敦的家具设计师，以其具有建筑感和雕塑感的设计一直特立独行。去年，阿拉德设计作品回顾展在巴黎的蓬皮杜中心举行，之后又转移到纽约的 MOMA，而如今则搬到了伦敦的巴比肯艺术中心。

1981～1999 年，阿拉德先后成立了 One Off、Ron Arad Associates Architecture and Design Practice 和 Ron Arad 三个工作设计室，并创作了大量的设计作品。阿拉德设计思维前卫，有超强的探索精神，其艺术创作涉及产品设计、建筑设计、雕塑、装置等多个领域，他对结构、形式、材料、技术及其通用性，以及对工业设计、建筑设计、雕塑及混合媒材装置等多种类型的创作都表现出极大的好奇心。他创作的任何一件家具雕塑交易品在当代艺术市场中就能超过 20000 美元。阿拉德是 20 世纪 80 年代与意大利家具厂合作的首位英国设计师，他运用旧物再利用、着重物料和研究制作技术等风格进行创作，成为日后 Tom Dixon、Danny Lane、Established&Sons 在国际家居设计市场发展的指向标。

1980 年，阿拉德设计了一套"混凝土音响"（图 5-23），他将捡来的混凝土块与现代高保真电器装置结合在一起，这种作品因不贴合生活实际而注定了它的短命，但它的设计意义不在于作品本身，而在于它为盲目追求科技的人们敲响了警钟。

"Well Tempered Chair"是阿拉德在 1986 年首次与国际家具品牌合作的作品（图 5-24）。该作品采用酒吧绒布坐具的原形，运用四块钢片，以高热巧曲而成，阿拉德利用椅子冷酷的外表与舒适的使用功能之间的夸张对比来挑战材料与功能之间的关系。设计师利用其对材料和技术超强的驾驭能力，经过巧妙的设计，便赋予坚硬的金属材料以梦幻般的特性，显示出"无规则"的设计效果。

阿拉德是世界设计界少数的明星人物之一。他的著名设计作品贝壳椅（Tom Vac chair，1993，图 5 - 25），采用了波纹形塑料作为椅面，配合四条不锈钢腿的扶手椅立马成了那些最酷的餐厅用品。1997 年，阿拉德利用太空科技为意大利设计杂志《Domus》设计的 100 款铝合金椅子 Tom Vac，是阿拉德第一次利用工业技术设计家具，它使用范围很广泛，例如商店、办公室、住宅、餐馆、会议室等。户外款的 Tom Vac 椅的金属支架有一层镀锌，且其上部塑料壳体含有防止褪色的添加剂，因此，椅子的颜色能长久地保持。阿拉德喜欢玩游戏，尤其是乒乓球，因此他为自己特别独创了一张乒乓球桌（图 5 - 26），抛光的曲面反射出周围环境，倒映出一个变了形的对手，从而不断分散注意力，使打球过程变得更加刺激。桌子中间有如起伏的小山，可以降低球速。这张乒乓球桌代表了他把一切外在条件改变至适合自己的工作模式的设计方针。

图 5 - 27　At Your Own Risk　阿拉德

　　"At Your Own Risk"是一张极其合乎人体工程学、坐上去舒适无比而外表看来如不倒翁般极其危险的椅子（图 5 - 27）。

　　"Pappardelle"设计于 1992 年，其充满灵动的奇异造型引领了 20 世纪 90 年代早期的设计潮流（图 5 - 28）。

　　加利福尼亚旧金山艺术与文化网（artandculture.com）是这样评价他的："他设计的家具开创了一个新的学科，他给材料赋予了最恰当的视觉感受。从废弃物到金属，从回收的钢椅到盘绕的壁架，阿拉德的设计不断地向生活环境的极限发起挑战"。

图 5 - 28　Pappardelle　阿拉德　1992 年

　　阿拉德虽然是一名老师，但是他没有被世俗所束缚，而且不断创新，坚持不懈的探索精神，对设计的无限热爱，都使他不断创作出惊世之作，推动人们不断进步，更是为设计的发展做出了重大的贡献，成为世界设计中一股不可阻碍的力量（图 5 - 29）。

图 5 - 29　chair by its cover　阿拉德　1988 年

80. 微建筑风格

图 5 - 30 Blue Wall Clock 迈克尔·格雷夫斯

图 5 - 31 壁钟 迈克尔·格雷夫斯

图 5 - 32 胡椒研磨机 迈克尔·格雷夫斯

微建筑风格产生于西方工业文明，是工业社会发展到后工业社会的必然产物。作为当代西方设计思潮向多元化方向发展的一个新流派，主要是指一批后现代主义建筑师将建筑风格搬用到小件日用产品的设计中，如茶具、餐具、灯具、首饰、钟表、文具与玻璃、陶瓷制品等，这些设计大致上都可被归纳到微建筑风格范畴。基本上所有的重要后现代主义建筑家都进行过产品设计，赋予这些产品一种独特的装饰性。它们大都多彩艳丽，采用华贵金银材料与几何图案，且不易于批量生产，这是形式主义的一个高度发展方向，实为历史上装饰风格极端形式的回潮。

微建筑风格的主要设计师代表有美国的迈克尔·格雷夫斯（Michael Graves，1934—   ）、意大利的阿道·罗西（Aldo Rossi，1931—1997）。

格雷夫斯生于印第安纳波利斯，是后现代主义建筑设计的一位重量级设计师，他的建筑设计建造的数量不多，但对美国建筑设计颇有影响，1975 年曾获美国建筑师协会全国荣誉奖。格雷夫斯喜欢研究历史风格，为古希腊、古罗马艺术所着迷，给自己理想化的"白色"建筑设计赋予了鲜明的新历史主义特征。格雷夫斯首先以一种色彩斑驳、构图稚拙的建筑绘画，而不是以其建筑设计作品在公众中获得了最初的声誉。有人认为，他的建筑创作是他的绘画作品的继续与发展，充满着色块的堆砌，犹如大笔涂抹的舞台布景。格雷夫斯同时也是一位工业设计师，涉足范围十分广泛，例如，家具陈设用品：首饰、钟表及至餐具设计等。20 世纪 70 年代后期，受到彼得麦式样和装饰艺术运动的影响，格雷夫斯为 Sunar Hauserman 设计了一些著名的后现代主义风格的家具。在美国，我们很容易看到正在钟表店或服装店中出售的格雷夫斯的设计作品，任何易见物品都有可能标明设计者是格雷夫斯（图 5 - 30 ～图 5 - 32）。

还有迪斯尼乐园中几万平方米的旅馆以及旅馆中的一切，几乎全是格雷夫斯的作品。

格雷夫斯是意大利阿勒西公司（Alessi）的顶级设计师，曾为其设计了一系列具有后现代特色的金属餐具，例如咖啡具和茶具，他将建筑的一些元素融入其中，材料选用银、铝等金属，并以乌木为底部材料，同时设计了仿象牙的把手以及毫无实用功能的蓝色球形装饰。格雷夫斯在 1985 年设计的小鸟水壶是他的经典代表作（图 5 - 33），小鸟水壶兼具功能与形式于一体，可以称得上是一件经典的后现代主义作品。小鸟水壶最突出的特征是在壶嘴处有一个初出茅庐的小鸟形象，当壶里的水烧开时，小鸟会发出口哨声，宛如一只丛林中快乐的小鸟，兼具使用功能和造型美感于一体。其实，早在1922年芝加哥家用产品交易会上就展出过一件会吹口哨的水壶，是一位退休的纽约厨具销售商约瑟夫·布洛克，在参观一家德国茶壶工厂时得到灵感设计的。格雷夫斯设计的这把小鸟水壶，有一条蓝色的拱形垫料，用来防止手被金属把烫伤；其底部设计得很宽，可以提高水烧开的速度，壶口也设计得很宽，目的是便于清洗。

图 5 - 33　鸟鸣壶　格雷夫斯

微建筑风格的另一位代表人物罗西，1931年出生于意大利米兰，1959年毕业于米兰理工大学，1961～1964年任设计杂志的编辑，曾在米兰理工大学、苏黎世技术大学、纽约库柏学院、威尼斯大学建筑学院等学校任教。他是20世纪最伟大的建筑师之一及重要的建筑理论家和设计师，他的作品融合了后现代主义思想和抽象超现实主义的特性（图5 - 34）。

图 5 - 34　咖啡具和茶具　阿道·罗西

罗西因在1986年设计的由金属用品公司阿莱西出品的咖啡壶"科尼科"（II Conico）而闻名于世（图5 - 35）。此外他设计的"卡特吉奥储物柜"也是当时的重要作品（图5 - 36），这些作品最终都成了后现代主义的经典。罗西为莫提尼公司设计了的"卡特吉奥储物柜"之所以成为经典，首先其功能性强，储物柜占用空间很小，但是能够储存的空间却很大，移动方便。其次，它的材料上很特别，虽然基本是用包裹了羊皮的夹板制造的，并且在皮面上用手工绘制有文艺复兴风格的图形，这样的设计手法，使得作品显得有一种古典味道，因此，"卡特吉奥储物柜"是融古典形式与现代功能于一体的经典设计。罗西象征性地使用古典手工动机，正是后现代主义设计中常用的方式，不过一般后现代主义设计师用古典图形为多见，而罗西则注重古典材料的表现使用，因而在当时各设计师之中更加突出。

图 5 - 35　阿莱西 II Conico 水壶与系列产品　阿道·罗西

图 5 - 36　卡特吉奥储物柜　阿道·罗西

81．孟菲斯

20世纪70年代后期，由在设计界一直探索装饰艺术的家具和工业产品设计师群体在意大利成立了激进小组"阿基米亚"工作室，该工作室反对单一的、冰冷的现代主义，他们提倡美化、装饰，强调装饰应与功能相结合，因此，他们的作品造型丰富，独具匠心，颜色和图案运用很大胆，并且注重手工制作。但是正因为他们的作品都是手工制作，所以数量极其有限，未能得到进一步的发展。

1980年12月11日，"阿基米亚"工作室的发起者埃托尔·索特萨斯邀请一群设计师朋友去他家聚会，讨论设计作品，其中包括米凯莱·德·卢基（Michele De Lucchi）、阿尔多·茨比克（Aldo Cibic）、马特奥·图恩(Matteo Thun)、马科·扎尼尼（Marco Zanini）和马丁·贝丁（Martine Bedin）。聚会上，他们正在用索特萨斯牌录音机听鲍勃·迪伦的歌，音乐恰巧卡在"又是孟菲斯蓝调"这一句上，因此，他们决定给小组取名为孟菲斯。孟菲斯的设计师们的设计灵感大都来自20世纪初西方的装饰艺术、波普艺术、东方艺术等。他们致力于将设计融入到大众文化中去，他们不仅要带给人们更加舒适快乐的生活，还要与压抑人性和自由的等级制度以及固有的设计观念相对抗，并且将设计研究的重点放在人与周遭事物的相关性上。

早在20世纪80年代早期，孟菲斯的作品就已经在设计界处于主导地位。在埃托尔·索特萨斯的带领之下，该小组首次出现在1981年的米兰家具展销会上，因其绚烂明亮的色彩、稚嫩粗拙的几何装饰图案的塑料制品而震惊设计界。

1981年2月，设计师纳萨里·杜·帕斯基尔和乔治·索顿也加入到孟菲斯设计小组，并带来了大量夸张、大胆、色彩鲜亮的设计作品，这些作品将过去和现在的许多设计风格融入其中。很快便有对此感兴趣的生产商愿意分批生产他们的设计作品。随后欧内斯托·吉斯蒙迪成为孟菲斯的主席。1981年9月18日，该小组在米兰的74Arc展厅展出了他们的第一批作品，其中包括由20位国际建筑师和设计师设计的家具、灯具、钟和陶瓷等。

在工业设计内部，孟菲斯是受到非议的，有喜欢并支持的，也有很排斥的，而在工业设计之外，它则被认为是本身就模糊不清的后现代主义理论，并被看作完全等同于20世纪80年代早期的后朋克流行文化，它对艺术和建筑的影响很大。

孟菲斯有很多典型的设计作品，其中包括：索特萨斯的卡萨布

图5-37 卡萨布兰卡餐柜 索特萨斯

图5-38 cabinet d'antibes 乔治·索顿

兰卡餐柜（图5－37），它有黄色"蛇皮"碾压门、成角的龟壳书架和红色的灯泡，颜色鲜亮，造型奇特；索特萨斯还在1981年设计了一款拳击台座谈炕，极具趣味性，孟菲斯成员还曾在这款座谈炕上嬉戏合影。

此外，还有乔治·索顿的"cabinet d'antibes"和红色装潢、椅腿呈淡黄色的奥博罗伊扶手椅（图5－38）；马尔蒂尼·贝蒂恩的带排列整齐的多色灯泡的超级灯具；米歇尔·德·卢奇1981年设计的椅子"Krisall"（图5－39）；彼特·肖1982年设计的扶手椅等（图5－40）。卢奇设计的这款名为"Krisall"的椅子，完全颠覆了传统椅子的造型，它夸张、怪异、有趣，像是一只三条腿的动物，再加上鲜亮的色彩，让人眼前一亮，也正符合了孟菲斯创始人索特萨斯的一句名言"设计就是设计一种生活方式，因而设计没有确定性，只有可能性"。

孟菲斯派因其新颖的、后现代主义的设计语言，很快被世界各大杂志争相出版。此外，他们为了推广自己的作品，还出版了一本名为《孟菲斯派：新国际主义风格》的书。在1981～1988年八年间，曾由孟菲斯的艺术指导巴巴拉·雷迪斯组织的展览，分别在伦敦、爱丁堡、巴黎、蒙特利尔、斯德哥尔摩、日内瓦、汉诺威、芝加哥、杜塞尔多弗、洛杉矶、纽约、东京等地举办。但是无论多么辉煌，都无法掩饰孟菲斯派昙花一现这一事实。1988年，孟菲斯派渐渐不再受欢迎，索特萨斯解散了该组织。尽管它历史很短，但孟菲斯派对后现代主义设计的发展做出了重大的贡献，推动了后现代主义设计风格的发展（图5－41）。

孟菲斯派作为后现代主义的杰出代表，以其离奇的想象、怪诞的造型、混搭的色彩、夸张的装饰向世人展示了独特的设计视角，对人们固有的观念进行了冲击，引起了设计师、受众及整个设计界的思考，对社会文化和经济等各方面也有深刻影响。总之，它为现代设计指明了方向。尽管它的很多作品都是试验性的，风格激进、缺乏功能且不能为多数人所拥有，但是它在设计思路上的开拓，这种开放性的设计理念为现代设计带来前进的动力。后人应当从中汲取营养，取其精华，只有对现代设计进行深思，才会找到新的出路。

图5－39　kristall椅子　米歇尔·德·卢奇　1981年

图5－40　扶手椅　彼特·肖　1982年

图5－41　陶瓷作品　孟菲斯

图 5 – 42　treetops 灯具　索特萨斯　1981 年

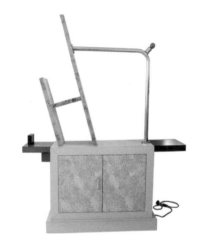

图 5 – 43　beverly 书柜　索特萨斯　1981 年

图 5 – 44　malabar 书柜　索特萨斯　1982 年

　　埃托尔·索特萨斯（Ettore Sottsass, 1917—2007）是西方现代设计史中非常重要的艺术与设计人物，是当今世界最富创造力和影响力的设计师之一，也是意大利激进设计运动和 20 世纪 80 年代后现代主义设计的领袖，众多建筑及日常用品的杰出设计都出自这位巨匠之笔。1917 年生于奥地利茵斯鲁克，父亲是一位意大利建筑师，1929 年移居都灵，1935～1939 年，索特萨斯在都灵理工大学建筑系学习。1939 年取得了 TurinPolytechnic 的建筑大学学位。上学期间，索特萨斯就曾与都灵的设计师路易吉·斯帕扎潘一起撰写艺术和室内设计方面的文章。1946 年移居意大利米兰，1947 年他在米兰成立工作室，从事建筑及设计工作，索特萨斯开始他的建筑与工业设计实践。1947 年，索特萨斯在米兰建立"The Studio"工作室。

　　在包豪斯风格的现代主义设计在设计界占主导地位时，索特萨斯打破常规，他开始大胆地尝试将艳丽的色彩和脑袋里面的古怪的想法注入到自己的设计中去。用索特萨斯的话说："来点刺激的！" 1959 年他设计出首部意大利电脑。稍后相继面世的包括为 Praxis、Tekna、Editor、Valentine 设计的打字机。索特萨斯先生把自己的打字机比喻成"反机器的机器"。它的特点在于几乎低到键盘位置的托纸器，一个收藏机器用的箱子，它最让人记住的是那红色。"每种颜色都有自己的历史，"索特萨斯先生在两年前的话里是这么说的，"红色是共产主义的旗帜的颜色，是催促外科医生行动的更快的颜色，也是激情的颜色。"

　　1956 年，索特萨斯到美国乔治·纳尔逊的设计事务所工作，期间，他深受美国波普设计的影响。索特萨斯在 1957 年回到意大利，被 Poltronova 聘为艺术指导，负责设计和生产当代家具和灯具。1958 年开始，索特萨斯在奥利维蒂公司电器部门担任设计顾问，设计了著名的 Logos27 计算器（1963）、Tekne3 打印机（1964）、Praxis48 打印机（1964）、与佩里·金一起设计的"情人"（Valentine）打字机（1969）、Synthesis 办公室系统（1973）和 Lexicon90 电动打印机（1975）。索特萨斯在 1959 年为奥利维蒂公司设计的 Elea 9003 计算机主机使他获得了同年的"金圆规奖"，这也是他作为一名工业设计师的重要突破点。

　　索特萨斯于 1968 年获得伦敦皇家艺术学院荣誉学位。作为一名激进设计运动的杰出设计师，索特萨斯是 1973 年激进设计组织环球工具公司的创办人之一。1976 年柏林国际设计中心组织了索特萨斯作品回顾展，随后在威尼斯、巴黎、巴塞罗那、耶路撒冷和悉尼展出。1979年，索特萨斯牵头成立了"阿基米亚"激进设计小组，很快，"阿基米亚"小组赢得世界性声誉，成为世界知名的激进设计组织之一。

1981年，索特萨斯与几位同事、朋友及国际名人一起组织了一个主要由年轻设计师组成的前卫设计集团"孟菲斯"，这个集团迅速成为新设计（New Design）的标志。孟菲斯的目标是：发展一直全新的家具、灯具、玻璃器及陶制品，并由米兰的小型手工企业制造。索特萨斯认为"设计没有确定性，只有可能性"，并一直秉承实验高于实用的开放性思想。"孟菲斯"集团于1981年在米兰Arc'74陈列室举办了第一次展览，展品包括索特萨斯多件经典设计，如"卡萨布兰卡"餐柜（Casablanca075）、"卡尔顿"书架（Carlton bookcase）等色彩绚丽、样式新颖独特却用途模糊的家居用品。其中，Carlton bookcase陈列架成为"孟菲斯"集团重要的标志性作品。此外，他的其他设计作品同样极具个性，例如：1981年设计的"treetops"灯具（图5－42）和"beverly"书柜（图5－43）；1982年设计的"malabar"书柜（图5－44）；1985年设计的"tartar"茶几（图5－45）；风格迥异、色彩梦幻的玻璃作品（图5－46）。索特萨斯设计的塔希提岛灯通过几种几何形态的组合（图5－47），艳丽的色彩搭配，看起来就像是一只黄颈红嘴的热带鸟，极富童趣。

索特萨斯的作品，正如他的文字一样，极富诗意，却又逃离不了热闹世俗。人们一边带着疑惑的眼光看他的作品，一边却又感到日常生活原来可以如此精彩。

虽然专业是建筑学，但索特萨斯在流行文化领域内却创造了近一个世纪的辉煌，他的成就足以让世人铭记。办公柜、台灯、冰桶、坐椅，他创造的日常用品带动了20世纪的消费浪潮。

索特萨斯追求人性化的设计，很多十分精彩的灵感往往都产生于游戏中，从个人体验和流行文化及其他文化中汲取养料。他是20世纪70年代激进设计运动的领袖人物，在80年代成为后现代主义设计的典型代表。他的作品既有富于诗意的唯美设计，也有色彩热烈奔放的激进设计，从中折射出这位创造者引人瞩目的特征。1994年，巴黎蓬皮杜中心举办了索特萨斯卓越的个人作品展，展示他40余年以来非凡而备受争议的设计生涯。"他是设计界真正的巨人。"纽约现代艺术博物馆建筑设计分馆馆长波拉·安托内利说，"他有能力去体验我们所处的这个时代，并用他的设计去影响改变这个时代。"

图5－45　茶几　索特萨斯　1985年

图5－46　彩色玻璃　索特萨斯　1864年

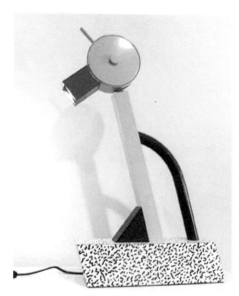

图5－47　塔希提岛灯　索特萨斯

83. 亚历山德罗·门迪尼

图 5 - 48　普鲁斯特手扶椅　阿莱西公司

图 5 - 49　安娜·吉尔开瓶器　阿莱西公司　1994 年

图 5 - 50　贝咖啡具　阿莱西公司　1983 年

　　亚历山德罗·门迪尼（Alessandro Mendini, 1931—　　）是意大利当代国宝级设计大师、设计批评家，被誉为"意大利后现代主义设计之父"，同时还是生活家·CASA 地板产品首席设计师。他还是卓越的设计理论家，是 20 世纪末意大利设计最具影响力的设计师之一。门迪尼擅长以抽象符号置于对象外观上，是少数兼具设计理论与实践的大师级人物，曾两度获得意大利金圆规奖的殊荣。

　　门迪尼于 1931 年出生于意大利米兰，20 世纪 50 ~ 60 年代开始在米兰工学院建筑系学习建筑设计，并于 1989 年获得博士学位。1960 ~ 1970 年，门迪尼在马尔切洛·尼佐利的公司做设计和建筑工程。70 年代初，门迪尼在"反设计"运动中崭露头角。1970 ~ 1976 年，门迪尼在《卡萨贝拉》（Casabella）杂志担任主编。1976 年，门迪尼与他人合作创办 Modo 杂志，1977 ~ 1979 年担任主编。又于 1979 ~ 1985 年间担任 Domus 杂志的主编。门迪尼借助这三本著名设计杂志，广泛传播了后现代主义设计思想和自己独特的设计风格，成功激活了低沉已久的意大利设计领域，同时大大提升自己在设计界的影响力，成为了设计界的明星式人物。

　　门迪尼与"阿基米亚"设计小组联系密切，并且是该小组最主要的理论宣传者。门迪尼提倡"再设计"，强调情感设计。他认为装饰可以传达设计的意义和价值，他试图摆脱现代主义的原则，用一种幽默的方式表达这样一种观念："要革新就不可以顾及对过去的尊重"。这种"再设计"理论把理性主义设计当作发挥个性风格的障碍抛到了九霄云外，预示了现代主义的"禁欲主义"的末日来临以及一种象征主义的设计语言的重生。他 1979 年设计的 Kandissi 沙发在 1980 年列入了阿基米亚小组的收藏品系列，该收藏的名字讽刺地命名为 Bauhaus1。

　　作为一名设计理论家，门迪尼还主张"平庸设计"，指出存在于工业社会设计中的智慧与文化缺失的问题。门迪尼用明亮的色彩和嘲弄般的装饰彰显现有事物的平庸，就像他 1978 年为阿基米亚小组设计的著名的普鲁斯特手扶椅（图 5 - 48），成了后现代主义在意大利最极端的作品之一。这把椅子的造型是从巴拉克装饰繁琐的设计中提炼出来的，用五颜六色的纺织品面料，全手工雕刻、点绘，色彩斑斓。座椅造型具有巴拉克式的华贵感，近 30 年仍是以手工的方式限量生产，因为按照订单限量生产的做法，使得它具有很高的收藏价值。这把椅子成为后现代主义在家具设计上一声明亮而刺激强

烈的号角，设计的意义远远超过椅子本身了。该手扶椅在 1993 年由
Cappellini 公司重新投入生产。此外，门迪尼在 1980 年的威尼斯双
年展上还组织了"平庸的事物"展览。

门迪尼曾在阿莱西公司担任设计部和公共关系部经理，并为阿
尔伯特·阿莱西设计了私人住宅。1979 年，阿莱西在门迪尼的提议
下组织了一批建筑师设计茶具和咖啡器具，1983 年共有 11 款设计面
世，在米兰的 San Carpoforo 教堂展出。

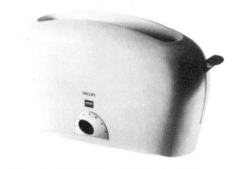

图 5 - 51 飞利浦面包机 阿莱西公司 1995 年

门迪尼设计的"安娜·吉尔"开瓶器像一个可爱的小人，20 世
纪 90 年代阿莱西最为畅销的产品之一，据说是门迪尼看到女朋友伸
懒腰的模样而产生灵感，仿照性感女星玛丽莲·梦露的模样设计而成
的（图 5 - 49）。在 1994 年推出，立即成为畅销排行榜的冠军。这
款开瓶器以冷硬的不锈钢材质，搭配 Anna G 讨喜的笑脸，辅以活
泼鲜艳的色彩，为产品注入独特的魅力，一推出即大为畅销至今，意
大利阿莱西总部门口矗立着一座 Anna G 雕像，Anna G 已成为阿莱
西的精神象征。随后，门迪尼又设计了"安娜·吉尔"系列产品，包
括 1998 年的胡椒研磨器、定时器、桌上型雪茄打火机、塞子、瓶盖
和 1999 年的"安娜之烛"烛台。

1990 年，他设计了两款斯沃琪手表 Cosmesis 和 Metroscape。
1995 年，他为阿莱西公司和飞利浦公司设计了很多经典作品包括咖
啡壶（图 5 - 50）、榨汁机、保温瓶和烤面包机（图 5 - 51），全
部采用与众不同的塑料雕塑形式和系列的现代派色彩，从绿色、粉红
色到奶油色。门迪尼设计的烤面包机形态柔和有机、富于雕塑感。这
个烤面包机有一个灵敏的传感系统，可以有效地控制面包的烘烤程度，
而且它的面包架可以抬得很高，方便取出哪怕是最小的一片面包。

图 5 - 52 生活家·CASA 地板构造的时尚色彩空间
阿莱西公司

2012 米兰家具展，门迪尼发布了为生活家地板亲自设计的生
活家·CASA 全新产品系列——门迪尼系列（图 5 - 52、图 5 -
53），也是他首次将后现代主义的设计手法运用到地板上。"木制品
是装修装饰材料中的首选环保产品，无论是现在，还是未来。在木制
品上进行设计创作，让我们开拓了一个全新的设计领域。"

门迪尼的设计色彩绚丽、富于装饰性，可以看作是对束缚在
我们周围的工业限制的独立宣言。他获得过好几个设计奖项，包括
1979 年的"金圆规奖"。作为一名多产的设计师和领先的设计理论家，
门迪尼为反设计的宣扬和后现代主义的传播做出了巨大的贡献。他的
设计作品就是为了"让我们尽情地享受富有诗意的生活！"

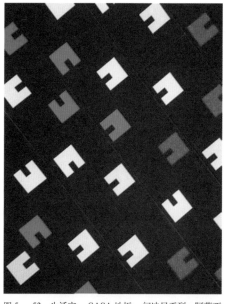

图 5 - 53 生活家·CASA 地板-门迪尼系列 阿莱西

84. 阿莱西公司

图 5 - 54 椭圆形面包篮 阿莱西公司

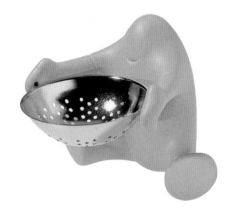

图 5 - 55 茶虑 阿莱西公司

图 5 - 56 心形勺 阿莱西公司

图 5 - 57 餐具 阿莱西公司

意大利是个充满活力，充满想象的国度，意大利人将设计视为一种文化、哲学，所以他的设计同欧美其他国家的设计相比，总是显得那么与众不同。意大利著名设计与艺术评论家乌别托·埃科（Umberto Eco）在 1986 年曾说：如果其他国家把设计看作是一种理论的话，那么意大利的设计则有设计的哲学，或者设计的意识形态。意大利的现代设计因具有浓郁的民族特征，同时也强调个人的表现，成为现代设计中一个非常特殊的典型。

20 世纪，意大利出现了多家著名的设计公司，如奥利维蒂公司、卡西纳公司、阿莱西公司、Zonattn 公司等。其中阿莱西公司被称为 20 世纪后半叶最具影响力的产品设计公司。

1921 年，乔凡尼·阿莱西（Giovanni Alessi）来到意大利北方的奥美良市 (Omegna) 买下了一小块地，自此，闻名世界的阿莱西 (Alessi) 公司便在此建立起来。

日常生活中，生活用品大多时候都是一些难以引人注意的小物件，然而我们的衣食住行却始终离不开这些小物件，当我们在家里活动时，不知不觉地就会用到这些物件。它们合理的设计，会让我们的起居变得方便，而个性化的设计还可以为家里增添几分装饰效果，凸显个人风格，让整个使用过程变得简单有趣。

阿莱西公司的设计不同于德国现代主义设计那样形式高度统一，过于强调功能性，它那些极具个性化的酒瓶起子、水壶、茶具等产品完全颠覆了人们对家庭用品的印象，因为这些设计总是能给家庭带去多彩奇妙而又实用有趣的感觉，营造出温馨美好的生活氛围。阿莱西家居日常生活用品的设计创作中体现出意大利浪漫多情、怪趣的设计特征。阿莱西甚至成为工艺、艺术与品位的代名词（图 5 - 54 ～图 5 - 57）。阿莱西公司虽然在 19 世纪 20 年代就创立了，但是直到 80 ～ 90 年代才享誉全球，还被冠以设计梦工厂的美誉。

阿莱西旗下的设计师各个都是设计巨匠，如飞利浦·斯塔克、理查德·萨帕、阿希里·卡斯特里尼、米歇尔·格兰乌斯等。阿莱西这个名字几乎代表了 20 世纪的设计。因此，有人说，想要了解现代主义的设计，只要研究一下阿莱西公司就可以了。

阿莱西是一家地地道道的工业产品设计公司，自其诞生以来，就始终没离开过工业设计。从纯铸造性的、机械性的工业加工转型成一个积极研究应用美术的创作工厂，阿莱西的这一转变经历了近 80 年的时间。作为一个年代悠久，发展有限的制造业，阿莱西兼顾着对传统的坚持与创新的努力。它从早期为皇室打造纯银宫廷用品，到近期的普通塑胶生活用品，阿莱西跨越了世纪，记录着当代艺术的浓缩精华。阿莱西的手工抛光金属技艺闻名世界，繁复的零件组合，直到今日，无人能及。在这个消费型的社会里，阿莱西的这种成功转变成为当今全世界许多制造业争相效仿和学习的典范。

阿莱西经典设计作品之一——外星人榨汁机，是由被喻为设计界鬼才的法国设计师飞利浦·斯塔克设计的，这款榨汁机在1990年被设计出来后，造成轰动，吸引无数人争相收藏，全球已卖出60万个以上。

图5-58 金刚茶杯 阿莱西公司

阿莱西公司著名的金刚系列产品（图5-58～图5-61）是由史迪法诺·乔凡诺尼(Stefano Giovannoni)和乔托·凡度里尼(Guido Venturini)设计的，这两位来自佛罗伦萨的新锐设计师，是门迪尼引荐给阿莱西的。在两位设计师的设计方案里，阿莱西公司挖掘到一个造型简单、边缘有男娃娃图案的托盘，图案造型简单、稚嫩，像是孩子用剪刀剪出来的形状。这个图案随即以镂空的形式被设计出现在阿莱西出品的日常用品上，包括阿莱西传统耐用器皿如托盘、篮子等。之后，这个造型被大量应用在新开发的产品上，如书签、铅笔盒、笔筒、便条纸等。

图5-59 金刚钥匙环 阿莱西公司

阿莱西公司对于自身品质、设计理念的执着，让它在国际上大放异彩。阿莱西公司的第三代传人阿尔伯特·阿莱西曾说："设计从来都不应该是因循守旧或者根本不能鼓舞人心的，相反它应该能为工业带来创造性的发展。一项设计是否优秀，不能仅以技术、功能和市场来评价，一项真正的设计必须有一种感觉上的漂移，它必须能转换情感，唤醒记忆，让人尖叫，充满反叛……它必须要非常感性，以至于让我们感觉好像过着一种只属于自己的、独一无二的生活，换句话说，它必须是充满诗意的。"优秀的领导者和设计实践者的结合，便是缔造经典的开始。

图5-60 金刚笔筒 阿莱西公司

图5-61 金刚书立 阿莱西公司

图 5 - 62　STATIC 时钟　萨帕　1960 年

图 5 - 63　TS 502 便携式收音机　萨帕　1964 年

图 5 - 64　Tizio 台灯　萨帕　1972 年

德国是一个以严谨著称的民族，这一特质让它成为盛产优质设计师的摇篮。理查德・萨帕（Richard Sapper, 1932—　）就是其中比较典型一位。萨帕是一位很全面的设计师，他同时拥有哲学、解剖学、工程学、经济学、平面艺术的背景，被誉为兼具 20 世纪德国包豪斯与后现代主义设计风格的工业设计大师之一。

萨帕生于德国慕尼黑，父亲是当地很有名的法官，希望萨帕以后也能成为一名法官，所以萨帕在大学主修的是哲学。然而萨帕从小的理想就是成为一名建筑设计师，后来又开始对空间和艺术产生了浓厚的兴趣，大学期间利用课余时间学习了不少工艺制作方面的知识。在大三那年，萨帕去奔驰的设计部应聘，当时奔驰设计部主管告诉他需要具备机械工程学的知识。于是萨帕大学毕业后就真的去进修机械工程学，同时还进修了经济学，最终如愿以偿地进入了斯图加特的梅赛德斯—奔驰汽车造型部。在奔驰工作的经历让他在工程学和美学方面得到了长足的发展，为他以后的设计道路打下了坚实的基础。

1958 年，萨帕移居意大利，并在位于米兰的阿尔贝托・罗塞利（Alberto Rosselli）和庞蒂的设计事务所工作。1959 年，萨帕为 Lorenze 设计了著名的 STATIC 闹钟（图 5 - 62），这件作品在 1960 年荣获了"金圆规奖"。1959～961 年，萨帕担任 La Rinascente 百货商店的设计师，在那里他设计了许多家庭用品。与此同时，萨帕还在马尔科・扎努索（Marco Zanuso）事务所工作。

和扎努索的合作成为萨帕设计生涯不可或缺的一部分，在合作中萨帕学到了让他一生都受益匪浅的东西。1958～1977 年，两人曾合作了大量具有划时代意义的高技术产品，例如：1961～1964 年为 Kartell 公司的塑料制造商设计的喷射铸模聚乙烯 No.4999/5 全塑料叠落式儿童座椅；为制造商 Brionvega 公司设计了大量时髦的电子产品，其中包括 1962 年设计的 Doney14 电视，1969 年设计的 TS - 502 便携式收音机（图 5 - 63），还有 1970 年设计的 Black 电视；1967 年为西门子设计了 Grillo 折叠电话等。

1970 年，萨帕回到德国，在斯图加特建立了自己的设计事务所，并担任菲亚特和 Pirelli 等客户的设计顾问。

1972 年，萨帕为阿蒂米迪设计了一款名为 Tizio 的工作灯（图 5 - 64），以前的灯具为了收纳管线通常都会设计较为笨重的悬臂，而 Tizio 工作灯是通过金属悬臂导电，所以采用了非常轻巧而简约的结构，这使得灯的体积和重量都减到最小，再加上低瓦数的卤素灯泡使得光照集中。尖端科技的巧妙运用让这款工作灯成为 20 世纪 80 年代最为畅销的灯具产品，也成为阿蒂米迪公司销量最好的设计之一。Tizio 工作灯获得了 1979 年的"金圆规奖"，它是将尖端科技运用到日用消费品上的典型例子，具有鲜明的"高技派"设计风格。

以 Tizio 工作灯为开端，萨帕设计了大量将早期高科技派风格和后现代主义结合起来的产品，这一特点很好地体现在他为阿莱西公司设计的产品中，其中一批著名的作品有 1979 年设计的 9090 系列蒸馏咖啡壶（图 5 - 65）。这件作品是形式和功能的完美结合，完全颠覆了传统咖啡壶的造型设计，除了极其简约的形态，还具有便捷的使用体验，使用时只需提起把手就可以将烧水的部分和盛咖啡的部分分开。9090 蒸馏咖啡壶作为阿莱西公司自 30 年代以来的第一个厨房用具设计项目，便荣获了第十一届"金圆规奖"，并且还在纽约的现代艺术博物馆展出。

此外，萨帕还设计了著名的 9091 Bollitore 鸣笛水壶（1983，图 5 - 66），鸣笛水壶设计的成功远远超过了 9090 系列咖啡壶，获得了史无前例的胜利，原因在于它给消费者带来了一种全新的装饰概念。鸣笛水壶的壶身是一个近似半圆的形态，弯曲的手柄，哨口形的壶嘴，完全冲破了现代主义所限定的水壶的形态。这件作品的成功之处并不在于产品本身，而是通过它所传达出的 20 世纪 80 年代的设计精神，并对后现代主义产生极大的影响。

萨帕还是 ThinkPad 笔记本的原创之一，他曾主导设计了 700 系列笔记本电脑，奠定了 ThinkPad 笔记本的经典设计风格（图 5 - 67）。自 1980 年以来，萨帕还在 IBM 担任产品顾问，对以后 IBM 产品设计风格的形成产生了举足轻重的关键影响（图 5 - 68）。

萨帕惊人的思维独创性让他能够将高科技通过产品形成永久的直观图像，那些技术精密而又富于美感的作品成为造福于全世界的经典。

图 5 - 65　9090 蒸馏咖啡机　萨帕　1979 年

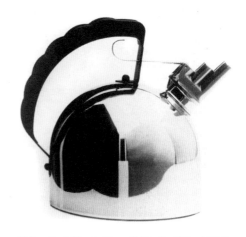

图 5 - 66　9091　Bollitore 鸣笛水壶　萨帕　1983 年

图 5 - 67　ThinkPad 笔记本　萨帕

图 5 - 68　IBM 台式电脑　萨帕　1998 年

86．米凯莱·德·卢基

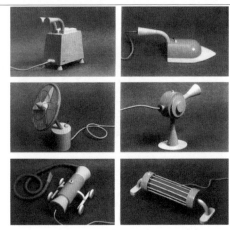

图 5 - 69　家用电器样品　卢基　1979 年

图 5 - 70　Treforchette 台灯　卢基　1997 年

图 5 - 71　第一椅　卢基　1983 年

米凯莱·德·卢基（Michele De Lucchi, 1951—　）是著名的意大利设计师，他是包括孟菲斯小组在内的多个激进组织的成员和创始人之一。

卢基 1951 年生于意大利的 Ferrara，早年在帕多瓦的 Liceo Scientifico Enrico Fermi 学习，1969~1975 年，卢基在佛罗伦萨大学建筑系学习建筑，并师从建筑设计师阿道夫·纳塔利尼（Adolfo Natalini）（20 世纪 60 年代激进组织 Superstudio 创始人）。在校期间的卢基就是学生中的激进分子，他意识到自己应走出学校这个小圈子，于是积极参与各种激进的设计组织，并和皮耶罗·布龙比尼（Piero Brombini）、皮尔·保拉·博尔托拉米（Pier Paola Bortolami）、鲍里斯·帕斯特洛维基（Boris Pastrovecchio）、瓦莱里奥·特里等蒂（Valerio Tridenti）等人于 1973 年在意大利的帕多瓦成立了一个设计与建筑学生社团——Gruppo Gavart，该社团主要活动是进行实验性建筑设计、通过出版和激烈讨论等形式推动激进设计的宣传。

1976 年，卢基成立了自己的设计工作室 Architetture e Altri Piaceri，期间，他主要是进行概念建筑的设计而非功能性的。

1977 年，卢基受到索特萨斯的邀请去了米兰，担任卡特尔公司内部设计工作室 Centrokappa 的设计顾问。1978 年，卢基则与索特萨斯等人创立了阿基米亚小组，1981 年创立了孟菲斯设计小组。此外，卢基还与激进的设计小组——Superstudio 有着密切的联系。

1979 年，卢基为阿基米亚小组设计了几个后现代的家用电器产品原型（图 5 - 69），但至今都未被生产。此外，卢基还担任奥利维蒂公司的设计顾问，于 1982 年成为奥利维蒂首席设计师。1986 年，卢基建立以米兰为基地的设计小组 Solid，并开始在米兰 Domus 学院担任教学工作。

与单纯解决功能性问题的设计手法完全不同，从 20 世纪 80 年代早期开始，卢基的创作便是运用一种带有嬉皮的、具有极强视觉冲击力、富有表现力的手法，以一种柔和的、孩童般的心态重新设计过去被认为是妇幼表现力语言的作品，摒弃了新功能主义坚硬的边角设计和冷静的色调。例如，卢基在 1981 年为孟菲斯设计的金属台灯——Oceanic(海洋之怪)，这件台灯以黑、白、黄三色为基调，造型怪异有趣，完全颠覆了传统台灯的造型，是一件具有 20 世纪 60 年代的 OP 艺术风格的产品。在孟菲斯期间的作品让卢基赢得了很好的声誉，于是他相继接到了许多大公司的设计委托，其中包括意大利的

Fontana Arte、阿尔泰米德灯具制造公司、卡坦儿塑料公司及德国的家具制造商 Bieffeplast 等。

1995 年，卢基为德国铁路系统的旅游办公室设计了新的企业形象。1997 年，卢基为 Produzione Privata 设计了著名的 Treforchette 台灯（图 5 - 70）。这款台灯主要是由一片 PVC 薄板、两把现成的叉子组成，卢基的这件作品想要表达的是他对于日常生活中普通事物的再发现和重新设计，最后以一种出其不意的手法改变其原本的功能，赋予它全新的意义，形成一件新的、与众不同的产品。

图 5 - 72　Tolomeo 台灯　卢基　1987 年

卢基在 1983 年设计了一件名为"第一椅"(first chair，图 5 - 71) 的椅子，这把椅子跳出了正统椅子的形象，除了能够满足"坐"这一基本功能之外，它体现了人与物之间的交流和情感的联系。椅子以圆形为造型主题，椅背是一根圆环形的钢管，与椅子的两个前腿焊接。钢管中间是一块圆形的胶合板，它可以根据人的需求来调整倾斜角度。而扶手则是两个黑色的木头圆球，犹如两颗沿着轨道滑行的行星，极富动感。这件作品是孟菲斯一批未批量生产的作品中比较有代表性的一件，他们大都是实验性的，其大胆、创新的设计理念在当时产生了巨大的轰动，对当时及以后的设计和理论产生了极大的影响。

卢基另一件被称为"经典中的经典"的作品则是 Tolomeo 台灯（图 5 - 72）。这个台灯是卢基和法斯纳两人运用铝为主材料，将传统台灯以一种现代的手法设计出来的。他们将传统的钢制弹簧的电线和接头隐藏在承重支架中，截锥形灯罩内装有一个白炽灯泡。台灯整体上如一个大圆规，灯臂可以根据使用者的需要，随意旋转移动光源。因其使用时的便利性，Tolomeo 台灯被大量用作绘图灯和桌面台灯。这款台灯在当时的销售量直接爆表，已经到了无人能敌的地步，成为80 年代高科技完美风格的象征，更是许多设计师的最爱。1998 年，卢奇还设计了一款吊灯（图 5 - 73），也成为他设计生涯的经典作品。

卢基在他的设计生涯中获奖无数，其中包括日本的"优秀设计奖"，德国"优秀设计奖"和"德意志优选奖"以及意大利"金圆规奖"。此外，卢基还曾连续 22 年参与"米兰三年展"活动。无论卢基处在设计生涯的任何阶段，他都将设计当成一种沟通的手段，他坚信自由是生命的核心价值，而设计则是体现自由的最佳工具，设计作品要能够易于使用并让人产生愉悦的心情。

图 5 - 73　吊灯　卢基　1998 年

87. 詹姆斯·戴森

提到英国设计，有一位堪称世界设计史上非常伟大的工业设计师我们不得不提，他就是詹姆斯·戴森（James Dyson，1947— ）。戴森是英国工业设计师、工程师、发明家，著名真空吸尘器的发明者、戴森公司的创始人（图5-74）。他被誉为英国设计之王，是除维珍集团的查理德·布兰森之外，最受英国人敬重的、富有创造精神的企业家。

戴森出生在一个教师家庭，从小就成绩优异的他在1996~1970年就读于伦敦皇家艺术学院学习家具和室内设计。在校期间的戴森积极参加各种设计活动，并在设计方面崭露头角。毕业后，戴森进入英国的Rotoek公司，1973年成为设计部主管。1974年，戴森开始自行设计发明了球轮小推车Ballbarrow，不用轮子而用球体的手推车在当时是相当有创意的作品，并荣获了1977年的建筑创新奖。1975年，戴森为发明家杰里米·弗莱伊（Jeremy Fry）设计的名为"海上卡车"（The Sea Truck）的汽艇，一举荣获设计协会奖和1975年的爱丁堡公爵特别奖。

1978年，31岁的戴森和他的家人住在一所农舍里，家里用的是当时著名的胡夫牌真空吸尘器，有一天，戴森在做卫生的时候发现吸尘器坏了，于是喜欢钻研的他决定自己动手修理一下。拆开吸尘器后，戴森发现集尘袋装满脏东西之后，进气孔就被堵住了，大大降低了吸附能力。而这一问题从1908年吸尘器问世以来就一直存在着。

戴森曾在球轮小推车的仓房中也遇到过类似的问题，风道里的过滤器经常被各种塑料颗粒堵住。当时戴森为了省下买吸尘器的钱，便自己动手做了一台。他用钢板焊了一个直径9米的圆锥，利用风扇将塑料颗粒吸到里面。这样，塑料颗粒在离心力的作用下被甩到一侧，干净的空气则从另一侧进入风道，效果非常好。这次的实验经历给戴森带来了灵感，他用同样的方法做了一个小型的装置，把它装进胡夫吸尘器里，进风口被堵住的问题就再也没有出现过。

于是，戴森在1979年决定卖掉自己球轮小推车的股份，用了5年的时间，制作了5127的产品模型来不断地改进他的真空吸尘器。1983年，戴森制造出了自己的第一台吸尘器样机——G-Force，这款吸尘器采用离心吸力方式，直接取代了集尘袋的功能，具有更高效的吸尘功能。然后戴森带着这台吸尘器在欧洲寻找合作伙伴。然而集尘袋的生产和销售在当时已经具有相当的规模，在"有计划废止制"的作用下，业内人士为了他们的市场利益，最终都没能与戴森合作。这

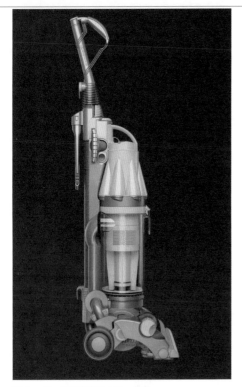

图5-74 无袋真空吸尘器 戴森

图5-75 DC01 直立式真空吸尘器 戴森 1993年

让戴森几近破产。

1985年，戴森将他的G-Force带去了日本，得到了日本市场的青睐，并获得了生产许可证。1986年，戴森的G-Force吸尘器开始在日本销售。1987年，G-Force参加了在维也纳的英国设计展，1991年，G-Force荣获日本国际设计博览会大奖。在当时的日本，拥有一台G-Force吸尘器已经成为有钱人的象征。

1993年，戴森在英国建立了自己的研发中心和工厂，戴森牌吸尘器随即占领了英国的吸尘器市场。同年，戴森研发出了著名的Dyson DC01吸尘器（图5-75），尽管这款吸尘器的价格几乎是其他品牌的三倍，但是在短短两年内就成了英国销量最好的一款设计。戴森曾这样形容他那与众不同的吸尘器："我们希望它看起来像美国国家宇航局（NASA）技术精密的产品，它初衷的性能必须能够（在外观上）看得见。"

图5-76 DC02 真空吸尘器 戴森 1995年

1995年，戴森推出了Dyson DC02吸尘器（图5-76），戴森吸尘器的销量大大超过了竞争对手，可见消费者宁愿多花钱去购买一个性能更好的产品。这个吸尘器，被看作是像奥利维蒂公司的打印机和布劳恩公司的电动剃须刀一样经典的作品。1997年，戴森的公司成为第一家获得欧洲设计奖的英国公司。

戴森的产品有一个特点，就是它们的外观全都是由其功能决定的，它的每一道弧线，每一个零件都因其特定功能而存在，所以戴森不需要独立的设计团队来设计产品的外观（图5-77）。

戴森曾荣获1996年的ID设计奖和DBA"设计效能大奖"（Design Effective-ness Grand Prix Trophy），同时拥有"菲利普王子奖"、皇家艺术学院委员会委员等多项荣誉，并获得了布拉福特大学和西英格兰大学博士学位。1996年，伦敦设计博物馆展出名为"Doing a Dyson"的戴森个人作品展，展示戴森设计的吸尘器的发展历程，以表彰他在工业设计领域的卓越表现。

戴森发明的双气旋系统，彻底解决了旧式真空吸尘器气孔易堵塞的问题，是自1908年真空吸尘器发明以来的首次重大科技突破，如今，这一吸尘器成为英美日澳等国吸尘器市场的"老大"。

戴森的设计是真正的以人为本，为提高人们的生活质量而设计，再加上坚持不懈和精益求精的态度，成就了他世界瞩目的成就，更重要的是他深受人们的敬重，不失为一位德艺双馨的设计师。

图5-77 DC04 Absolute 直立式真空吸尘器 戴森 1999年

88. 仓俣史朗

图 5 - 78　金字塔形选择架　仓俣史朗

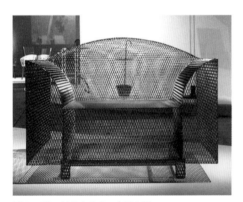

图 5 - 79　月亮有多高　仓俣史朗

图 5 - 80　香料集　仓俣史朗　1980 年

仓俣史朗（Shiro Kuramata，1934—1991），生于日本东京，1965 年毕业于桑泽设计研究所（Kuwasawa Insititue of Design）的他也许是日本现代最有影响力的设计师。

1953 年，仓俣史朗从东京职业高级中学学习木工，毕业后又到东京城藏真田设计学院学习了三年的室内设计。1953 年他还加入了 Teikoku Kizai 家具公司。1965 在东京设立仓俣设计工作室，1970 年开始以不规则形来设计家具，其作品创意浓度高，构思精巧，简单而不简陋，虽有后现代走向却无繁杂形式和色彩，有时单纯依靠结构，有时却空间胜于实体，是精准与平衡的结合。

因善于将日本装饰艺术的精致和现代人对简单、纯净的诉求在其作品中完美的融合，其作品成为巴黎装饰艺术博物馆、纽约现代艺术博物馆等很多博物馆追逐收藏的对象。其中最著名的作品当属金字塔形选择架（Pyramid Revolving Cabinet，图 5 - 78）和"月亮有多高"椅子（How High the Moon，图 5 - 79），这两件作品无疑是其无穷艺术表现力和长久艺术生命力的代表作。

仓俣史朗作为当代日本"后现代主义时期"最重要的设计家之一，可以与在国际享有盛名的大师矶崎新相提并论，他的作品对日本和国际设计界都产生了强烈的冲击和深刻的影响。曾获得过日本工业设计大奖（Mainichi Industrial Design Award）和法国艺术及文学勋章（Ordre des Arts et des Lettres）等重量级奖项（图 5 - 80）。

1981 年加入意大利后现代主义设计的核心集团"孟菲斯"，仓俣史朗成为该公司唯一的业洲设计师，该公司 1987 年任命他为首席设计师，把他推向国际设计舞台。1983 年他为孟菲斯集团设计了著名的"特拉佐"桌子（terrazzo tables for Memphis）。

前面提到的"月亮有多高"椅子，是仓俣史朗在 1986 年设计的，这款椅子是镀镍丝网椅，体现出金属材料的坚硬性，通透的网孔使得观察者能看到整个造型的内部空间结构。

1988 年，仓俣史朗设计了叫作"布朗奇小姐"的丙烯树脂"玫瑰椅"，这件作品的美不是玫瑰花的美而是玫瑰花散发出来的美中已经混同了生和死的美在椅子上（图 5 - 81）。而且封印在丙烯酸里的玫瑰，具有使尸体散发的美存在于世一般的美丽。但是被封印的玫瑰因为被装饰化甚至都可以从中感觉到珍存了生命强度的能量。通过这种造型手法人们能感觉到精神错乱的仓俣的那种阴森恐怖的恐惧。

他设计的作品和家具非常轻盈，似乎能漂浮在空气中与光线嬉戏。他使用了各种材料来让自己的作品摆脱重力作用：玻璃、铝、钢丝（图5－82、图5－83）。

　　仓俣史朗是一位保守主义者，同时，他对设计还有一种直觉的破坏性。因此，他的设计作品在注重完美的装饰细节的同时，还不忘构成上的协调美感，不时还附有一些意想不到的特质元素。

　　前几年仓俣史朗和意大利设计大师的作品曾在东京的六本木附近的东京中城（Tokyo Midtown）的"21_21设计视野"（"DESIGN SIGHT"）设计展览馆展出。"21_21 DESIGN SIGHT"是由安藤忠雄为三宅一生设计的一个形态类似于折纸的私人展览馆。仓俣史朗个人参展作品就有65件，其中他最具代表性的作品金字塔形选择架（Pyramid Revolving Cabinet）也在这次展览中展出，他用透明的丙烯树脂组成的金字塔形状的架子，层层叠叠的是黑色丙烯树脂做成的抽屉，一共17个抽屉，架子是透明的、抽屉是黑色的树脂，因此远看好像是悬挂在空中的抽屉一样，架子可以旋转，因此抽屉拉出的方向时常可以改变，这个柜子放在家里，完全是一个现代雕塑作品，好看、新奇，却也实用（图5－84、图5－85）。

　　仓俣史朗的设计作品将日本推向了现代主义和后现代主义设计运动的风口浪尖，让日本设计得到了世界的广泛关注。然而天妒英才，在他正处于风华正茂、思涌如泉的设计黄金期，却突然因病早逝，终年57岁。其友人三宅一生、东京大学教授松井孝典即刻联名哀悼，他的英年早逝成为当今世界设计界的一个极大损失。

图5－81　"布朗奇小姐"椅子　仓俣史朗　1988年

图5－82　Spring Table　仓俣史朗

图5－83　玻璃椅　仓俣史朗　1976年

图5－84　metabolism　仓俣史朗

图5－85　伞立　仓俣史朗

多元化时代
(约 1980 ~ 2000 年)

20 世纪 80 年代末 90 年代初，东欧剧变、苏联解体标志着美苏对立的两极格局不复存在。美苏两极格局的结束，使国际社会主义运动受到严峻影响，推动了其他社会主义国家的改革进程，出现局部地区动荡局面，推动了世界经济全球化，极大地促进了世界格局向多极化发展。世界政治经济的多元化发展，促使工业设计进入了多元化的时期，通过 60 ~ 70 年代对现代主义设计的反叛和新的设计风格的探索，工业设计领域呈现出多种风格和探索并存的真正多姿多彩的局面。

现代主义设计被否定、抛弃之后，设计师们进行了层出不穷的设计探索运动，出现了一系列让人耳目一新的设计风格和思潮，如极少主义、解构主义、绿色设计等，对于设计观念和设计理念也有了更深层次的探索。设计师们试图能在现代主义设计基础和结构之上找到一条适合新时代和人们审美心理的发展之路。健康、安全、舒适和发展取代以往对优秀设计的评价标准，成为现代设计的新要求。关注人和关注环境成为工业设计的两大主题，并引发了众多的设计潮流和趋势的出现，可持续性发展原则成为工业设计的基本原则。

源于 20 世纪 20~30 年代的机器美学的高科技风格，反映了当时以机械为代表的技术特点。其实质在于提炼出现代主义设计中的技术因素，加以夸张处理，形成一种符号的效果，赋予工业结构、工业构造和机械部件一种新的美学价值和意义。高科技风格这一术语率先出现在 1978 年祖安·克朗和苏珊·斯莱辛两人的专著《高科技》中。在工业产品设计中，高科技风格派喜欢用最新材料，尤其是高强钢、硬铝或合金材料，以夸张、暴露的手法塑造产品形象，表现出高科技时代的"机械美""时代美""精确美"。

1967 年前后由哲学家贾奎斯·德里达推出了解构主义这一哲学思潮，而作为一种设计风格，却是在 80 年代由建筑师彼得·埃森曼和贝马得·屈米提出的。解构主义作为设计形式最先在建筑领域开始，其最重要和影响最大的人物是弗兰克·盖里（Frank Gehry）和彼得森·埃森曼。盖里堪称世界上第一个解构主义风格的建筑设计家，但与此同时，他也设计了包括"摔碎片"制作的鱼形灯、盖里椅、"气泡"椅等在内的许多产品设计。解构主义是具有很大个性、随意性和表现特征的设计探索风格，它否定并批判正统的现代主义、国际主义原则和标准。其理论的复杂性，设计方法及视角的多样性，带来表现语言和形式特征的多样性。

微电子风格是这一时期另一种设计风格，严格地说，它应属于高科技风格的范畴。微电子风格的工业产品设计以其超薄、超小、轻便、便携、多功能而造型简单明快的特点，在 20 世纪 80 年代以后成为一种时尚潮流。其中德国的西子门公司、克鲁伯公司、布劳恩公司，日本的松下公司、索尼公司、美国的 IBM 公司、通用电气公司、苹果公司等一直是这种设计风格的领导者。随着社会的发展、科技的日新月异，微电子风格将成为高科技产品发展的趋势，它代表了人类未来生活方式的一部分。

工业革命以后，世界经济得到了前所未有的发展，但是发展过程中对周遭环境的破坏，让人类得到了惨痛的教训。60 年代以来，人类开始渐渐意识到对生存环境的破坏所产生的严重后果，以及现代主义设计在挽救人类赖以生存的环境中所起到的至关重要的作用。为此，设计师们开始了围绕环境和生态保护的一系列设计探索。其中最具代表性的就是绿色设计。绿色设计旨在克服传统的产业设计与产品设计的不足，使所创造的产品同时满足传统产品的要求和适应环境与可持续发展需要的要求。绿色设计在 20 世纪 80 年代以后，普及了设计的各个领域，出现了无数的优秀设计作品，如在产品设计方面，丹麦的 Knud Holscher 工业设计公司设计的省水型抽水马桶，十分便利而且可以节约大量厕所用水。

工业设计多元化发展取决于世界政治、经济、文化的多元化发展，取决于消费群体个性化、多样化的需求。但同时，工业设计的多元化发展也会引导消费者多元的消费倾向，更会带动政治、经济、文化的良好发展。多元化时代的出现和存在，让我们的生活变得多姿多彩，让我们在与环境和谐相处中得到更好的发展。

89. 解构主义

图 6 - 1　会跳舞的房子　解构主义

图 6 - 2　洛杉矶的迪斯尼音乐中心　解构主义

图 6 - 3　盖里塔　解构主义　1999 年

　　单调的现代主义和国际主义垄断设计风格已长达几十年之久，已经引起了严重的视觉审美疲劳，并被广泛厌倦。于是产生了后现代主义，然而后现代主义在很大程度上仍然依赖于现代主义的解构，并以装饰为中心，历史主义为借鉴，折衷主义为方法，缺乏深厚的理论基础。其所谓的理论则更多的是强调个人的权威，反对现代主义，并不太注重设计哲学的研究。因此，后现代主义具有先天的局限性，再加上过多历史的装饰风格让知识分子感到迷失和厌恶，商业主义又让现代主义变得极其廉价。于是，后现代主义也就昙花一现地衰退了。

　　与此同时，一些设计师企图从其他方面来发展现代主义和国际主义，解构主义就是产生于此时期并成为其中的典型。

　　解构主义（deconstruction）一词从英文中不难看出是从"结构主义"（constructionism）中演化出来的，所以，可以将它理解成对结构主义的破坏和分解。它以一种破碎的、不规则的形式与现代主义的逻辑性和有序性形成了鲜明的对比。其实，解构主义很大程度上是为了挽救现代主义面临的危机，作为一种后现代时期的设计探索形式之一而产生的。

　　解构主义这一概念其实早在 1967 年就被哲学家贾奎斯·德里达（Jacques Derrida）提出来了，然而这只是在哲学层面上被理论化，而当它成为一种设计风格时，却已经是 20 世纪 80 年代的事情了。

　　德里达 1930 年生于北非，曾在法国学习哲学，毕业后留校任教。曾出版过不少著作，其中他的《分散的位置》（*Positions Dissemination*，1981）和《哲学的间隔》（*Margins of Philosophy*，1982）两本书被翻译成英语后，便引起了国际的重视，他的哲学思想也开始被认识与研究。德里达的哲学思想是从对前任的批判开始的，他的批判方法就是从批判对象的理论当中提取出一个典型，对其进行解剖、分析和批判，再通过自己的认识来重新建立对事物真理的认知，其实这就是一种解构主义的方法。

　　然而这种哲学却只得到少数设计师的认同，同其他艺术风格一样，解构主义在设计上的体现也是最先从建筑领域开始的，这个风格的代表人物有弗兰克·盖里（Frank　Gehry）、伯纳德·楚米（Bernard Tschumi）、彼得·艾森曼（Peter Eisenmen）、扎哈·哈迪特（Zaha Hadit）、丹尼·雷柏斯金（Daniel Libeskind）、库伯·辛门布劳（Coop Himmelblau）等。其中，弗兰克·盖里则被认为是世界上第一个解构主义的建筑设计师，也无疑是影响最大的解构主义建筑设计师。

　　盖里生于加拿大多伦多，于 1962 年成立了盖里建筑事务所（Frank O Gehry and Associates,Inc.），开始逐步采用解构主义的哲学观点，把它融入自己的建筑之中。盖里重视结构的基本部件，认为每个部件本身就具有表现的特征，同时他十分重视空间本身，这让他的建筑摆脱了现代主义和国际主义建筑所谓的总体性和功能性细节，从而具有更加丰富的形式感。因此，当我们在看盖里的作品时会发现他的作品具有鲜明的个人特征。如他设计的在巴黎的美国中心（American Center Paris, 1991～1993）、捷克共和国布拉格的跳舞的房子（1992～1996，图 6－1）、洛杉矶的迪斯尼音乐中心（1992～1996，图 6－2）、毕尔巴鄂古根海姆美术馆（1993～1997）等，都是解构主义建筑的经典代表作，一经出现便成为评论界讨论的中心（图 6－3）。

图 6－4　Easy Edges　解构主义

　　跳舞的房子又名"弗莱德与琴吉的房子"，位于捷克共和国布拉格闹区，是盖里与捷克建筑师弗拉多·米卢尼克合作所设计的，是布拉格十分著名并具代表性的建筑。

　　迪士尼音乐厅是洛杉矶爱乐团与合唱团的团本部。其独特的外观以及强烈的盖里金属片状屋顶风格，使其成为洛杉矶市中心南方大道上的重要地标。

　　随着时间的推移，解构主义开始发展到产品设计的设计制作之中，盖里从 1969～1973 年设计了一套风格独特的解构主义家具系列——Easy Edges，盖里发现足够厚的瓦楞纸板分层次交替方向可建立高强度的板块，能够满足日常使用，于是盖里将瓦楞纸板进行组合，然后将其弯曲变形，形成了风格独特的 Easy Edges 家具系列（图6－4）。此外，盖里还创造了一系列的家具如"边缘容易摆动端椅子"，利用纸板作为媒介的多功能性家具。

图 6－5　"Powerplay"系列椅　解构主义

　　另外，在 1990～1992 年盖里曾为诺尔公司设计了"Powerplay"系列椅，这种椅子完全采用弯曲的薄型层压板编织而成，它弯曲流畅的形态充分展示出有弹性、柔和、生动的效果（图 6－5）。

　　解构主义从来没能像俄国的解构主义、荷兰的风格派、德国的包豪斯那样成为一个运动的根源，更没能像现代主义、国际主义设计那样影响世界设计长达几十年之久，但它却作为一次激进的探索，一次自我的发现，在现代主义面临危机的时期迈出了勇敢的一步，成为设计洪流中小有影响力的一次任性的尝试（图 6－6）。

图 6－6　古根海姆展示馆　解构主义

90. 高科技风格

图 6 - 7 洛依德保险公司大厦 理查德·罗杰斯
1986 年

我们现在在浏览室内装修图片时，经常会看到所谓的"工厂风"，这是一种以钢筋混凝土外露为特征的风格。现在很多年轻人的设计工作室都喜欢采用这种"工厂风"，而这种风格在设计史上有一个专业名词——高科技风格。

1978 年，设计师祖安·克朗（Joan Kron）和苏珊·斯莱辛（Susan Slesin）出版了一本名为《高科技》（High Tech，1978）的著作，在这本书中对高科技风格进行了诠释。"高科技"中的"高"指的是"高品位"，一个"高"字便将该风格从现代主义中抽离出来，因为它与现代主义强调民主大众化的设计目标相背离，它是为少数人服务的。"科技"二字显而易见是强调设计中的科技表现。

其实早在 1851 年的博览会时的水晶宫就体现出高科技建筑的一些设计理念。此外，1949 年伊姆斯的住宅设计和 1989 年的埃菲尔铁塔也都能看到高科技风格的某些特征。所以若要追其源头则可从工业文明初期开始，只不过高科技风格发展成为一个成熟的设计流派已是在 20 世纪 70 年代了。

高科技风格最明显的特征就是提取现代主义设计中的技术成分，对其加以概括、提炼后，融入建筑设计或日常生活用品设计中，使这些作品被赋予工业化特征，形成具有一定象征性意义的符号 。同时设计又赋予工业技术以美的特征，将其变成一种高格调的商业风格。例如，在工厂中随处可见的钢工具架被重新设计在高级住宅内，工厂的这些工具架则被赋予了新的美学价值，具有了新的市场意义。

高科技风格最初也是从建筑领域开始的，并且成为高科技风格最具表现力的领域。其代表人物有诺尔曼·福斯特（Norman Forster）、理查德·罗杰斯（Richard Rogers）、兰佐·皮阿诺（Renzo Piano）等。罗杰斯设计的法国巴黎蓬皮杜文化中心（the Cultural Center of Georges Pompidou, Piano and Rogers Paris, 1977）和伦敦的罗伊德保险公司大厦（the Lloyds Insurance, Richard, 1986，图 6 - 7）两座建筑，都将建筑的内部工业结构完全暴露在外面，形成了以工业构造为基本的设计语言。极强的工业结构与昂贵奢华建筑体的结合，形成强烈的对比，然而高科技风格追求的正是这种目的。这两座建筑在刚建成时都引起了很大的争议，但是我们都知道，有争议才是好的作品，于是，作为一种新的设计风格和美学价值，高科技风格开始被大众所接受。

福斯特以设计金融证券类商业建筑和机场建筑而闻名。1986 年

图 6 - 8 大英博物馆

建成的香港汇丰总行大厦令他在国际建筑界声名鹊起，随后的法兰克福商业银行、大英博物馆大展苑改造更令其声望在建筑界达到顶峰，福斯特还曾因为帝国战争博物馆荣获斯特林奖（图 6 - 8）。

细细品味一下他们的作品，我们从中可以看出他们的一些设计理念和特征：他们崇尚机械美和结构美；他们极其喜欢通过透明虚化的玻璃来透出作品内部结构，同时与金属形成一种空间内外的一种渗透转换的视觉效果；他们遵循功能决定形式的原则，造型简洁优雅，色彩明亮；他们的作品灵活机动，可以根据使用的需要随时进行拆卸和调整（图 6 - 9）。

图 6 - 9　天文观象台

高科技风格在建筑领域的发展逐渐蔓延到其他各个领域，尤其是以家具设计最为明显的产品设计领域。前文我们提到的由诺尔曼·福斯特设计的"诺莫斯"桌子，这件作品是比较典型的高科技风格的工业设计产品。虽然是一件家具产品，但仍然体现出高度的工业化特征，具有强烈的几何化秩序。福斯特将他对于技术最前沿不断探索的成果与新材料的结合，完美地体现在了他的诸多作品中。

此外，德国慕尼黑的建筑家威伯、罗德尼·金斯曼和意大利建筑家马里奥·博塔都是比较有代表性的高科技风格设计师。

虽然高科技风格源自建筑领域，然而为这一风格做出最好的诠释的则是米勒公司制造的 Aeron 椅。Aeron 椅是人机工程学在工业设计中成功运用的一个非常经典的案例，至今还没有其他办公椅能够超越它。它几乎没有任何多余的装饰，所有的形式都是根据功能而产生，整体造型就是一个完整的椅子内部结构的展现，极强的科技感和它极简的美感，带给产品以高品质价值。

另外，高科技风格还刺激了二维艺术创作领域，人们运用电脑、镭射光线、传真机、卫星传播等一切高科技进行艺术创作，它将人类的智慧和科技完美地结合在一起，极大地拓展了艺术的表现力。正如约瑟夫·杜肯（Joseph Deken）在谈到计算机艺术的创作经验时提到，在这种令人振奋，强而有力的视觉技巧背后，有更深一层的憧憬，经由创造精深的计算机影像情景，我们彻底地对艺术，科学和世界的种种人为人知能力有所改观。

随着世界的发展，科技的应用，不难看出高科技的发展前景是美好的，将艺术与科技完美地结合，丰富了艺术的价值层面，同时，艺术的发展又推动了科技的不断进步。二者的有效合作则对人类社会的进步可产生巨大牵引力（图 6 - 10）。

图 6 - 10　苹果手机

91. 菲利普·斯塔克

图 6－11　榨汁机　斯塔克

图 6－12　"W.W."凳　斯塔克

生于法国巴黎的设计师菲利普·斯塔克（Philippe Starck，1949—　），是新生代设计师最耀眼的"设计巨星"。他自小就颇具绘画与设计的天分。而真正使他声名鹊起的是 1982 年为法国总统密特朗新居的设计和 1984 年他完成的巴黎 Costes 餐厅的室内设计，并使得随之而来的设计精品遍布全球。他的作品涵盖了建筑、室内设计、家具、家电、日常用品等。在他的室内设计中，他大量使用自己设计的产品如家具、灯具、扶手椅以至花瓶等细小饰品。从雕塑式的柠檬榨汁机到法国总统密特朗新居装饰，从微软的斯塔克光电鼠标到充满人文色彩的香港半岛酒店的 Felix 酒吧，都体现出他精致、非凡的创造能力。斯塔克是一位杰出的造型艺术家，他的家具及其他产品设计采用流畅洗练的、雕塑般的造型，受到消费者的普遍欢迎。

减少主义风格于 20 世纪 80 年代开始兴盛，是一种美学上追求极端简单的设计风格，一种加尔文式的简单到无以复加的设计方式。菲利普·斯塔克是减少主义设计最重要的代表人物之一。

斯塔克是一名性格外向的个人主义者，拥有极高的自我激励的天赋。他提倡非物质性，用极少的物质实现最大的功能，具有明显的简约主义风格特点，同时又刻意避免了现代主义呆板严肃的形象，体现出一种特有的幽默效果和戏剧性。

斯塔克的设计风格很难一言概之，若与其他经典设计师相比，他最大的特色就在于他可以同时专注在不同领域的设计上，而且是大到耗资千万的建筑设计，小至相当便宜的牙刷这样的区别。除了一些产品设计和家用品是基于大量制造的国际化设计外，斯塔克的设计作品通常是有机型、情感丰富而且使用相当独特的材质混合（例如玻璃与石头、塑胶和铝、绒布与铬的组合）。

柠檬榨汁机是斯塔克在 20 世纪 90 年代初与阿莱西的合作项目中的一件作品，它被称为"20 世纪最具争议的榨汁机"（图 6－11）。它是斯塔克在某个咖啡馆小憩时忽然灵光闪现而创造出来的，它使用了斯塔克偏爱的铝材，其雕塑般的造型灵感源自八爪鱼之类的海底生物。斯塔克设计这件作品时并没有特别的实用目的，事实上它的实用功能已经大大地让位于产品的情趣与美学价值，自面世以来一直受到市场的追捧。

"W.W."凳是斯塔克为德国导演温德斯（Win Wenders）设计的，为体现温德斯的风格，它采用雕塑般的、如同植物根茎的造型（图 6－12）。给产品赋予人的名字是斯塔克的一贯做法，他试图通过这种方式使产品与特定的人物联系在一起，把产品塑造成有生命的东西。

"吉姆自然"的电视机，作为抵制来自日本公司竞争压力运动的一部分，它的外壳在某些方面能够看到 20 世纪 60 年代流行设计的精神，但重要的是斯塔克在这台电视上使用了多密度的木材或硬纸板，这种材料对于环境保护来说意义重大。这也给了技术一个更加人性化和更加友好的面孔。从此，人们开始寻找能够替代被广泛使用着的黑丝塑料的替代品。

斯塔克设计的一款叫"茜茜女士"的桌灯是斯塔克的代表作品，它是另一种传统设计的巧妙翻版（图 6 - 13）。斯塔克是一个孜孜不倦的天才，不断利用身边的东西，并赋予其诙谐和意外惊喜。

当斯塔克在进行室内设计工程时，他特别注重哪怕一个最小的装饰件的小细节的设计。香港半岛宾馆内的浴室水龙头反映了设计师对动物形态的特有兴趣，它反映了斯塔克设计作品中返璞归真的特点，也正是这种元素使得他的作品并不完全遵循熟悉的现代主义风格原则（图 6 - 14）。

斯塔克享有"设计鬼才""设计天才"，设计界"国王"等重量级美誉。他几乎囊括了所有国际性设计奖项，其中包括红点设计奖、IF 设计奖、哈佛卓越设计奖、The American Academy of Hospitality Sciences 年度五星钻石奖和法国的"Legion d'Honneur"等奖项。

在诸多的"明星级"设计师中，斯塔克每一件作品都围绕着市场需要，融合着其招牌式的"情感式行销"理念，更充满了孩童般的天真烂漫和毫无拘束。细细品味斯塔克的每件作品，你都会感到在他粗犷的外表之下隐藏着一颗永远如顽皮少年般年轻的心。与其说斯塔克的作品是属于世界的艺术精品，不如说每件作品都是他带给世界的一样新玩具。前辈的优良品质如今需要我们继续发扬光大（图 6 - 15、图 6 - 16）。

图 6 - 13　"茜茜女士"　斯塔克

图 6 - 14　浴室细节水龙头　斯塔克

图 6 - 16　餐具　斯塔克

图 6 - 15　牙刷"DR KISS"　斯塔克

92. 青蛙设计

图 6 - 17　青蛙公司设计　1994 年

图 6 - 18　青蛙公司设计　1984 年

图 6 - 19　青蛙公司设计　1993 年

图 6 - 20　青蛙公司设计　1985 年

　　谈到青蛙设计公司，不免会想到这个"奇怪"的名字是如何由来的呢？青蛙设计公司由设计师哈特莫特·艾斯林格（Hartmut Esslinger）于 1969 年创建，"青蛙"的名称来自 1982 年艾斯林格为维佳（Vega）公司设计的一款名为青蛙的亮绿色的电视机。另外，青蛙（Forg）一词恰好是德意志联邦共和国（Federal Republic of Germany）缩写。青蛙设计的核心指导原则为"形式追随情感"。这一准则源于大家熟悉的"形式追随功能"，它宣扬产品对用户的影响与其功能一样重要，定下了 Frog 的设计理念基调（图 6 - 17 ~ 图 6 - 20）。

　　艾斯林格在 20 世纪 60 年代曾到斯图加特（Stuttgart）大学学习工业设计专业，后又到 Swabisch Gmund 设计学院担任工业设计师，在他的设计中完美地体现了技术和美学的统一结合。青蛙设计公司的设计师们在设计工作中也一贯坚持这种设计风格。

　　青蛙设计公司的业务遍及世界各地，包括 Wega Radio、BEG、苹果、柯达、索尼、奥林巴斯等公司，设计范围也非常广泛，包括家具交通、工具、展览、家用电器等。但 20 世纪 90 年代以来该公司最重要的领域是计算机及相关的电子产品，并取得了极大的成功，特别是青蛙的美国设计事务所，成了美国高科技产品设计最有影响的设计机构。艾斯林格也因此在 1990 年荣登《商业周刊》的封面，也是自 1947 年罗维成为《时代》封面人物以来设计师的又一次殊荣。

　　青蛙设计与布劳恩的设计一样，堪称德国在信息时代工业设计的杰出代表，其设计既保持了乌尔姆设计学院与布劳恩的严谨和简练，但它又一改德国传统现代主义的刻板、理性的造型原则，充分发挥形式主义功用，为德国的设计注入了活力。当然也有人认为青蛙公司有着明显的美国商业气息，不能代表德国设计的核心，但青蛙设计公司在商业上的成果是毋庸置疑的。所以部分德国公司开始采用一种折中的方法来解决这种矛盾，以德国式的理性主义为欧洲和本国市场设计工业产品，另一方面以国际主义的、前卫的、商业的原则为广泛的国际市场设计工业产品。

　　青蛙的设计原则是克服技术与美学的局限，以文化、激情和实用性来定义产品。艾斯林格曾说："设计的目的是创造更为人性化的环境，我的目标一直是将主流产品作为艺术来设计"。由于青蛙的设计师们能应付任何前所未有的设计挑战，从事各种不同的设计项目，大大提升了工业设计职业的社会地位，向世人展示了工业设计师是产业界最基本的重要成员以及当代文化生活的创造者之一。

　　艾斯林格认为，20世纪50年代是生产的年代，60年代是研发的年代，70年代是市场营销的年代，80年代是金融的时代，而90年代则是综合的时代。因此，青蛙的内部和外部结构都作了调整，使原先传统上各自独立的领域的专家协同工作，目标是创造最具综合性的成果。

图6-21　苹果Ⅱ型计算机　青蛙公司设计　1984年

　　青蛙设计公司的典型工作方式是群体合作，聚集着一群来自不同学科的专家，如工程、经济、材料艺术和媒体等方面，目标是创造最具综合性的成果。此外，还将产品设计与企业形象、包装和广告、宣传等有机结合，使传达给用户的信息具有连续性和一致性。青蛙的设计哲学是"形式追随激情"，因此，许多设计作品都有一种欢快、幽默的情调。

　　对人际关系的考虑一直是青蛙设计关注的焦点。他们为客户公司设计了大量人性化的产品。1984年青蛙为苹果设计的苹果Ⅱ型计算机出现在《时代周刊》的封面，被称为年度最佳设计（图6-21）。它拥有简洁、流线型的外观，是一件非常新颖的设计作品，它使计算机真正成为一件人性化的产品而不是一件让人难以使用的高技术办公机器。

图6-22　"Frollerskates"溜冰鞋　青蛙公司设计
1979年

　　1979年"frollerskates"溜冰鞋由Indusco公司生产，该溜冰鞋能激发人的速度感和愉悦感，体现青蛙设计组面对众多设计挑战的风格和方法（图6-22）。该公司设计的一款"鼠"型鼠标，外形酷似一只可爱的老鼠，诙谐有趣，惹人喜爱，让小孩有一种亲切感，使用起来也非常方便，是功能与形式完美统一的代表作品（图6-23）。青蛙公司于2008年为惠普公司设计的远程会议系统Halo，荣获红点设计奖。

　　青蛙设计公司目前已经拥有一个由来自世界各地的100多位设计师组成的设计团队，他们将工业设计这一行业带到了杰出的地位，青蛙设计向世人展示了工业设计师给制造界和当代文化生活做出的不可或缺的贡献。

图6-23　"鼠"型鼠标　青蛙公司设计　1988年

93. 贾斯帕·莫里森

图 6 - 24　思考者的椅子　莫里森　1988 年

图 6 - 25　汉诺威电车　莫里森　1993 年

图 6 - 26　气球灯　莫里森

英国的设计师贾斯帕·莫里森（Jasper Morrison, 1959—　）的设计理念及作品对国际设计产生了巨大而深远的影响。自他 1985 年伦敦皇家艺术学院的不同寻常而极其公开化的毕业作品展后，他对于设计中的实用性、简单朴素、无可挑剔的优雅风格及生产中注意细节的忠诚度，使他成为引人注目的焦点。

1979 年莫里森开始于伦敦的金斯顿工艺技术学校（Kingston Polytechnic In Surrey）学习家具设计。1982 年，他修完了该校的课程后，转入伦敦皇家艺术学院，期间他以往日获得的奖学金去柏林的 Hochschule Fur Kunst 学习了一段时间。但在他完成学业之前，就已经成功设计了一些产品：一个木制结构的、两个手把和一块圆形玻璃制成的"Handlebar"（1981 年）；为伦敦谢里丹·科可雷（Sheridan Coakley）公司设计的简单钢管做成的凳子（1982）以及一个花盆台（1983）——由意大利卡比连尼（Cappellini）公司制造的，包括了一组被一圈玻璃截去顶部的花盆。

莫里森 20 世纪 80 年代的作品表明了一个崭新的发展方向，从后现代主义设计的复杂性转向简洁、传统的雕塑造型，从而建立起一种更加时髦的、高度个性的风格。

当莫里森的作品将在 1985 年伦敦皇家艺术学院他的毕业展上展出时，他已经有了观众等候参观他的作品，而当他展示了自己最出众的一件作品时，其预期的热烈的回应也是必然的。大大小小的室内杂志上都发表了莫里森为自己设计的伦敦西部的一栋公寓。从此成为他事业生涯走向国际的转折点，来自意大利、德国的设计委托接踵而至，甚至还有参加国际性展览的邀请函。这些展览活动包括"第八届卡塞尔文献展"（1987）——他曾展示过的一系列家具样品及为路透社所做的室内设计，展示他所设计的新家用器皿的"德国柏林展览会"（1988）；1986 年以后展示了他最新设计作品的"米兰家具展"。另外，莫里森还为德国 FSB 公司设计了一个门把手，自此就接连不断地为其设计新的款式。

德国维特拉公司也委托莫里森设计一些家具产品。于是包括一个开放型的靠背、一个平坦的坐面和两个精巧的曲线型后腿的造型端庄的胶合板椅诞生了。20 世界 90 年代早期，莫里森还设计了一个四个镀铝椅腿组成的，经过装点的沙发。在意大利，卡比连尼（Cappellini）公司很快就发现了莫里森巨大的潜力。于是从"思考者的椅子"（一款金属框架的且扶手带衬垫的长沙发椅，1988，图 6 -

24)，到"通用体系"（25 个榉木胶合板的制成的系列碗碟橱，1993 年），卡比连尼公司已经完全信赖于这个设计师了。

最近，莫里森开始由家具设计扩展到了德国汉诺威市的电车设计。这无疑意味着他将要踏入产品设计王国的大门。尽管材料本身可以引起莫里森极大的兴趣，但他对于生产加工过程仍然保持着最高的制作程度。也就是那些可以允许加工方便而又廉价的生产方式——如胶合板及铝材，能够对他最具有吸引力。

既然产品的模型设计阶段对于莫里森来说是整个设计过程中最关键的一个时期，从这个层面来看，莫里森明显是一个设计师而不是一个工匠。因为这属于支配他整个工作的一个思考性的阶段。莫里森与早期现代主义的价值观很吻合，同时他更是 20 世纪 90 年代文化的一位关键人物（图 6 - 25）。

莫里森为 FSB 公司设计的 1144 系列门把手荣获 Bundespreis PRODUKT 设计奖和 IF "十佳"奖。此外，还被评为 IF 交通设计奖和 IF 生态奖。

据说，在气球的内部放置着空气压力感应器，就能令它漂浮，以此可以当作漂亮的台灯（图 6 - 26）。它的隐喻是环保的，每次当我们挤压一次橡胶囊，就消耗了一份能源，如果我们不停地去挤压，球是会爆的，过度的消耗能源，终将美丽的事物全部抹杀。

与其称他为一个设计师，他更愿意称自己是一个 Atmosphere Police，良好空间氛围的创造者。他更在意的是，一件设计是如何影响其周围的环境气氛。现在有太多设计本身偏离了物件的原本，设计师关心的只是物件表面的吸引力，为设计而设计。莫里森提醒我们，在现实世界中，一件物品的价值是其根本功能，而不是在多余的设计上。设计对他而言，是改善生活的工具，而并非仅仅是吸引别人眼球（图 6 - 27 ~ 图 6 - 30）。

图 6 - 27　牡丹椅　立方设计　莫里森

图 6 - 28　厨房用具 1　莫里森

图 6 - 29　椅子　莫里森

图 6 - 30　厨房用具 2　莫里森

94．安东尼奥·奇特里奥

图 6 - 31　小桌　奇特里奥

图 6 - 32　T 型椅　奇特里奥　1996 年

图 6 - 33　"澄净冰砖"壁灯　奇特里奥

20 世纪 80 年代的家具与工业产品设计中，具有个人突出才能的设计师屈指可数，包括贾斯帕·莫里森、马西默·尤塞·基尼（Massimo Iosa Ghini）、德尼（Matteo Thun）、罗恩·阿拉德及菲利普·斯塔克等。安东尼奥·奇特里奥（Antonio Citterio，1950—　）就是其中较有成就的一位。

奇特里奥生于意大利米兰北部的 Meda。1972 年，他毕业于米兰工艺设计学院（the Polytechnic of Milan）的建筑系。而在此五年前，他已经是位做实际项目的工业产品设计师了。从建筑系毕业后，他先后与 Palolo Nava、维多里欧·葛雷高第（Victorio Gregorri）合作过。到 20 世纪 90 年代初，奇泰里奥的客户包括了意大利的家具或工业产品公司，如 Boffi、Flcxform、Ricaplast、卡坦尔塑料公司以及德国的维特拉公司家具制造。从 1987 年开始，他就与他的妻子、美国设计师 Terry Dwan 一起合作。其中包括 B&B 家具公司的展厅设计，维特拉公司在德国及巴黎的事务所和展厅以及奥利维蒂公司的办公家具系统等。20 世纪 90 年代初期，他们一起到了日本工作，并在大阪和东京建立了事务所。

20 世纪 90 年代的早期，是标志奇特里奥在家具设计方面获得的一次重要的国际性成就的一个时期。他设计的造型优雅而舒适的坐具成为米兰家具展上最具有纪念意义的展品。20 世纪 90 年代之前，他已经设计过了很多有趣味的展品，其中包括为意大利的 B&B 家具公司设计的 "Diesis" 扶手椅（1980），"Max" 长沙发椅（1983 年）和 "Phil" 沙发（1985，均为 Flextorm 公司设计的产品）以及为阿尔泰米德灯具制造公司（Artemide）设计的小巧的镀铝壁灯（"Enea"，1987）。1990 年，他个人的成就与自信达到了顶峰，体现在为意大利 B&B 公司设计的一系列名为 "Baisity" 的椅子和沙发及 1991 年为 Flexform、维特拉公司及卡坦尔塑料公司设计的家具产品中。这些以金属、皮革、织物做成的坐具，不仅造型简单优雅而且都是新现代主义风格关于坐具的功能性方面的设计（图 6 - 31）。

他的职业生涯始于 1972 年后期。从那时起，他与著名品牌，如 Arclinea 厨具、B&B、flexform、Flos 灯具、kartell 和 Vitra 卫浴等合作。他为 B&B 设计的座椅获 1987 年金罗盘奖（Compasso d'Oro）。他为 kartell 设计的巴蒂斯塔（Battista）在纽约现代艺术馆和巴黎蓬皮杜中心永久收藏。

1996 年奇特里奥与 Glen Oliver Low 合作为维特拉（Vitra）公司设计的 T 型椅，其生动的斑马条纹的靠背和绿色的扶手，为椅子简洁而功能性的造型平添了几分趣味（图 6 - 32）。

奇特里奥和 Toan Nfuyen 联手打造的冰砖系列壁灯（图 6 - 33），此款灯具可谓将奇特里奥的"简单设计"发挥到了极致。立方形冰砖设计，以玻璃和超强度的聚碳酸酯，构筑成不同厚度的透视视觉，宛若北极冰般的纯净。镶嵌在纯白的墙面上，更显示出一份高贵和冷艳。间接光源的设计，搭配半透明波纹水面冰砖，不仅能为室内提供恰到好处的光照，同时也为空间增添了一些北国风情的韵味。这是 Flos 在 2011 年米兰国际家具展上隆重推出的多款壁灯之一，简单的线条，圆润的造型，这是这款壁灯的特色。在灯光设计中越来越重视光而消弱灯具形状的追求时，简洁而小巧的壁灯将应用得越来越广泛（图 6 - 34、图 6 - 35）。

奇特里奥和 Toan Nguyen 合作的创新杰作，极简的外型设计搭配专为 Ermenegildo Zegna 设计的黑灰色系，是针对 Ermenegildo Zegna 以羊毛质料著称的呼应而设计。灯具之王 Flos 与时尚品牌 Zegna 的跨界创意（图 6 - 36）。

为什么他的作品具有那么大的吸引力呢？他的作品不仅外观简洁大方，同时他擅长利用不同材质如塑胶、不锈钢、铝等创造极具现代感且功能性强的家具。这些都来自于他对于细节处理的一丝不苟的关注态度。这种新与旧相结合的再设计思想使奇特里奥的作品在 20 世纪 90 年代一时声名大噪。奇特里奥所付出的努力是无法计算的，从他对比例的坚持即可窥见，宁愿缩减单椅的尺寸也不愿让空间减缓；靠背的沙发、椅垫都是着眼之处；对他而言，材质与空间、灯光与环境的结合，都是轻而易举的；他打破传统沙发 3-2-1 的不成文规定。

当代的设计者们都应当具有奇特里奥那样一丝不苟的精神，从细节出发，让家具有多样性的发展，赋予空间更多安逸、舒适及变化的可能性。做简单的设计，做更为人们所接受的设计。

图 6 - 34 扶手椅 奇特里奥

图 6 - 35 Alcova 奇特里奥 2003 年

图 6 - 36 Wall system 墙壁灯系列 奇特里奥

95. 三星

图 6 - 37 SyncMasterp2370 计算机显示器 三星

图 6 - 38 N310 卵石迷你上网笔记本 三星

图 6 - 39 YP-S2MP3 播放器 三星

谈到三星集团（简称：三星），相信大家都不陌生，手机、照相机、计算机、电视机相继进入百姓家庭。

三星是韩国第一大企业，同时也是一个跨国的企业集团，三星集团包括众多的国际下属企业，其子公司包括：三星电子、三星物产、三星生命、三星航空等，业务涉及电子、金融、机械、化学等众多领域，被美国《财富》杂志评选为世界 500 强企业之列。三星电子是旗下最大的子公司，目前已是全球第二大手机生产商、全球营收最大的电子企业，在 2011 年的全球企业市值中为 1500 亿美元。三星集团是家族企业，李氏家族世袭，旗下各个三星产业均为家族产业，并由家族中的其他成员管理，目前的集团领导人已传至李氏第三代。

三星电子的企业名称"三星"具有"大、明亮、闪耀的三颗星"之意，其中"三"在汉字词中意为"大、强"，"星"蕴含着"明亮、高远、闪烁"的这一愿望。设计无处不在，三星标志的设计强调柔和与简洁，将象征宇宙和世界舞台的椭圆形稍加倾斜处理，突出动态和创新的形象。而且"S"与"G"的开放部分表示内外相通，从中蕴含着与世界同呼吸、为人类社会做贡献的意志。

支撑三星电子快速发展的是先导尖端技术趋势的设计，三星自20 世纪 90 年代初开始加强设计经营。三星在韩国国内和米兰、伦敦等 7 处设立设计中心，各中心设计师不断探索和尝试符合当地文化、生活方式和产业趋势的设计。

三星集团始于贸易公司，进而以电子产品，特别是电子高科技领域的新产品研制开发能力而闻名世界。1994 年，三星电子开发出世界第一个 256M 动态存储器（动态存储器是决定计算机存储量的关键部件）。1995 年开发出世界第一个 22 英寸 TET-LCD。1996 年成功地开发出世界第一个 1GB 动态储存器。1997 年成功地开发出第一个 30 英寸 TET-LCD。

三星有近 20 种产品在世界市场占有率居全球企业之首，在国际市场上彰显出雄厚实力。以三星电子为例，该公司在美国工业设计协会年度工业设计奖（Industrial Design Excellence Awards，简称IDEA)的评选中获得诸多奖项，连续数年成为获奖最多的公司。这些荣誉证明三星的设计能力已经达到了世界级水平。2003 年，三星在美国取得的专利高达 1313 项，在世界所有企业中排名第九。

20 世纪 90 年代后期，三星电子的自主技术开发和自主产品创新的能力进一步提升，它的产品开发战略除了强调"技术领先，用最先

进技术开发处在导入阶段的新产品，满足高端市场需求"的匹配原则
外，同时也强调"技术领先，用最先进技术开发全新产品，创造新的
需求和新的高端市场"的匹配原则。在这一时期间，三星电子开发的
多项产品在高技术电子产品市场已占世界领先地位（图6－37）。

　　现今三星电子在国际权威设计竞赛中共荣获 210 个奖项，在设
计领域得到较高的评价。三星在 2009 年 IDEA 上获得 8 个奖项，成
为获得最多殊荣的企业，在 IF 上也是如此。

　　三星 LED 电视在电视机领域开创了一个新局面，设计出世界上
最薄的 LED 电视，该电视可以像一幅画那样悬挂在墙壁上。LED 电
视设计以黑色为主色调，采用强烈的对比，其耗电量只是传统 LCD
电视的 40%。

　　三星 LED 电视机其精致的外观设计为家居生活增添一份华贵。
优雅的窄边框设计，极大地提升了画面现场感，给人一种呼之欲出的
视觉体验。能轻松壁挂在墙上，如同挂一幅画那样简单。如果不愿壁
挂，时尚四脚支架底座，可根据观看角度随心调整屏幕方位。这是时
尚与人性化的设计。

　　N310 卵石迷你上网笔记本拥有柔软的包装，钱包式的外部包
裹了仅仅 10.1 英寸的屏幕（图6－38）。设计的手感舒适，便携，
N310 集合了完全大小的键盘，英特尔 Atom 处理器以及一整套的网
络连接选择。

　　仿生性——闪耀鹅卵石形状 MP3 播放器 YP–S2 以时尚、紧凑
和直观的设计简化了音乐的播放（图6－39）。这款 MP3 播放器去
掉了液晶显示屏，以创造鹅卵石般的产品，它适用于所有年龄层，甚
至包括视障人士。这款播放器独特的外形保证了即使它被放在提包或
口袋中，也能够停止、启动或跳过歌曲，而它项链般的耳机则使得它
能够像吊坠一般被佩戴起来。

　　三星 Galaxy Note 介于平板和手机之间，这是一个尺寸上的中
间点（图6－40）。在功能上，将其形容为结合两者特点的融合体，
Galaxy Note 还是那种能塞进衣服里的手机，也是大到值得分栏显示
邮件界面的平板。

　　三星电子继智能手机之后推出的平板计算机（Tablet PC）
Galaxy Tab，与苹果公司的 iPad 将展开何种激烈的较量将成为业界
关注的焦点（图6－41）。

图6－40　Galaxy note　三星

图6－41　Samsung Galaxy Tab　三星

96. 诺基亚

图 6 - 42　NOKIA 5110 "随心换" 手机　1998 年

图 6 - 43　NOKIA 7600　2003 年

图 6 - 44　NOKIA N97　2008 年

提到诺基亚，我想没有人不知道，虽然它已慢慢地没落，甚至部分业务被微软收购，但是它在 80、90 后的心中留下了非常精彩的一笔。

相对于其他的品牌，诺基亚的历史更悠久一些，始于 1865 年，1865 年采矿工程师弗雷德克里·艾德斯坦（Fredich Idestam）在芬兰坦佩雷镇的一条河边建立了一家木浆工厂，工厂位于芬兰和俄罗斯帝国的交界处，并以当地的树木作为原材料生产木浆和纸板。

1868 年艾德斯坦又在坦佩雷镇西边 15 公里处的诺基亚河（Nokianvirta river）边建立了他的第二家工厂：橡胶加工厂，该工厂除了生产皮靴和轮胎外，还生产工业用橡胶制品。1871 年，艾德斯坦在他的朋友利奥·米其林（Leo Mechelin）的帮助下，将两家工厂合并为一家工厂，并且成功地将其转变为一家股份有限公司，艾德斯坦成为首任诺基亚管理者，随后两人将公司的名字命名为"诺基亚"。直到今天，该公司仍然保留"诺基亚"这一名称。

19 世纪末，艾德斯坦将诺基亚管理者的职务转交给利奥·米其林，而当时无线电产业的萌芽刚刚起步。于是，米其林突发奇想地想将诺基亚公司的业务扩展到电信行业，但是遭到了艾德斯坦的反对。直到 1902 年，米其林才说服艾德斯坦，这才让诺基亚增加了一个电缆部门。但令米其林没想到的是，这个他突发奇想所建立的电信部门最终发展成为后来的诺基亚公司。

而诺基亚后来成为一家在高科技人性化方面颇有建树的通信技术公司，它将北欧设计独有的简洁、实用和自然的特点与先进的信息技术结合起来，创造了众多充满人情味和个性的产品。诺基亚公司以"科技以人为本"的设计理念，率先推出了弧面机体滑盖通话设计，满足了使用者握机更舒适的需要。

由此可见，萌芽时代的诺基亚只是一个工厂，后电信时代只剩下手机电信产业的诺基亚由于专注于传统功能手机产业的研发，其功能手机在当时具有极佳的用户品牌效应。

1995 年，诺基亚开始了它的辉煌时期，它的整体手机销量和订单剧增，公司利润达到了公司前所未有的财富。诺基亚从 1996 年开始，其手机连续 15 年占据手机市场份额第一的位置。2003 年，诺基亚 1100 在全球已累计销售 2 亿台。2009 年诺基亚公司手机发货量约 4.318 亿部，2010 年第二季度，诺基亚在移动终端市场的份额约为 35.0%，领先当时其他手机市场占有率 20.6%。

1998 年，诺基亚推出了极具特色 5110"随心换"手机（图 6 - 42），为追求个性化的现代人提供了多种色彩的外壳，可以方便迅速地随时换装，使高精尖的技术成为一种流行的时尚，与五彩的 iMac 有异曲同工之妙。

2003 年，诺基亚推出了前卫的 3G 手机诺基亚 7600，这款设计体现了手机由语音通信为主走向以图像为主的多媒体通信的趋势，大屏幕成了手机的中心（图 6 - 43）。用户可以拍摄图像和视频片段，收发多媒体信息、电子邮件、播放音乐，还可以借助 3G 网络在手机上浏览高质量的实时视频文件。

2009 年，诺基亚发布了 N97 手机，配置有触摸屏和全功能键盘，试图与苹果的 iPhone 抗衡（图 6 - 44）。

然而，诺基亚对市场变革反应迟钝，过于沉溺于过去的辉煌。当手机市场中安卓阵营已经占据很大的市场份额时，诺基亚依然固守它的塞班系统，紧接着又开发了 Megoo 系统和微软操作系统。而诺基亚无论怎么挣扎，都无法阻止安卓的脚步。此外，诺基亚轻视苹果和三星等后来者的威胁，没能抓住消费趋势，最终被苹果、三星、HTC 等品牌全面超越。

2010 年 9 月，诺基亚市场部门主管尼克拉斯·撒万德（Niklas Savander）在诺基亚 2010 世界大会暨开发者峰会上富有激情地大声宣布：Nokia is back！诺基亚终究是无力回天了（图 6 - 45、图 6 - 46）。

虽然历史悠久的诺基亚渐渐地淡出了人们的视野，但它的辉煌期依然让人们记忆犹新。在作者小范围的调查报告中发现，平均每人用过的诺基亚手机在 2 ~ 3 部，可见诺基亚在那时的市场有多大。然而在诺基亚的没落当中，我们也应从中汲取经验教训，大胆的创新精神应时刻地陪伴在你我身边。时代的进步、科学的进步带动了新技术的发展，只有在原有基础上创新，才是继续前进的有力保障。

图 6 - 45　NOKIA-c2　2011 年

图 6 - 46　NOKIA-103　2012 年

图 6 - 47　购物中心　菲尔德

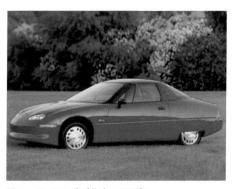

图 6 - 48　EV1 电动汽车　1996 年

图 6 - 49　橱柜　提欧·瑞米　1991 年

　　自工业革命以来漫长的人类设计史中，工业设计为人类创造了现代生活方式和生活环境，然而设计引领消费却加速了资源和能源的消耗，对地球的生态平衡造成了极大的破坏，人类也为之付出了惨痛的代价。"有计划废止制"就是这种现象最极端的表现。因此，设计成为人们口中鼓吹消费的罪魁祸首，遭到很多批评。

　　1948 年，美国学者费尔德·奥斯本在其著作《被掠夺的星球》中写道："美国近百年来在对待森林、草场、野生动物和水资源方面任意破坏的历史，确实是整个文明史上最粗暴和最有毁灭性的时期。"土地沙漠化、温室效应、资源危机等加速了生态环境的日益恶化。于是在 1981 年世界自然保护联盟推出了一部具有国际影响力的文件《保护地球》，其中对可持续发展给出了明确定义："改进人类的生活质量，同时不要超过支持发展的生态环境的承受能力。"

　　在这种背景下，20 世纪末的设计师们在社会可持续发展等理论思想的指导与影响下，放弃了仅以追求设计艺术的价值与表现力的设计理念，坚守设计师应有的道德及社会责任心，开始以冷静、理性的思维来反省设计。他们围绕环境和生态保护进行了各种探索，形成了一股强有力的设计潮流——绿色设计。

　　绿色设计也称生态设计、环境设计等，它是指在设计、生产、流通过程中对自然、社会与人的关系问题的合理、有效、可持续地解决的同时，保证产品功能、使用寿命、质量等要求。绿色设计源于 20 世纪 60 年代在美国兴起的一场反消费运动，这场反消费运动是由记者帕卡德猛烈抨击美国"有计划废止制"影响下的汽车工业及其带来的废料污染问题而引发的。

　　美国设计理论家维克多·帕帕奈克曾在 1971 年出版了《为真实的世界设计——人类生态学和社会变化》（*DESIGN for REAL WORLD——Human Ecology and Social Change*）一书，引起了极大的争议，他认为设计的最终目的不是为创造商业价值，而是成为一种推动社会变革的力量，同时他强调设计应该为保护地球而服务。然而他的这些观点，直到 20 世纪 70 年代爆发了能源危机，才得到人们的普遍认可。因此，可以说帕帕奈克对绿色设计的兴起产生了直接深刻的影响。

　　绿色设计的三原则简称 3R 设计原则（Reduce、Reuse、Recycling）。"Reduce"即减少，指在生产管理、流通、消费过程中减少对环境的污染等。"Reuse"即指回收再利用，即在设计时就充分地考虑产品部件、材料等的可回收利用性，形成设计和使用的良性循环，尽可能地节约能源，降低污染。如以可循环使用的纸质包装代替原来的塑料、木质包装等。"Recycling"指再生，即指设计师要使设计易于拆卸、维护，并在其报废后可将其具体组成部分回收加工以形成新的资源而重复使用。

随着可持续发展等理论思想的发展和影响，后工业社会的许多流派都或多或少地体现出绿色设计的特点（图6－47）。

美国通用汽车公司1996年设计的EV1电动汽车（图6－48）是典型的绿色设计，充一次电就可行驶112～144 km。外观造型采用全铝合金结构，流线造型，减少风阻，以减少对资源的浪费，从而降低对环境的污染。

提欧·瑞米曾在1991年用被丢弃的抽屉设计了一款橱柜，成为"Recycling"原则的代表作品（图6－49）。

法国著名的前卫设计师菲利普·斯塔克是减约主义的代表人物。他的家具设计异常简洁，基本上将造型简化到了无以复加但又十分典雅的形态，从视觉上和材料的使用上都体现了"Reduce"的原则。他设计的路易20椅及圆桌，椅子的前腿、座位及靠背由塑料一体化成型，就好像靠在铸铝后腿上的人体，简洁而又幽默（图6－50）。1994年，斯塔克为沙巴法国公司设计的一台电视机采用了一种用可回收的材料——高密度纤维模压成型的机壳，同时也为家用电器创造了一种"绿色"的新视觉（图6－51）。

同时，绿色设计浪潮也波及一些发展中国家，成为人们日益关注的话题。2005年年底开始改建的北京南站采用了先进的节能环保技术，其中的冷热电三联供和洪水热泵技术为整个车站创造了56%的电量。同时，北京南站中央站屋面铺设的2350平方米的3264块太阳能板，年发电量约18万千瓦时，并且还具有隔热、保温、采光等功能。北京南站的整套系统的设计就是绿色设计非常典型的一个实践。

绿色设计已经成为当今社会的主流，因为它关系到整个人类社会的命运。因此，呼吁设计师在设计过程中从材料的选择、制造过程、产品的可回收性、可拆卸性、包装、物流、回收利用等各个环节、各个方面寻找和采用尽可能合理和优化的结构和方案，使资源消耗和环境负影响降到最低。真正做到设计为人民大众服务，为保护人类赖以生存的地球而服务（图6－52）。

图6－50　路易20椅及圆桌　斯塔克

图6－51　电视机　斯塔克　1994年

图6－52　茶几　卡扎赞

98. 全方位设计

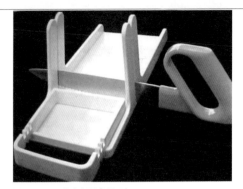

图 6 - 53 残疾人厨房用刀架

从人机工程学出现以来，产品设计开始在有理论指导的状态下逐渐往更深层次发展，设计师们在设计的过程中也更多地关注"人"本身，这其中包括生理上以及精神上的，前面提到的物质社会中的软性设计也是这其中的一点，人在操作使用过程中会付诸一定的情感，而这已经成为设计的一个重要目标。

当设计发展到基本可以满足大多数人的需求时，大多数人之外的那一小部分便成为新的设计目标，其包括残障人士、孕妇、儿童老人、低收入者等弱势群体。这种以为弱势群体服务的人本设计，则是全方位设计。

1974 年，美国教授瑞恩·马西（Ron Mace）在国际残障者设计概念或环境专家会议中首次提出了"全方位设计"一词。此后，全方位设计被逐渐定义为"在最大限度的可能范围内，不分性别、年龄与能力，适合所有人使用方便的环境或产品之设计"。马西教授在1995 年曾针对全方位设计提出了七个原则，更加全面地阐述了全方位设计的发展方向，即：平等的使用方式；提供多元化的使用方式；简单易懂的操作设计；迅速理解必要的资讯；容错的设计考量；有效率的轻松操作；规划合理的尺寸与空间。

其实维克多·帕帕奈克早在 20 世纪 70 年代就对这种设计进行了相关的分析，他提出设计不仅应关注普通人的需要，还应关注第三世界以及弱势群体的需要。他的这些观点本身就具有浓厚的全方位设计色彩。

随着经济的发展，人们意识的逐渐提高，全方位设计的思想和内涵日益丰富起来，并得到了极大的推广和普及。全方位设计概念的提出充分体现了人类在设计造物中的逐渐成熟，设计已经不单纯是造物设计，而是一种良好处理人—机—环境三者关系的手段和方法。

全方位设计同绿色设计一样，都体现了设计师的社会责任感和人文关怀以及职业道德。此外，帕帕奈克在其出版的《为真实的世界设计》一书中提出了设计师面临的人类需求的最紧迫的问题，并着重强调了设计师的社会及伦理价值。帕帕奈克认为设计最大的作用并不是为创造商业价值，也不是风格流派的竞争，而是一种在社会变革过程中起到一定影响和推动作用的重要元素。因此，设计的意义不应只是满足眼前的利益，而是在于其本身具有形成社会体系的因素。

全方位设计同时也引起了许多国家的关注，并从立法层面对全方位设计进行了相关的规定。其中，美国在 1961 年制定了世界上第

图 6 - 54 儿童安全扶手 格特森瑞 1990 年

一个《无障碍标准》。此后，美国、加拿大、日本等国家都相继制定了有关法规。其中，瑞典人机设计小组取得了令人瞩目的成就。这个小组成立于60年代末，由14名成员组成，主要从事工作环境、残疾人用品及医院设施研究和设计。人机设计小组特别关注设计中的生理与心理因素。在设计过程中，设计师通常都会在调查研究上花费大量时间，所有设计都制成等比例模型进行人机关系的精密测试，并采用摄影等手段对工作过程和动作进行分析。人机设计小组通过这种设计方法，产生了大量优秀设计。1974年，人机设计小组成员为有手部残疾的人群设计了一种特殊的面包餐刀与切盘，使用起来方便而省力（图6－53）。由于精心的设计，这类产品同时也能满足健全人群的使用，因此极受好评。

通用设计（Universal Design）作为一门新兴的学科于20世纪60年代问世。所谓通用设计就是使所设计的产品和设施能为不同行为能力的人共同使用，例如成年人和小孩都可使用的楼梯扶手、健康人和残疾人士都可通行的坡道等，这些设计巧妙地避免了专为某一类人士所做的特殊设计可能带来的歧视，体现出真正的人文关怀，使设计真正走向"以人为本"（图6－54）。

在日本，每一座建筑竣工时，都会有专门的部门对其进行验收，检验是否能够满足残疾人、老年人的正常使用。在不同的公共场合，日本也都会按照建筑面积的大小进行不同等级的全方位设计。

无障碍设计是全方位设计中非常重要的部分，在国际上有六个方面的通用标准，例如：在一切公共建筑的入口处设置取代台阶的坡道，其坡道角度不大于1/12；在盲人经常出去处设置盲道，在十字路口设置利于盲人辨向的音响设施；门的净空廊宽度要在0.8米以上，采用旋转门的需要另设残疾人入口；所有建筑物走廊的净空宽度应在1.3米以上；公厕应设有带扶手的坐式便器，门隔断应做成外开放式或推拉式，以保证内部空间便于轮椅进出；电梯的入口宽度应在0.8米以上。

在日本、美国、德国等一些发达国家，全方位设计已经得到了很大程度上的应用。公共设施、交通设施等都明显地受到全方位设计所带来的便利。例如女用卫生间一般都有服务于残障人、母婴等特殊群体的相关设施（图6－55、图6－56）；公用电梯也大都设有升降式电梯等（图6－57）。不过，全方位设计在很多地方尚未发展成熟，即便是在那些发达国家也仍有很大的努力空间。随着人类文明的进步，全方位设计必将受到更多关注（图6－58）。

图6－55　无障碍设计　日本

图6－56　无障碍小便池设计　日本

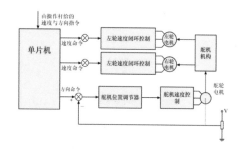

图6－57　无障碍电动轮椅

图6－58　灯具设计　迪克森

99. 微电子设计

图 6 - 59 西门子手机

图 6 - 60 Macintosh XL 1985 年

图 6 - 61 Apple IIGS 1987 年

自从 iPhone 手机上市以来，它便疯狂地进入了年轻人的手中，人们对它的追求极其狂热，分析一下 iPhone 手机受欢迎的原因，大概有以下几项：苹果是目前手机市场上的龙头老大，占有巨大的市场份额，拥有一款苹果手机是地位的象征；苹果手机强大的操作系统和人机交互体验，在功能上很好地满足了消费者的需求；简约时尚的造型和超薄的机身，成为时尚潮流的象征，满足了年轻人的消费心理。而手机之所以能发展到现在这种形态，则要追溯到 20 世纪了。

1945 年，第一台计算机问世了，然而这台计算机重达 1256 公斤，可以说是一个庞然大物。随着技术的发展，微型计算机在 70 年代出现了，随后出现了无线电技术、远程通信技术，并在实际应用中得到了长足的进步，对人类的生活产生了翻天覆地的影响。办公电子化、生产电子化、教育电子化、金融电子化等新名词如雨后春笋般的出现，充分显示出计算机电子技术对社会各行业各领域的影响之大。

在当时，计算机等电子产品出现了"轻、薄、短、小"的发展趋势，而在这一趋势下产生的设计风格则被称为微电子风格（Micro-electronics）。其实严格来讲，微电子风格并不是一个统一的设计风格，它的形成与意识形态方面的探索也并没有对现代主义和国际主义设计产生任何的挑战和威胁。它其实是技术发展到电子时代，大批电子产品都采用新一代大规模集成电路晶片，而导致的大量电子产品都往微型方向发展的设计范畴。这一设计范畴则需要衔接好设计功能、人体工程学、材料科学、微型化技术等之间的统一关系，让这种关系以良好的功能和形式体现在新的设计产品上。评论家约翰·格罗斯 (Jochen Gros) 曾说这个风格是"小但复杂"（small but sophisticated）。

早在 20 世纪 80 年代，微电子风格的产品设计便以其超薄、超小、轻便、便携、多功能而造型简单明快的特点，成为一种时尚潮流。甚至当时世界上生产电子产品的一些国际著名企业也都顺应了微电子技术的发展趋势，而从事微电子风格的设计。例如：德国的西子门公司、克鲁伯公司、布劳恩公司，日本的松下公司、索尼公司，美国的 IBM 公司、通用电气公司、苹果公司等（图 6 - 59 ~图 6 - 63）。

随着技术的发展，微电子设计的日益兴盛，人们的生活、工作环境和方式都发生了巨大的变化。电视机由最初粗大笨重的造型朝轻薄型发展，现在各电器商场中，随处都是超薄高清电视；移动电话也

由一开始的大哥大发展到现在一只手就能操控的小而薄的掌中宝，并且具备拍照、音乐、视频等多种功能，相当于集照相机、随身听、电视机、电话机于一体；计算机也从1256公斤的庞然大物发展到现在轻便的笔记本，苹果笔记本的大小及重量已经堪比一本普通手写笔记本，最轻的则仅有20~30克。1988年，西门子公司设计了一款仅有两张普通光盘大小的便携式通讯设备，该设备集计算机、电话、传真、激光资料碟以及其他附属设备的功能于一身，是微电子设计风格的完美体现。

图 6 – 62　Apple IIGS　1986 年

微电子设计风格在其产生与发展的过程中也形成了一定的特点。首先，设计与科学的界限变得更加模糊了，如一些计算机软件的研发就需要设计与科学的完美结合，因此设计师应在具有很高的艺术设计水平的同时，还应对科学技术有一定的了解。其次，前面提到的软性设计在微电子设计中得到了更加广泛的应用，设计师以及生产商根据客户的需要来进行设计和生产，因此打破了从前相对稳定的设计模式，也提高了三者在整个设计、生产、销售、使用过程中的自由度。再次，微电子设计让使用者与产品之间产生了很强的互动性，消费者在使用过程中甚至可以利用微电子陈品进行再设计。最后，微电子产品最突出的特点就是前面提到的"小但复杂"，因为越来越多的功能都被集中在其逐渐缩小的体积中。我们现在使用的手机就是在具备通话、短信、拍照、听音乐等传统功能之外，开始逐渐取代计算机的众多功能（图6 – 64）。

图 6 – 63　Apple Lisa 电脑　1981 年

微电子设计从出现至今一直发展得如火如荼，出现了不同时期阶段性的跨越式发展，并且渗透到人们生活的各个方面。一个手机便可买到任何需要的物品，一个手机程序便能让人们在办公室远程控制家里的各种电器。

除了产品设计之外，建筑及环境等领域的设计也受到微电子设计的影响，如感应门、指纹门锁、磁卡门锁、微信操控门锁等技术，带来了生活环境的数字化时代，大大提高了人们的生活居住质量。

然而任何事物都是具有两面性的，微电子设计同样是把双刃剑。信息技术在为全球发展做出巨大推动作用的同时，却也能产生相反的影响，因为一个计算机病毒的入侵就有可能造成一个公司甚至一个城市相关设备的瘫痪。WIFI的普及给人们带来了极大的便利性，然而一旦被不法分子所利用，那么造成的人身财产的损失也是不可估量的。因此，如何正确面对非物质世界的种种变化就成为人们新的讨论话题。

图 6 – 64　PowerBook100　1991 年

100．苹果公司

美国是最早进入信息时代的国家，也是信息技术最发达的国家。无论是在计算机的硬件和软件方面，还是在计算机技术的应用方面都处于世界领先地位。尤其是因特网的普及，更使美国社会全面迈入以信息产业为龙头的全新时代。在新的经济、文化背景下，美国工业设计从 20 世纪 80 年代末开始，发生了很大的变化（图 6 - 65）。

20 世纪 80 年代以来，随着科学技术的进步，计算机在硬件和软件方面都产生了巨大的飞跃。信息技术的发展在很大程度上改变了整个工业的格局，新型的信息产业迅速崛起，开始取代了钢铁、汽车、石油化工、机械等传统产业。以此为契机，工业设计的主要方向也开始了战略性的转移，由传统的工业产品转向了以计算机为代表的高新技术产品和服务，在将高新技术商品化、人性化的过程中起到了极其重要的作用，并产生了许多经典性的作品，开创了工业设计发展的新纪元。美国苹果（Apple）公司是信息时代工业设计的典型代表。

图 6 - 65　苹果标志　1998 年

苹果公司于 1976 年创建于美国硅谷，1979 年即跻身于《财富》前 100 名大公司之列。苹果股份有限公司原名苹果电脑（Apple Computer）。2007 年 1 月 9 日于旧金山的 Macworld Expo 上宣布改名。总部位于美国加利福尼亚的库比提诺，核心业务是电子科技产品。最知名的产品是其出品的 Apple II、Macintosh 计算机、iPod、Macbook、Macbook Pro 和数位音乐播放器和 iTunes 营业商店，它在高科技企业中以创新而闻名。

苹果倡导的是一种勇于创新，鼓励冒险，甚至可以说我行我素的一种企业文化，公司的心跳是自己发明创造，一个让你可以改变世界，不在乎别人怎么说，如果大家关注过苹果，应该知道在其创办初期，苹果在公司楼顶悬挂海盗旗，以表示自己是独一无二、与众不同的。这便是苹果公司的核心价值观。

图 6 - 66　苹果 eMate 300 笔记本计算机　1997 年

苹果公司的标志设计为何是一个苹果被咬掉一口呢？这或许恰恰正是设计者所希望达到的效果。在英语中，"咬"（bite）与计算机的基本运算单位字节（Byte）同音，咬了一口的苹果还是一种缺陷美，就像断臂的维纳斯。一只色彩柔和的，被咬掉一口的苹果，表现出"你能够拥有自己的计算机"的亲切感。被咬了一口的苹果也证明了它的价值观——拒绝将计算机神化。苹果是人机关系中的先行者，人们将不再崇拜或恐惧计算机，而是将之视为一种娱乐。因此该品牌名称符合后来越变越明显的初始想法———一种新的标准已被确立。

图 6 - 67　iMac 计算机　1998 年

苹果电脑公司首创了个人计算机，在现代计算机发展中树立起了众多的里程碑，特别是在工业设计方面起了关键性的作用。苹果电脑公司不但在世界上最先推出了塑料机壳的一体化个人计算机，倡导图形用户界面和应用鼠标，而且采用连贯的工业设计语言不断推出令人耳目一新的计算机，如著名的苹果 II 型机、Mac 系列机、牛顿掌上电脑、苹果 eMate 300 笔记本计算机（图 6 - 66）、Powerbook 笔记本计算机等。这些努力彻底改变了人们对计算机的看法和使用方式，计算机成了一种非常易用的工具，使日常工作变得更加友善和人性化。由于苹果电脑公司一开始就密切关注每一款产品的细节，并在后来的一系列产品中始终如一地关注设计，从而成为有史以来最有创意的设计组织。

图 6 - 68　G4 的 iBook　2003 年

苹果公司的 eMate 300 是一种新型的廉价笔记本计算机，它可以在一种分布式学习环境中作为使用 Mac OS 和使用 Window 操作系统计算机的合作伙伴。由教育工作者设计的 eMate 300 符合了学生和老师的需要，而且它独特的设计可以承受各种严酷环境下的考验。eMate 300 只有 2 千克重，所以它很容易放进一个普通的背包里。

1998 年，在年轻的设计师乔纳森·伊维（Jonathan Ive，1967—　）的主持下，苹果公司推出了 iMac 计算机，再次在计算机设计方面掀起了革命性的浪潮，成为了全国瞩目的焦点（图 6 - 67）。iMac 秉承苹果电脑人性化设计的宗旨，采用一体化的整体结构和预装软件，插上电源和电话线即可上网使用，大大方便了第一次使用电脑的用户，消除了他们对技术的恐惧感。在外形上，iMac 采用了半透明塑料机壳，造型雅致而又略带童趣，色彩则采用了诱人的糖果色，完全打破了先前个人计算机严谨的造型和乳白色调的传统，高技术、高情趣在这里得到了完美的体现。

图 6 - 69　iMacG4 向日葵电脑　2002 年

在 iMac 的基础上，苹果又相继推出了 iBook 笔记本计算机和 G3、G4 专业型计算机，对 IT 产业产生了很大的冲击，使更多的企业看到了工业设计在信息时代的巨大能量，因而更加注意产品的创意（图 6 - 68）。

勇于创新的苹果公司在 20 世纪末便取得了很可观的成绩，如今随着社会科学技术的进步，苹果公司更是紧随时代的潮流继续前行。苹果电脑公司对每一款产品的细节的关注，并在后来的一系列产品中始终如一，是其成功的保障，从而成为有史以来最有创意的设计组织，在为人们的生活带来便利的同时，也创造了财富（图 6 - 69、图 6 - 70）。

图 6 - 70　MP3 播放器　2009 年

参考文献

【1】维克多·帕帕奈克.为真实的世界设计[M].周博,译.北京:中信出版社,2013.

【2】杰里米·安斯利.设计百年——20世纪平面设计的先驱[M].蔡松坚,译.北京:中国建筑工业出版社,2005.

【3】大卫·瑞兹曼等.现代设计史[M].若澜达·昂,李昶,译.北京:中国人民大学出版社,2007.

【4】凯瑟琳·麦克德莫特.20世纪设计[M]臧迎春,詹凯,李群,译.北京:中国青年出版社,2002.

【5】何人可,黄亚楠.产品百年[M].长沙:湖南美术出版社,2005.

【6】李智瑛.西方现代设计史[M].天津:天津人民美术出版社,2010.

【7】童慧明,王艳玲.100年100位产品设计师[M].北京:北京理工大学出版社,2003.

【8】朱会平.北欧现代设计丛书:丹麦卷.家具与室内设计[M].哈尔滨:黑龙江科学技术出版社,1999.

本书在编写过程中,还参考了以下网站信息

http://www.britishmuseum.org(大英博物馆)

http://www.metmuseum.org(美国大都会博物馆)

https://en.wikipedia.org(维基百科)

http://www.wikiart.org(维基艺术)

http://www.beuhaus.de(包豪斯)

http://www.vam.ac.uk(维多利亚和阿尔伯特博物馆)